教育部高等学校电工电子基础课程教学指导分委员会推荐教材

新工科建设·电子信息类系列教材

U0157768

MATLAB 编程及应用

主　编：李　辉　　张安莉

副主编：曹小鸽　　徐　微

　　　　谢　檬　　李　楠

　　　　王　娟　　宋晓华

　　　　陈　丹　　程　爽

电子工业出版社

Publishing House of Electronics Industry

北京·BEIJING

内 容 简 介

本书系统地讲解 MATLAB R2021a 的基本环境和操作要旨；分章阐述 MATLAB 数值计算、MATLAB 符号计算、数据与函数的可视化、数据拟合与插值、MATLAB 程序设计；用实例讲解和剖析 MATLAB App 的设计和制作方法；通过大量的例子展现 MATLAB 精华工具 Simulink 的功能级和元器件级的仿真能力；简要介绍 BP 神经网络进行数据预测的步骤和方法；以实例拓展性地介绍 MATLAB 在自动驾驶中的应用，通过搭建联合仿真平台对自动驾驶轨迹预测进行仿真设计。

全书包含多个根据多年实践经验凝缩的计算范例和用于巩固知识、拓展思路的习题。所有算例程序可靠、完整，读者可以通过扫描书中对应的二维码获取源程序，完全准确地重现本书所提供的算例结果。

本书内容充实、篇幅紧凑，是专为理工院校本科生系统学习 MATLAB 而编写的，也可供部分研究生使用；既可作为课堂教学教材及课程设计、毕业设计的参考用书，又可作为 MATLAB 编程爱好者的自学用书。

图书在版编目（CIP）数据

MATLAB 编程及应用 / 李辉，张安莉主编. —北京：电子工业出版社，2023.1

ISBN 978-7-121-44937-6

Ⅰ. ①M… Ⅱ. ①李… ②张… Ⅲ. ①Matlab 软件－程序设计－高等学校－教材 Ⅳ. ①TP317

中国国家版本馆 CIP 数据核字（2023）第 010685 号

责任编辑：孟　宇　　　　特约编辑：田学清
印　　刷：三河市良远印务有限公司
装　　订：三河市良远印务有限公司
出版发行：电子工业出版社
　　　　　北京市海淀区万寿路 173 信箱　　　　邮编：100036
开　　本：787×1092　　1/16　　印张：18.5　　字数：473 千字
版　　次：2023 年 1 月第 1 版
印　　次：2023 年 8 月第 2 次印刷
定　　价：69.80 元

凡所购买电子工业出版社图书有缺损问题，请向购买书店调换。若书店售缺，请与本社发行部联系，联系及邮购电话：（010）88254888，88258888。

质量投诉请发邮件至 zlts@phei.com.cn，盗版侵权举报请发邮件至 dbqq@phei.com.cn。

本书咨询联系方式：mengyu@phei.com.cn。

MATLAB 作为一门科学计算语言，诞生之初仅用于线性代数计算，但目前在工程界得到了广泛应用。这门语言起初是作为研究生课程在国内外一些高校面向工科学生开设的，后来随着 MATLAB 在高校相关课程中的应用越来越广泛和普及，很多高校也开始对本科生开设 MATLAB 语言课程。

近年来，涌现出了大量有关 MATLAB 语言的图书，但作为大学本科低年级教材的图书还为数尚少。本书就是专门为本科低年级段的学生和 MATLAB 入门读者准备的，将带领读者走进 MATLAB 的殿堂，为后续深入学习打好入门基础。本书编写的宗旨就是引领读者从零基础入门，由浅入深地学习，熟悉 MATLAB "草稿纸式"的编程语言和语法规则，让读者能够调用其内部函数做"傻瓜式"的计算，并慢慢了解 MATLAB 自带的工具箱，在此基础上可以根据自己的算法熟练地进行扩展编程。在这个过程中，读者会在不知不觉中了解 MATLAB 的精妙之处，并有助于本科学生在后续专业课程的学习中利用 MATLAB 解决专业课程的相关实践和计算问题。

本书分为 11 章：第 1 章，初识 MATLAB；第 2 章，MATLAB 基本计算和基础知识；第 3 章，MATLAB 数值计算；第 4 章，MATLAB 符号计算；第 5 章，数据与函数的可视化；第 6 章，数据拟合与插值；第 7 章，MATLAB 程序设计；第 8 章，MATLAB App 设计；第 9 章，Simulink 工具箱；第 10 章，BP 神经网络；第 11 章，MATLAB 在自动驾驶中的应用。本书在章节顺序的安排上，本着从易到难、从基础到应用及提高的原则。为了能让读者尽快熟悉 MATLAB，学会使用 MATLAB 编出自己的程序，本书把 MATLAB 数值计算、MATLAB 符号计算、数据与函数的可视化、MATLAB 程序设计等章节放在了前面，这一点不同于一般的 MATLAB 图书。根据我们的经验，从绘图入手是学习 MATLAB 最高效、快捷的方式，因为各种实用且炫目的 MATLAB 图形功能能够激发读者的学习兴趣，有了兴趣，学习起来就简单了。另外，本书内容力求与本科低年级段学生必修的高等数学、线性代数等主干课程相贴合，这样可以让读者做到理论结合实践，学习起来更为轻松。

本书由西北工业大学、西安交通大学城市学院、西安工业大学、西安理工大学的一线教师共同编写，由西北工业大学的李辉教授和西安交通大学城市学院的张安莉教授担任主编，李辉提出全书的整体编写思想和大纲并统筹定稿，张安莉负责审核内容。其中，第 1 章由李辉编写，第 2、3 章由张安莉编写，第 4 章由李楠和张安莉共同编写，第 5 章由曹小鸽编写，第 6 章由陈丹和程爽共同编写，第 7 章由谢檬和张安莉共同编写，第 8 章由王娟编写，第 9、10 章由徐微编写，第 11 章由宋晓华编写。

　　本书在编写过程中得到了西北工业大学刘静教授、西安交通大学赵录怀教授及领导和同事的大力支持与帮助，在此一并表示最诚挚的感谢。

　　由于编者水平有限，书中难免存在疏漏之处，恳请广大读者和同行批评指正。

编者

2022 年 8 月 21 日

目录
CONTENTS

第 1 章　初识 MATLAB ··· 1

1.1　MATLAB 简介 ·· 1

1.2　MATLAB 的产生与发展 ·· 2

1.3　MATLAB 用户界面 ··· 3

　　1.3.1　命令的执行 ··· 4

　　1.3.2　光标与命令行的操作 ·· 5

　　1.3.3　工作窗与命令行的操作 ·· 6

1.4　MATLAB 帮助系统 ··· 6

本章小结 ·· 8

习题 1 ·· 8

第 2 章　MATLAB 基本计算和基础知识 ·· 9

2.1　基本计算入门实例 ·· 9

2.2　变量 ··· 10

　　2.2.1　用户自定义变量 ·· 10

　　2.2.2　系统预定义变量 ·· 10

2.3　数据类型 ··· 11

　　2.3.1　数值类型 ·· 11

　　2.3.2　逻辑类型 ·· 12

　　2.3.3　字符串类型 ··· 12

　　2.3.4　单元类型 ·· 13

　　2.3.5　结构类型 ·· 13

2.4　MATLAB 的基本运算类型 ··· 14

　　2.4.1　算术运算 ·· 14

　　2.4.2　关系运算 ·· 15

　　2.4.3　逻辑运算 ·· 15

2.5　MATLAB 的标点符号和特殊字符 ·· 15

2.6　常用数学函数 ··· 16

2.7　函数语句 ··· 17

本章小结 ·· 17

习题 2 ·· 17

第 3 章　MATLAB 数值计算 ·· 19

3.1　矩阵 ··· 19

3.1.1　利用直接输入法创建矩阵 ·· 19

3.1.2　利用函数创建矩阵 ·· 20

3.1.3　利用 M 文件创建矩阵 ··· 21

3.1.4　矩阵元素与矩阵元素变量 ·· 21

3.1.5　串联矩阵 ·· 23

3.1.6　扩展矩阵 ·· 24

3.1.7　矩阵运算 ·· 24

3.1.8　矩阵的运算函数 ··· 28

3.2　向量 ··· 32

3.3　数组 ··· 33

3.3.1　数组的创建与索引 ·· 33

3.3.2　数组的基本算术运算 ··· 36

3.4　多项式 ·· 40

3.4.1　多项式的构造 ·· 41

3.4.2　多项式加减运算 ··· 41

3.4.3　多项式乘法运算 ··· 41

3.4.4　多项式除法运算 ··· 42

3.4.5　常用的多项式函数 ·· 42

3.5　数据的导入与导出 ·· 45

3.5.1　数据的导出 ··· 45

3.5.2　数据的导入 ··· 47

3.6　输入与输出语句 ··· 50

本章小结 ·· 51

习题 3 ·· 51

第 4 章　MATLAB 符号计算 ·· 53

4.1　符号常量/变量和符号表达式 ·· 53

4.1.1　创建符号常量和符号变量 ·· 53

4.1.2 创建符号表达式 ··· 55

4.1.3 创建和定义符号函数 ··· 56

4.2 常见符号计算 ·· 56

4.2.1 极限 ··· 56

4.2.2 微分 ··· 57

4.2.3 积分 ··· 58

4.2.4 求解代数方程 ·· 59

4.2.5 求解常微分方程 ·· 60

4.2.6 级数求和 ··· 62

4.2.7 傅里叶变换 ·· 63

4.2.8 拉普拉斯变换 ·· 63

4.2.9 Z 变换 ··· 64

本章小结 ·· 64

习题 4 ·· 65

第5章 数据与函数的可视化 ··· 66

5.1 离散数据、离散函数和连续函数的可视化 ················· 66

5.1.1 离散数据和离散函数的可视化 ·························· 66

5.1.2 连续函数的可视化 ··· 67

5.1.3 可视化的一般步骤 ··· 68

5.2 二维绘图 ··· 69

5.2.1 二维绘图基本命令 ··· 69

5.2.2 图形控制命令 ·· 73

5.2.3 图轴控制命令 ·· 74

5.2.4 图形标识和图形修饰 ··· 75

5.2.5 多次叠绘、双纵坐标和多子图 ·························· 79

5.3 三维绘图 ··· 81

5.3.1 三维绘图基本命令 ··· 82

5.3.2 视点控制 ··· 85

5.3.3 函数 colormap ··· 86

5.3.4 透视、镂空和裁切 ··· 88

5.4 其他绘图 ··· 90

5.4.1 直方图命令 bar ·· 90

5.4.2 极坐标图 polar ··· 91

5.4.3 彩色份额图 ·· 92

5.4.4 三维多边形 ·· 94

　　　　5.4.5　等高线图 ·· 94

　　　　5.4.6　球面图 ··· 95

　　　　5.4.7　三维向量图 ·· 96

　　本章小结 ·· 97

　　习题 5 ··· 97

第 6 章　数据拟合与插值 ·· 98

　　6.1　数据拟合 ··· 98

　　　　6.1.1　多项式拟合函数 ·· 98

　　　　6.1.2　非线性拟合函数 ·· 100

　　6.2　曲线拟合工具箱 ·· 102

　　　　6.2.1　打开曲线拟合工具箱 ·· 102

　　　　6.2.2　拟合类型 ·· 103

　　　　6.2.3　曲线拟合面板介绍 ··· 103

　　　　6.2.4　非参数拟合 ··· 105

　　6.3　数据插值 ·· 108

　　　　6.3.1　一维插值函数 ·· 108

　　　　6.3.2　二维插值函数 ·· 111

　　本章小结 ·· 115

　　习题 6 ··· 115

第 7 章　MATLAB 程序设计 ··· 118

　　7.1　M 文件 ··· 118

　　　　7.1.1　M 文本编辑器 ·· 119

　　　　7.1.2　脚本文件 ·· 119

　　　　7.1.3　函数文件 ·· 121

　　　　7.1.4　函数的分类 ··· 122

　　7.2　局部变量和全局变量 ·· 125

　　7.3　数学运算符 ··· 126

　　7.4　关系运算与逻辑运算 ·· 127

　　　　7.4.1　关系运算 ·· 127

　　　　7.4.2　逻辑运算 ·· 127

　　7.5　运算优先级 ··· 127

　　7.6　程序设计 ·· 128

7.6.1 表达式、语句及程序结构 ……………………………………… 129
7.6.2 if 语句 ……………………………………………………… 129
7.6.3 switch 语句 …………………………………………………… 130
7.6.4 while 语句 …………………………………………………… 132
7.6.5 break 语句和 continue 语句 …………………………………… 132
7.6.6 for 语句 ……………………………………………………… 133
7.7 MATLAB 编程及调试 ……………………………………………… 135
7.7.1 程序文件的创建和编辑 ………………………………………… 135
7.7.2 函数的调用 …………………………………………………… 136
7.7.3 函数句柄 ……………………………………………………… 138
7.7.4 程序调试 ……………………………………………………… 143
本章小结 ……………………………………………………………… 147
习题 7 ………………………………………………………………… 147

第 8 章 MATLAB App 设计 …………………………………………… 148
8.1 App 开发工具简介 ………………………………………………… 148
8.2 App Designer …………………………………………………… 149
8.2.1 启动 App Designer …………………………………………… 149
8.2.2 App Designer 开发环境 ……………………………………… 150
8.3 App Designer 组件 ……………………………………………… 152
8.3.1 组件的种类及作用 …………………………………………… 152
8.3.2 组件的属性 …………………………………………………… 155
8.4 App Designer 代码结构 ………………………………………… 156
8.4.1 类的定义 ……………………………………………………… 156
8.4.2 代码结构 ……………………………………………………… 158
8.5 回调函数 …………………………………………………………… 160
8.6 对象属性 …………………………………………………………… 162
8.7 App 设计实例 …………………………………………………… 163
8.7.1 App 设计实例 1 ……………………………………………… 163
8.7.2 App 设计实例 2 ……………………………………………… 168
本章小结 ……………………………………………………………… 176
习题 8 ………………………………………………………………… 176

第 9 章 Simulink 工具箱 …………………………………………… 178
9.1 MATLAB 工具箱分类 …………………………………………… 178

9.2 Simulink 工具箱的应用 ··· 179

    9.2.1 Simulink 的启动方法 ·· 179

    9.2.2 Simulink 界面与菜单 ·· 179

    9.2.3 Simulink 模块库简介 ·· 182

9.3 Simulink 建模与仿真 ·· 188

    9.3.1 启动模型编辑窗口进行仿真 ·· 188

    9.3.2 标准模块的选取 ·· 189

    9.3.3 模块的移动、复制、转向和删除 ·· 189

    9.3.4 模块的命名 ··· 189

    9.3.5 模块的连接 ··· 190

    9.3.6 Simulink 连线处理 ·· 190

    9.3.7 模块属性的改变 ·· 191

    9.3.8 仿真输入源模块库 ·· 192

    9.3.9 仿真接收模块库 ·· 194

9.4 Simulink 连续时间系统建模 ·· 196

    9.4.1 线性连续时间系统 ·· 196

    9.4.2 非线性连续时间系统 ··· 198

9.5 子系统及其封装 ··· 199

    9.5.1 创建子系统 ··· 199

    9.5.2 条件执行子系统 ·· 202

    9.5.3 封装子系统 ··· 204

9.6 离散时间系统和混合系统 ··· 206

    9.6.1 若干基本模块 ·· 206

    9.6.2 多速率离散时间系统 ··· 211

    9.6.3 离散-连续混合系统 ··· 212

    9.6.4 菜单操作方式下仿真算法和参数的选择 ·· 213

    9.6.5 使用 MATLAB 命令运行仿真 ·· 214

    9.6.6 改善仿真性能和精度 ··· 215

9.7 模型的调试 ··· 216

    9.7.1 Simulink 调试器 ··· 216

    9.7.2 显示仿真的相关信息 ··· 219

    9.7.3 显示模型的信息 ·· 219

本章小结 ··· 220

习题 9 ··· 220

第 10 章　BP 神经网络 ·· 223

10.1　BP 神经网络的构建与性能评价 ·· 223

10.1.1　BP 神经网络相关函数的操作和使用 ································ 223

10.1.2　BP 神经网络性能评价指标 ·· 226

10.1.3　实现 BP 神经网络预测的步骤 ·· 227

10.2　神经网络工具箱介绍 ·· 227

10.2.1　神经网络工具箱 ··· 227

10.2.2　神经网络工具箱应用实例 ··· 238

10.2.3　神经网络预测应用实例 ·· 243

本章小结 ··· 249

习题 10 ·· 249

第 11 章　MATLAB 在自动驾驶中的应用* ····································· 252

11.1　二次规划问题 ··· 252

11.1.1　二次规划及其基本思想 ·· 252

11.1.2　二次规划问题的数学模型 ··· 252

11.1.3　quadprog 函数 ··· 253

11.2　微分方程问题 ··· 254

11.3　非线性规划问题 ·· 255

11.3.1　fmincon 函数 ·· 256

11.3.2　fminbnd 函数 ·· 257

11.3.3　fminsearch 函数 ··· 258

11.3.4　工程实例之轨迹跟踪 ·· 259

11.4　线性时变模型预测控制算法 ··· 262

11.4.1　非线性系统线性化方法 ·· 262

11.4.2　工程实例 ··· 263

11.5　CarSim 与 Simulink 联合仿真 ·· 265

11.5.1　CarSim 软件主界面及功能模块 ······································ 266

11.5.2　搭建 CarSim 与 Simulink 联合仿真平台 ···························· 267

11.5.3　仿真实例 ··· 267

11.6　基于 MPC 的轨迹跟踪控制器的设计 ··· 279

本章小结 ··· 283

习题 11 ·· 283

第 1 章

初识 MATLAB

MATLAB 是美国 MathWorks 公司出品的商业数学软件，应用于数据分析、无线通信、深度学习、图像处理与计算机视觉、信号处理、量化金融与风险管理、机器人及控制系统等领域。MATLAB 的设计初衷是进行数值计算，但其中的可选工具箱使用 MuPAD 符号引擎，具备符号计算能力；额外的工具箱 Simulink 基于模型，针对动态和嵌入系统进行仿真设计；信号处理、神经网络和大数据等工具箱在相关专业上的应用更是使其具备强大的专业性。可以说，理工专业学生在绘制模拟图像和建立数学模型方面几乎无法用其他软件替代它。

1.1 MATLAB 简介

MATLAB 俗称矩阵实验室，是 Matrix Laboratory 的缩写。它是一种科学计算软件，是以矩阵计算为基础的交互式计算语言和交互式环境，其功能强大，可用于算法开发、数据可视化、数据分析及数值计算。MATLAB 除了具备卓越的数值计算能力，还提供了专业水平的符号计算、文字处理、可视化建模仿真和实时控制等功能。

MATLAB 和 Mathematica、Maple 并称为三大数学软件。其中，MATLAB 在数学类科技应用软件中的数值计算方面首屈一指，可以进行矩阵计算、绘制函数和数据图形、实现算法、创建用户界面、连接其他编程语言的程序等。

MATLAB 的基本数据单位是矩阵，其指令表达式与数学、工程中常用的形式十分相似，故用 MATLAB 比用非交互式程序设计语言（如 C、FORTRAN 语言等）完成相同的事情要简捷得多。而且 MATLAB 吸收了 Maple 等软件的优点，成为一种强大的数学软件。MATLAB 在新的版本中也加入了对 C、FORTRAN、C++和 Java 语言的支持，可以直接调用。用户也可以将自己编写的实用程序导入 MATLAB 函数库中，方便自己以后调用。此外，许多 MATLAB 爱好者都编写了一些经典的程序，用户可以直接下载并使用。

MATLAB 将高性能的数值计算和可视化集成在一起，并提供了大量的内部函数。现在，MATLAB 已经成为一个系列产品，包括数百个内部函数的 MATLAB 主包和 40 多种工具箱（Toolbox）。工具箱又可以分为功能性工具箱和领域型工具箱。其中，功能性工具箱用来扩充 MATLAB 的符号计算、可视化建模仿真、文字处理及实时控制等功能；领域型工具箱是专业性比较强的工具箱，如控制工具箱、信号处理工具箱、通信工具箱、神经网络工具箱和大数据处理工具箱等。

开放性也许是 MATLAB 最重要、最广受用户欢迎的特点。除内部函数外，所有 MATLAB 主包文件和各种工具箱都是可读、可修改的文件，用户可通过对源程序的修改或加入自己编写的程序来构造新的专用工具箱。

总而言之，对工程师和科学家来说，MATLAB 是最简单、最高效的计算环境之一。它通过数学、图形和编程，可以帮助用户实现自己的想法和工作。

1.2　MATLAB 的产生与发展

20 世纪 70 年代中期，Cleve Moler 博士及其同事在美国国家科学基金会的资助下开发了调用 EISPACK 和 LINPACK 的 FORTRAN 子程序库。EISPACK 是用于特征值求解的 FORTRAN 程序库，LINPACK 是用于解线性方程的程序库。当时这两个程序库代表矩阵计算的最高水平。

20 世纪 70 年代后期，身为美国新墨西哥大学计算机系系主任的 Cleve Moler 在给学生讲授线性代数课程时，想教学生使用 EISPACK 和 LINPACK 程序库，但他发现学生用 FORTRAN 编写接口程序很费时间，于是他开始自己动手，利用业余时间为学生编写 EISPACK 和 LINPACK 的接口程序。Cleve Moler 给这个接口程序取名为 MATLAB，该名为矩阵（Matrix）和实验室（Laboratory）两个英文单词的前 3 个字母的组合。在以后的数年里，MATLAB 在多所大学里作为教学辅助软件使用，并作为面向大众的免费软件广为流传。

1983 年春天，Cleve Moler 到斯坦福大学讲学，MATLAB 深深地吸引了工程师 John Little。John Little 敏锐地觉察到 MATLAB 在工程领域的广阔前景。同年，他和 Cleve Moler、Steve Bangert 用 C 语言开发了第二代专业版 MATLAB。这一版本的 MATLAB 同时具备了数值计算和数据图示化功能。

1984 年，Cleve Moler 和 John Little 成立了 MathWorks 公司，正式把 MATLAB 推向市场，并继续进行 MATLAB 的研究和开发。自 1992 年 MathWorks 公司推出具有划时代意义的 4.0 版本后，又陆续推出了 4.2、5.0、5.3，直至 7.0 版本。时至今日，MathWorks 公司每半年更新一次版本，分别以该年的年份命名，并以 a 和 b 来区分上半年版本和下半年版本。

在当今 30 多个数学类科技应用软件中，就软件进行数学处理的原始内核而言，可分为两大类：一类是数值计算型软件，如 MATLAB、xMath、Gauss 等，这类软件长于数值计算，在处理大量数据时效率高；另一类是数学分析型软件，如 Mathematica、Maple 等，这类软件以符号计算见长，能给出解析解和任意精确解，缺点是在处理大量数据时效率较低。MathWorks 公司顺应多功能需求的潮流，在其卓越的数值计算和数据图示化能力的基础上，又率先在专业水平上开拓了符号计算、文字处理、可视化建模和实时控制能力，开发了适合多学科、多部门要求的新一代科技应用软件 MATLAB。经过多年的国际竞争，MATLAB 已经占据了数值软件市场的主导地位。

在 MATLAB 进入市场前，国际上的许多软件包都是直接以 FORTRAN、C 等编程语言来开发的。这些软件包的缺点是使用面窄、接口简陋、程序结构不开放、没有标准的基库，很难适应各学科的最新发展，因而很难得到推广。MATLAB 的出现为各国科学家开发学科软件提供了新的基础。在 MATLAB 问世不久的 20 世纪 80 年代中期，原先控制领域里的一些软件包纷纷被淘汰或在 MATLAB 上重建。时至今日，经过 MathWorks 公司的不断完善，MATLAB 已经发展成为适合多学科、多种工作平台的功能强大的大型软件。

在国外，MATLAB 已经经受了多年的考验。在欧美等高校，MATLAB 已经成为线性代数、自动控制理论、数理统计、数字信号处理、时间序列分析、动态系统仿真等高级课程的基本教学工具，成为攻读学位的大学生、硕士生、博士生必须掌握的基本技能。国内外在设计研究单位和工业部门，MATLAB 被广泛用于科学研究和解决各种具体问题。很多工程师和科学家都在使用 MATLAB 分析与设计系统、产品。可以说，无论你从事工程方面的哪个学科，都能在 MATLAB 里找到合适的功能。迄今为止，基于矩阵的 MATLAB 语言可以使用内置图形轻松可视化数据和深入了解数据，被认为是世界上表示计算数学最自然的方式。

1.3 MATLAB 用户界面

本书以 MATLAB R2021a 版本进行程序的编写和操作的讲解。在安装了 MATLAB R2021a 的个人计算机上，执行 MATLAB 应用文件或双击位于桌面上的 MATLAB 快捷图标，即可进入如图 1-1 所示的 MATLAB 默认用户界面。

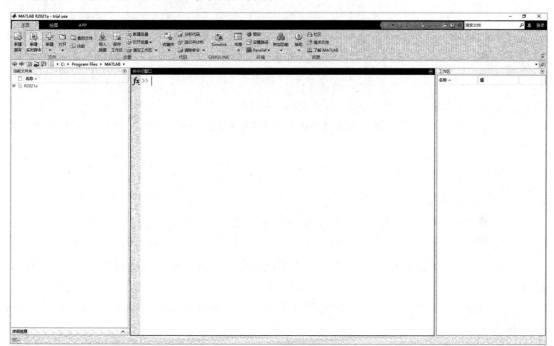

图 1-1　MATLAB 默认用户界面

进入 MATLAB 默认用户界面之后，会看到此界面分为 3 个子窗口，分别是左边的当前文件夹（Current Folder）、中间位置的命令行窗口（Command Window）及右边的工作区（Work Space）。

命令行窗口：用户交互窗口，用户在命令行提示符">>"后输入命令，按 Enter 键后可在此窗口显示相应的执行结果。

工作区：存储着 MATLAB 创建的或从数据文件、其他程序导入的变量。

MATLAB 的功能菜单的功能并不复杂，用户一试便知，这里不做进一步介绍。

有 3 种方法可以结束 MATLAB，分别如下。

（1）在命令行提示符">>"后键入 exit。

（2）在命令行提示符">>"后键入 quit。

（3）单击界面右上角的关闭符号"×"，直接关闭 MATLAB。

1.3.1 命令的执行

MATLAB 是一种交互式语言，随时输入命令，即时给出运算结果。在使用 MATLAB 时，可在命令行窗口创建变量和调用函数。例如，通过在命令行提示符">>"后键入以下语句来创建名为 a 的变量，按 Enter 键，MATLAB 将变量 a 添加到工作区中，并在命令行窗口中显示结果：

```
>> a=1
a =
     1
```

若要创建更多变量，则只需在命令行提示符后依次键入即可。例如：

```
>> b=2
b =
     2
>> c=a+b
c =
     3
>> d=cos(a)
d =
    0.5403
```

如果未指定输出变量，那么 MATLAB 将使用变量 ans（answer 的缩略形式）来存储计算结果。例如：

```
>> sin(a)
ans =
    0.8415
```

如果语句以分号结束，那么 MATLAB 会执行计算，但不在命令行窗口中显示输出。例如：

```
>>e=a*b;
```

当前工作区中的变量如图 1-2 所示。观察此时的工作区，可见其中存储了变量 a、ans、b、c、d 和 e。

使用 whos 命令可查看工作区的内容。例如，在命令行提示符后键入 whos，并按 Enter 键，显示工作区内容：

```
>>whos
  Name      Size        Bytes  Class      Attributes
  a         1x1             8  double
  ans       1x1             8  double
  b         1x1             8  double
  c         1x1             8  double
```

【注意】退出 MATLAB 后，工作区中的变量不会保留。此时，可以使用 save 命令保存数据以供将来使用。例如：

```
>>save myfile.mat
```

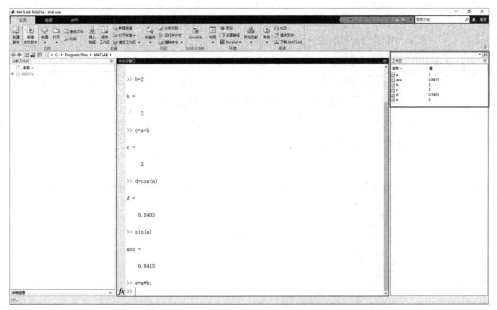

图 1-2　当前工作区中的变量

　　通过保存操作，系统会使用.mat 扩展名将工作区中的变量保存在当前工作文件夹中一个名为 MAT 的压缩文件中。使用 load 命令可以将 MAT 文件中的数据还原到工作区中。例如：

```
>>load myfile.mat
```

　　【提问】要清除工作区中的所有变量，应该用什么命令呢？

　　【练习】请先将工作区保存，然后清除工作区中的全部变量，最后使用 load 命令将数据还原到工作区中。

1.3.2　光标与命令行的操作

　　在 MATLAB 中，利用方向键"↑""↓"可以重新调用以前的（历史）命令，如图 1-3 所示。

图 1-3　调用历史命令

首先在空白命令行中按"↑"键，可以调出历史命令；再按 Enter 键，即可执行前一次的命令。而"↓"键的功用则是在按下它并调出历史命令后，与"↑"键配合使用，对历史命令进行选择，选定后按 Enter 键执行。也可在键入命令的前几个字符后按"↑"键。例如，要重新调用历史命令 b=2，在命令行键入"b="后，按"↑"键，该历史命令被选中，键入的内容"b="被黄色标记，同时，历史命令"b=2"被回调至命令行。

键盘上的其他几个操作键，如"→""←""Delete""End"与常用的快捷键等，其功能如表 1-1 所示，试用即知，无须多加说明。

表 1-1 常用操作键的功能

操 作 键	功 能 说 明	操 作 键	功 能 说 明
↑	前寻式调回历史命令行	Esc	清除当前行的全部内容
↓	后寻式调回历史命令行	BackSpace	删除光标左边的字符
←	在当前行中左移光标	Delete	删除光标右边的字符
→	在当前行中右移光标	Ctrl+←	光标左移一个单词
PageUp	前寻式翻阅当前窗口中的内容	Ctrl+→	光标右移一个单词
PageDown	后寻式翻阅当前窗口中的内容	Ctrl+Z	删除光标所在命令行内容
Home	使光标移到当前行的首端	Ctrl+A	全选当前窗口内容
End	使光标移到当前行的末端	Alt+BackSpace	恢复上一次删除

【练习】请逐个练习表 1-1 中的操作键，观察结果，与表中的功能说明进行对照理解。

1.3.3 工作窗与命令行的操作

MATLAB 除提供常用的操作键之外，还提供了许多通过键盘在命令行键入的控制命令。MATLAB 工作窗中的部分通用控制命令如表 1-2 所示。

表 1-2 MATLAB 工作窗中的部分通用控制命令

控 制 命 令	含 义
clc	清除命令行窗口中的所有显示内容
clear	清除内存中的变量和函数
clf	清除 MATLAB 的当前图形窗口中的图形
dir	列出指定目录下的文件和子目录清单
cd	cd 后加路径，改变当前工作子目录；cd+Enter 键，显示当前工作子目录
disp	在运行中显示变量和文字内容：disp(x)或 disp('字符')
type	显示所有指定文件的全部内容：type filename
hold	控制当前图形窗口对象是否被刷新，常与 on 和 off 配合使用
home	发送光标复位命令，显示为清空屏幕而不删除任何文本

1.4 MATLAB 帮助系统

在 MATLAB 系统中，相关的线上（On-Line）帮助方式有以下 3 种。

（1）利用 help 指令：如果已知要找的题材（topic），则直接键入 help <topic>。即使身旁没有使用手册，也可以使用 help 指令查询不熟悉的指令或题材的用法。例如，在命令行窗口的命令行提示符后键入 help sqrt，可查询指令 sqrt；键入 help atan，可查询指令 atan。查询指令 sqrt 的执行过程及结果如图 1-4 所示。

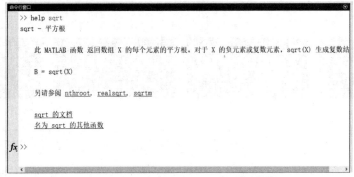

图 1-4　查询指令 sqrt 的执行过程及结果

（2）利用 lookfor 指令：可以根据键入的关键字（key-word）（即使这个关键字并不是 MATLAB 的指令）列出所有相关的题材。例如，利用 lookfor 指令查询关键字 sqrt，执行结果如图 1-5 所示。

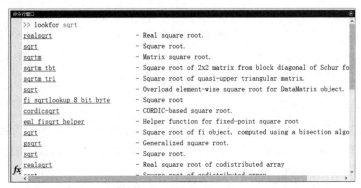

图 1-5　利用 lookfor 指令查询关键字 sqrt 的执行结果

（3）利用菜单栏中的"帮助"（Help）按钮：从下拉菜单中选择"目录"或"应用"命令进行相应的查询。单击如图 1-6 所示的"帮助"按钮，即可进入如图 1-7 所示的查询界面。帮助系统分为"MATLAB""SIMULINK""POLYSPACE" 3 个基本查询模块和若干应用查询选项。其中，应用查询选项下又有相应的子查询选项，用户可根据专业方向选择相应的查询路径。

【注意】MATLAB 帮助系统中还有一些在线学习和视频可供初学者快速入门。读者可通过帮助系统多多尝试和发掘，学会使用帮助系统学习和查询相关学习内容。这样，可以在学习 MATLAB 的过程中达到事半功倍的效果。

【练习】请在 MATLAB 中逐个练习表 1-2 中的控制命令，观察结果，做出更详尽的含义注解。若出现错误，请借助网络、MATLAB 帮助系统或双击命令行窗口的错误提示中的函数等方式查询命令或函数的使用方法，分析并解决问题。

图 1-6　利用菜单栏中的"帮助"按钮查询

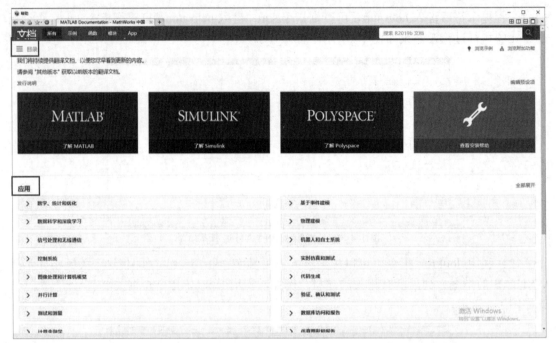

图 1-7　查询界面

本章小结

　　本章对 MATLAB 进行简介，首先介绍了 MATLAB 的产生与发展，然后基于 MATLAB R2021a 介绍了 MATLAB 默认用户界面和基本操作，最后介绍了 MATLAB 帮助系统。本章内容旨在让读者能够快速入门，初识 MATLAB。

　　目前，MATLAB 已经成为科研工作者开展研究的重要工具之一，在本科阶段开设该门课程有助于学生对后续专业课程的学习。同时，本书适用于其他非在校生读者，可以让其了解 MATLAB 的发展历史，学习国外先进经验，树立努力学习、科研报国的目标，激发读者勇于作为走在时代前列的奋进者、开拓者，引导读者了解目前科技发展水平，对激发其报国情怀具有一定的意义。

习题 1

1-1.　MATLAB 默认用户界面分为哪几个子窗口？

1-2.　MATLAB 通过键盘在命令行键入的控制命令有哪些？

1-3.　MATLAB 系统的线上帮助方式有哪几种？

第 2 章
MATLAB 基本计算和基础知识

本章以基本计算入门实例入手，介绍 MATLAB 基本计算和基础知识，主要介绍 MATLAB 中的变量、数据类型和基本运算类型。MATLAB 的标点符号和特殊字符及常用数学函数是 MATLAB 入门必不可少的学习内容，是 MATLAB 编程的基础，在本章中也对其进行简单介绍。

2.1 基本计算入门实例

在 MATLAB 中进行数学基本计算就像在草稿纸上演算一样方便、简单，只需在命令行窗口的命令行提示符后键入算式，MATLAB 就会把计算结果显示出来，使用户能实时观察计算结果。或者可以说，使用 MATLAB 进行数学基本计算就像用计算器一样方便、简单。例如：

```
>> 1+2+3+4+5+6
ans =
21
>> 1/2
ans =
    0.5000
```

MATLAB 提供了一些基本的算术运算，如加（+）、减（−）、乘（*）、除（/或\）及幂次方（^）。其中，幂次方的优先级最高，乘、除次之，最后是加、减。如果有括号，那么括号优先执行，而且 MATLAB 允许括号嵌套。例如：

```
>> ((1+4)*5-12)/2
ans =
    6.5000
```

MATLAB 也可以如计算器般进行三角函数的运算。例如：

```
>> sin(pi/3)
ans =
    0.8660
```

另外，MATLAB 还具有超越计算器的功能，它认识复数，能够进行复数计算。例如：

```
>> (2+3i)+(4+5i)
ans =
  6.0000 + 8.0000i
```

2.2　变量

变量是指在程序执行过程中其值可以变化的量。

2.2.1　用户自定义变量

变量以非数字的符号来表达，一般用拉丁字母表示。MATLAB 中变量的定义不需要特别声明数据类型，其定义与赋值是同时完成的。例如：

```
>> a=3
a =
    3
```

上面的程序定义了一个变量 a，同时将其赋值为 3。

在 MATLAB 中，变量有一定的命名规则。在对变量进行命名时，需要满足下列 4 条规则。

（1）变量名区分大小写，如"a"和"A"是不同的变量。

（2）变量名不能超过 63 个字符，第 63 个字符后的字符被忽略。

（3）变量名必须以字母开头，其组成可以是任意字母、数字或下画线，但不能含有空格和标点符号，如"6""abc""ac%b"都是不合法的变量名。

（4）关键字、系统命名函数等不能作为变量名，如"if""while"等。

变量有两个属性：变量名与变量的值。对于已经定义并赋值的变量，在调用时，调用的是变量当前的值。例如：

```
>> a=3
a =
    3
>> b=5*a
b =
    15
```

上面的程序先定义了变量 a，并赋值 3；再定义变量 b，同时调用变量 a 的当前值，计算后将结果赋值给变量 b。

对于变量名和变量的值的区分：可以把变量想象成一个箱子，箱子外面贴着的标签即变量名，箱子里面放着变量的值。变量的值可以是实数、虚数、向量、数组和矩阵，即箱子里面可以放实数、虚数、向量、数组和矩阵。通常，变量处于等号左边表示的是变量名，变量处于等号右边表示的是取变量的值。

2.2.2　系统预定义变量

除用户自己定义的变量外，系统还提供了一些用户不能清除的特殊变量，即系统预定义变量。MATLAB 系统预定义变量及其含义如表 2-1 所示。

表 2-1　MATLAB 系统预定义变量及其含义

预定义变量名	含　义
ans	运算结果默认变量名
pi	圆周率

预定义变量名	含　义
eps	浮点数的精度，也是系统运算时确定的极小值
nan 或 NAN	非数，如 0/0
inf	无穷大，如 1/0
i 或 j	虚数标志，i=j=sqrt(-1)

2.3　数据类型

MATLAB 中的数据类型主要包括数值类型、逻辑类型、字符串类型、单元类型和结构类型。

2.3.1　数值类型

数值类型的分类方法有以下两种。

分类方法一，根据数据存储空间和方式分类：分为整型（有符号整型和无符号整型）和浮点型（单精度浮点型和双精度浮点型）。表 2-2 列出了实数的数值类型分类。分类方法二，根据数据结构分类：分为标量、数组和矩阵。标量、数组和矩阵的相关知识将在后面的章节中进行详细介绍。

表 2-2　实数的数值类型分类

类　型	子　类　型	符　号	位　数	用　法
整型	有符号整型	int8	8	a=int32(12)
		int16	16	
		int32	32	
		int64	64	
	无符号整型	uint8	8	a=uint32(12)
		uint16	16	
		uint32	32	
		uint64	64	
浮点型	单精度浮点型	single	32	a=single(12.34)
	双精度浮点型	double	64	a=12.34

【注意】

（1）系统默认的数值类型是双精度浮点型，因此，在使用 double 时，可以省略 double 符号。

（2）当 double 类型的数值与其他类型的数值进行运算时，结果为其他类型的数值，single 类型的数值不能和整型直接进行运算，各种不同位数的整型之间也不能直接进行运算。

因为系统默认的数据类型是双精度浮点型，所以在将变量设置为整型时，需要进行转换。MATLAB 提供了将双精度浮点型转换为整型的转换函数，如表 2-3 所示。

表 2-3　将双精度浮点型转换为整型的转换函数

函　数	运　算　法　则	例　子
floor	向下取整	floor(1.4)=1，floor(3.5)=3，floor(-3.5)=-4

续表

函　数	运 算 法 则	例　子
ceil	向上取整	ceil(1.4)=2，ceil(3.5)=4，ceil(-3.5)=-3
round	取最接近的整数，若小数部分是 0.5，则向绝对值大的方向取整	round(1.4)=1，round(3.5)=4，round(-3.5)=-4
fix	向 0 取整	fix(1.4)=1，fix(3.5)=3，fix(-3.5)=-3

复数由实部和虚部两部分构成，在 MATLAB 中，字符 i 和 j 等价，默认作为虚部标志，数值与符号之间的乘号可以省略。例如：

```
>> a=1+2i
a =
   1.0000 + 2.0000i
>> b=3+4*j
b =
   3.0000 + 4.0000i
```

2.3.2　逻辑类型

MATLAB 本身并没有专门提供逻辑类型，而是借用整型来描述逻辑类型数据的。MATLAB 规定，逻辑数据真（true）为 1、逻辑数据假（false）为 0。例如，2<3 为真，其计算结果为逻辑 1；2>3 为假，其计算结果为逻辑 0。在命令行窗口中运行上面提到的这两条命令，结果如下：

```
>> 2<3
ans =
  logical
   1
>> 2>3
ans =
  logical
   0
```

2.3.3　字符串类型

MATLAB 中的字符串是包含在单引号中的字符集合。例如：

```
>> s='你好，MATLAB'      %定义字符串变量 s
s =
    '你好，MATLAB'
```

【注意】在 MATLAB 中，所有字符串都用英文半角单引号标识，字符串和字符数组是等价的，字符串中的每个字符（包括空格）都是字符数组的一个元素。利用 length 函数可以求取字符串的长度。例如：

```
length('你好，MATLAB! ')
ans =
    10
```

MATLAB 将文本作为特征字符串或简单地当作字符串，但是实际存储的是字符串的ASCII 码。利用 abs 函数可以获得字符串的具体值，其使用方法如下：

```
>> a=1+2i
a =
   1.0000 + 2.0000i
```

```
>> b=3+4*j
b =
   3.0000 + 4.0000i
>> c=abs(a+b)
c =
   7.2111
```

【练习】请在命令行窗口中键入字符串"你好，MATLAB!"，利用 abs 函数获取该字符串的值，并求取字符串的长度。

2.3.4　单元类型

单元类型是 MATLAB 中比较特殊的一种数据类型，其本质也是数组。区别于一般数组中所有数组元素只能是同一种数据类型，单元数组可以把不同的数据类型组合在一起，从而形成一种比较复杂的数组。简而言之，元素为不同数据类型的数组即单元类型数组。

有两种创建单元类型数组的方法：通过赋值语句或使用 cell 函数。

（1）通过赋值语句创建单元类型数组。

单元类型数组使用花括号"{}"来创建，使用"，"或空格来分隔单元，使用"；"来分行。例如：

```
>> A={'x',[2;3;6];10,2*pi}
A =
  2×2 cell 数组
    {'x' }    {3×1 double}
    {[10]}    {[  6.2832]}
```

（2）使用 cell 函数创建单元类型数组。

先使用 cell 函数创建空单元类型数组，预先分配存储空间；然后逐个对元素进行赋值。单元类型数组元素也是变量，称为单元类型数组元素变量，因此可以直接赋值。单元类型数组元素用下标花括号或圆括号进行索引。例如，语句 B(1,1)={'MATLAB'} 和 B{1,1}='MATLAB'是等效的。两者的不同的之处在于 B(1,1)指的是第 1 行第 1 列单元类型数组元素本身，B{1,1}指的是第 1 行第 1 列单元类型数组元素的内容。

采用先构建空单元类型数组，再进行单元类型数组元素赋值的方式创建单元类型数组变量的示例如下：

```
 >> B=cell(1,2)                        % 创建空单元类型数组 B
B =
1×2 cell 数组
    {0×0 double}    {0×0 double}
>> B(1,1)={'MATLAB'};B{1,2}='好用！';   % 为单元类型数组元素分别赋值
B =
  1×2 cell 数组
    {'MATLAB'}    {'好用！ ' }
```

2.3.5　结构类型

结构类型是另一种可以将不同的数据类型组合在一起的特殊数据类型，其本质依然是数组。结构类型变量用于存储一系列相关数据，同一个数据字段（Field）必须具有相同的数据类型。可以使用赋值语句或 struct 函数创建结构类型变量。

（1）使用赋值语句创建结构类型数组并赋值。

结构类型变量的使用必须指出结构的属性名，并以操作符"."来连接结构变量名与属性名，对该属性进行直接赋值，如 A.b1、B(2,3).a3 等。结构类型数组不同元素的类型可以不同。例如：

```
>> student.Name='小明';
>> student.Age=18;
>> student.Score=88
student =
  包含以下字段的 struct:
     Name: '小明'
      Age: 18
    Score: 88
```

（2）使用 struct 函数创建结构类型数组并赋值。

采用 struct 函数预先分配存储空间并赋值的具体形式为：

结构类型变量=struct(元素名1,元素值1,元素名2,元素值2,…)

例如：

```
>> student=struct('Name','小明','Age',18,'Score',88)
student =
  包含以下字段的 struct:
     Name: '小明'
      Age: 18
    Score: 88
```

2.4　MATLAB 的基本运算类型

MATLAB 运算包括算术运算、关系运算、逻辑运算、位运算和集合运算五大类。其中，算术运算、关系运算、逻辑运算为 MATLAB 的基本运算。在 MATLAB 中进行基本运算需要掌握每种运算对应的运算符。

2.4.1　算术运算

表 2-4 列出了 MATLAB 的算术运算符及其含义。

表 2-4　MATLAB 的算术运算符及其含义

类　别	运　算　符	含　义
算术运算符	+	加
	－	减
	*	乘
	\	矩阵左除
	/	矩阵右除
	^	矩阵幂次方
	.*	数组乘
	./	数组右除
	.\	数组左除
	.^	数组幂次方

【注意】MATLAB 中的算术运算与数学上的算术运算相比，需要注意和区分以下不同点。

（1）除法分为左除和右除。

（2）乘、左除、右除和幂次方运算将矩阵看作一个整体，遵循矩阵运算规则；数组乘、数组幂次方、数组左除和数组右除按数组元素进行相应的运算。

【例 2-1】求解算术表达式 $[1+2\times(11-4)]+2^3$ 的值。

```
>>(1+2*(11-4))+2^3
ans =
    23
```

二维码 2-1

2.4.2　关系运算

关系运算是用来判断运算对象之间关系的运算，一共有 6 种。表 2-5 列出了 MATLAB 的关系运算符及其含义（有关关系运算的详细介绍见 7.4.1 节）。

表 2-5　MATLAB 的关系运算符及其含义

类　别	运　算　符	含　义
关系运算符	<	小于
	<=	小于或等于
	>	大于
	>=	大于或等于
	==	等于
	~=	不等于

2.4.3　逻辑运算

MATLAB 中的基本逻辑运算符有 3 种，如表 2-6 所示（有关逻辑运算的详细介绍见 7.4.2 节）。

表 2-6　MATLAB 的逻辑运算符及其含义

类　别	运　算　符	含　义
逻辑运算符	&	与
			或
	~	非

2.5　MATLAB 的标点符号和特殊字符

MATLAB 中有一些被赋予特殊意义的符号，有一定的特殊含义。MATLAB 的标点符号和特殊字符及其含义如表 2-7 所示。

表 2-7　MATLAB 的标点符号和特殊字符及其含义

符　号	名　称	含　义
:	冒号	有多种运算功能，用于定义行向量或截取指定矩阵中的部分
=	等号	为变量赋值。等号左边为变量名、右边为变量的值
;	分号	区别矩阵的行；命令行不输出回显信息
.	小数点	描述小数

续表

符　号	名　称	含　义
%	百分号	注释语句,增加程序的可读性
…	续行符号	续行
,	逗号	矩阵每行元素之间的分隔符
'	单引号	矩阵转置运算、复数的共轭值、字符串定义等
!	感叹号	调用系统操作命令
[]	方括号	矩阵的定义
()	圆括号	指定函数中参量的输入
{}	花括号	构成单元类型数组

2.6 常用数学函数

在 MATLAB 计算中,常常要用到一些数学函数,如三角函数、指数函数、对数函数、开平方等。MATLAB 提供了大量的初等数学函数,包括 abs、sqrt、exp 等,这些函数的使用方法简单但功能强大。另外,MATLAB 还提供了大量的高等数学函数,如 bessel 和 gamma 等。表 2-8 给出了部分常用数学函数。

表 2-8　部分常用数学函数

函　数	含　义
abs(x)	对自变量取绝对值
sqrt(x)	对自变量开二次方
exp(x)	自然底数 e 的 x 次方
sin(x)	x 的正弦值[其中 x 为弧度制,如果需要使用角度制,则采用 sind(x)]
asin(x)	x 的反正弦值(其中 x 为弧度制,角度制同上)
cos(x)	x 的余弦值(其中 x 为弧度制,角度制同上)
acos(x)	x 的反余弦值(其中 x 为弧度制,角度制同上)
tan(x)	x 的正切值(其中 x 为弧度制,角度制同上)
atan(x)	x 的反正切值(其中 x 为弧度制,角度制同上)
log(x)	自然对数:求以 e 为底 x 的对数
log10(x)	常用对数:求以 10 为底 x 的对数
log2(x)	求以 2 为底 x 的对数
round(x)、fix(x)	对 x 取整。其中,round 为四舍五入,fix 为向下取整
mod(x,y)	求 x/y 的余数
imag(x)、real(x)	求 x 的虚部、实部
find(x)	寻找变量
sort(x)	将数组元素按照从小到大排序
sum(x)	数组元素求和
roots(x)	求解多项式的根
axis([x1,x2,y1,y2])	设置坐标轴范围

2.7　函数语句

在 MATLAB 中，一条命令就是一条语句，其格式与数学表达式十分接近。用户在命令行窗口的命令行提示符 "＞＞" 后输入语句并按 Enter 键后，该语句就在 MATLAB 中运行，并在命令行窗口返回运行结果。MATLAB 中语句的一般形式为：

> 变量=表达式

函数语句表达式中一般包括表 2-4～表 2-8 中介绍的运算符、标点符号和常用数学函数，表达式按照从左向右的顺序执行，运算的优先级遵循数学运算的优先级规定，即幂运算优先，其次是乘除法，最后是加减法。若运算中有圆括号，则圆括号优先。MATLAB 允许圆括号嵌套。

【注意】表达式中的圆括号必须使用半角符号。

【例 2-2】求 $[5\times(7-2)^2]\div\dfrac{2}{3}$ 的值，并把它赋值给变量 a。

```
>> a=(5*(7-2)^2)/(2/3)
a =
   187.5000
```

二维码 2-2

在 MATLAB 中，"变量=表达式" 形式表示将表达式运算后赋值给变量。

在 MATLAB 的一些复杂编程中，为了增加代码的可读性，通常通过对代码增添注释来使代码更容易被读懂，通过 "%" 表明标注开始，%后的所有内容均为注释内容，MATLAB 在运行时会自动忽略%后的内容。

【例 2-3】设三角形的 3 条边的边长为 a=8、b=7、c=6，求此三角形的面积。

【分析】$S=\sqrt{s(s-a)(s-b)(s-c)}$，其中 $s=\dfrac{a+b+c}{2}$。

```
>> a=8;b=7;c=6;              %为变量 a、b、c 赋值
>> s=(a+b+c)/2;             %定义 s 为三角形的半周长
>> S=sqrt(s*(s-a)*(s-b)*(s-c))   %利用海伦公式求面积
S =
   20.3332
```

二维码 2-3

本章小结

本章介绍了 MATLAB 基本计算和基础知识，首先通过入门实例介绍了基本计算；其次介绍了变量、数据类型、基本运算类型，以及 MATLAB 的标点符号和特殊字符；最后介绍了 MATLAB 常用的数学函数及函数语句。本章旨在让读者掌握 MATLAB 的基础知识。

通过本章的学习，可以帮助读者掌握 MATLAB 编程的基本概念和基本方法，在学习基础知识的同时，使自身踏实、耐心，不好高骛远，求真、求实，以期使其能力和思想道德素质得到有效提升，提高综合素质，成为有道德修养的人。

习题 2

2-1.　计算 $\sin\dfrac{\pi}{2}$、$\cos135°$、$\ln3$ 和 e^2。

2-2. 计算 $\sqrt{2e^{(x+0.5)}+1}$，其中 $x=5$。

2-3. 已知 $a = \begin{bmatrix} 1 & 3 & 5 \\ 2 & 4 & 6 \end{bmatrix}$，$b = \begin{bmatrix} 1 & 2 & -3 \\ 5 & 4 & 6 \end{bmatrix}$，计算并观察 a 与 b 之间的 6 种关系运算的结果。

2-4. 建立一个随机 3 阶整数矩阵 a，并判断矩阵 a 的元素是奇数还是偶数。

2-5. 将数组 $b = [0.01, -0.2, 5.3, -4.7, 7.9]$ 用不同的取整函数取整，并观察其结果。

2-6. 左除和右除有什么区别？

2-7. 请说出 "=" 和 "==" 的区别。

2-8. 计算 1+2i 的绝对值。

2-9. 分别取出复数 1+2i 的实部和虚部。

2-10. 计算 $[1+2i, 3, 5-i, -4]$ 和 $[1-2i, 3+i, -i, 4+3i]$ 之和。

第 3 章

MATLAB 数值计算

前面提到，MATLAB 是以矩阵计算为基础的计算软件，其设计初衷正是为了方便进行以矩阵为操作对象的数值计算，其最主要的特色就是数值计算能力强。MATLAB 可以实现概率统计、数值逼近、数值微分和积分、微分方程数值求解等的计算。如果根据数据结构对 MATLAB 的数据类型进行分类，那么矩阵和数组是两个主要的数据存在形式。因此，本章从矩阵入手学习 MATLAB 数值计算。

3.1 矩阵

矩阵是 MATLAB 进行数据处理和运算的基本元素，即最基本的 MATLAB 数据结构体就是矩阵。矩阵是按行和列排列的数据元素的二维矩形数组。MATLAB 支持线性代数定义的全部矩阵运算，用户可以通过调用相应的函数来处理线性代数的运算，很容易完成原来复杂、费时的计算工作。

实际上，一般的数学运算也都可以转化成相应的矩阵运算来处理。例如，标量可以看作一行一列的矩阵，行向量可以看作只有一行的矩阵，列向量可以看作只有一列的矩阵。矩阵元素可以是数字、逻辑值（true 或 false）、日期和时间、字符串或其他 MATLAB 数据类型。即使是一个数字也能以矩阵的形式存储。例如，将包含值 100 的变量存储为 double 类型的 1×1 矩阵：

```
>> clear
>> A=100;
>> whos          %列出当前工作区中所有变量的变量名、尺寸、所占字节数及数据类型等
  Name        Size            Bytes  Class      Attributes
  A           1x1                 8  double
```

3.1.1 利用直接输入法创建矩阵

要用 MATLAB 做矩阵运算，首先要将矩阵输入 MATLAB 中，即创建矩阵。在 MATLAB 中，矩阵的创建方法有很多种，直接输入法是最常用的方法。在 MATLAB 中，不需要对矩阵维数进行说明，直接用赋值语句即可实现矩阵的创建，具体的步骤如下。

（1）用方括号"[]"把所有的矩阵元素括起来。

（2）同一行的不同元素用逗号或空格来分隔。

（3）用分号";"指定一行元素的结束，以此来分隔行，或者用回车符代替分号。

（4）矩阵元素可以是实数或复数，也可以是表达式。如果是表达式，那么系统将自动计算表达式的结果，并赋值给相应的元素。例如：

```
>> a=[1 2 3]        %构造1×3的矩阵a或行向量a
a =
     1     2     3
>> x = [1 2 3 ; 4 5 6]
x =
     1     2     3
     4     5     6
>> y = [2+3 , 6, 9]
     y = 5     6     9
```

3.1.2 利用函数创建矩阵

除了利用直接输入法创建矩阵，MATLAB 中还有许多内部函数，可以创建具有特定值或特定结构的矩阵。例如，zeros 和 ones 函数可以创建元素全部为 0 或全部为 1 的矩阵。这些函数的第 1 个和第 2 个参数分别是矩阵的行数和列数。例如：

```
>> A=zeros(3,2)
A =
     0     0
     0     0
     0     0
>> B = ones(2,4)
B =
     1     1     1     1
     1     1     1     1
```

主要的创建矩阵的函数如表 3-1 所示。

表 3-1　主要的创建矩阵的函数

函　数	功　能
zeros(m,n)	创建一个 m 行 n 列的全部元素为 0 的矩阵
ones(m,n)	创建一个 m 行 n 列的全部元素为 1 的矩阵
eye(m,n)	创建一个 m 行 n 列的单位矩阵
rand(m,n)	创建一个 m 行 n 列的 0～1 均匀分布的随机矩阵
randn(m,n)	创建一个 m 行 n 列的均值为 0、方差为 1 的标准正态分布随机矩阵
linspace(a,b,n)	创建一个在[a,b]区间上线性 n 等分的矩阵
[]	创建空矩阵
diag(X)	若 X 是矩阵，则 diag(X) 为 X 的主对角线向量；若 X 是向量，则 diag(X) 产生以 X 为主对角线的对角矩阵
tril(A)	提取一个矩阵的下三角部分
triu(A)	提取一个矩阵的上三角部分

【例 3-1】分别构建随机矩阵 x 和 y，要求 x 是在区间[20,50]内均匀分布的 3 阶随机矩阵，y 是均值为 0.6、方差为 0.1 的 3 阶正态分布随机矩阵。

【解】命令如下：

```
>> x=20+(50-20)*rand(3)
x =
```

```
   25.8979    34.1987    37.5579
   27.5325    30.5498    36.4917
   38.4813    44.9249    47.5158
>> y=0.6+sqrt(0.1)*randn(3)
y =
    0.3456     0.5229     0.2370
    0.8203     0.6682     0.6332
    0.8641     0.2313     0.8284
```

3.1.3　利用 M 文件创建矩阵

对于比较大且比较复杂的矩阵，可以为它专门建立一个 M 文件。具体步骤如下。

（1）使用编辑程序或 MATLAB 文本编辑器输入文件内容。

（2）把输入的内容以 M 文件方式存盘。

（3）在 MATLAB 命令行窗口中输入文件名，就会自动建立一个矩阵，可供以后显示和调用。

例如，打开 MATLAB 文本编辑器，输入：

```
x=[1 2 3]
```

保存文件，命名文件名为 mymatrix.m；在命令行窗口的命令行提示符后输入 mymatrix，按 Enter 键后可生成以 x 为变量名的矩阵：

```
>> mymatrix
x =
     1     2     3
```

3.1.4　矩阵元素与矩阵元素变量

MATLAB 在定义矩阵的同时衍生出了矩阵元素变量。可以用下标来表示矩阵元素，如 A(2,3) 表示矩阵 A 的第 2 行第 3 列的元素；A(:,1) 表示矩阵 A 的第 1 列的元素；A(2,:) 表示矩阵 A 的第 2 行的元素。同时，可以利用下标对矩阵元素进行修改。矩阵元素的修改方法有以下两种。

方法一，可以通过界面的可视化操作直接编辑矩阵的某个元素。先在工作区中找到定义的矩阵变量名，然后双击变量名进入变量编辑界面，如图 3-1 所示。

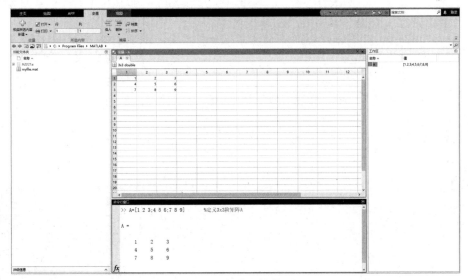

图 3-1　变量编辑界面

单击需要修改的元素即可进行修改。例如，选择元素 A(1,3)，将其值修改为 10，如图 3-2 所示。

在命令行窗口的命令行提示符后键入 A，可查看修改后的矩阵 A：

```
>> A
A =
     1     2    10
     4     5     6
     7     8     9
```

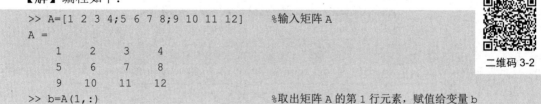

图 3-2　修改变量元素的值

方法二，使用 MATLAB 命令访问数组的某个元素，采用"矩阵名(序号 1,序号 2)=数据"的方式来修改矩阵元素。例如：

```
>> A=[1 2 3;4 5 6;7 8 9]          %定义 3×3 的矩阵 A
A =
     1     2     3
     4     5     6
     7     8     9
>> A(2,1)=5;                       %修改元素变量 A(2,1)的值为 5
```

矩阵元素以变量的形式存在，因此，可以将其赋值给其他变量。例如：

```
>> b=A(2,3)
b =
     6
```

若要取出矩阵 A 的第 1 行元素，则使用以下命令：

```
>> A(1,:)
ans =
     1     2     3
```

【例 3-2】输入矩阵 A，并将矩阵 A 的第 1 行和第 2 行元素对调，其中矩阵

$$A = \begin{bmatrix} 1 & 2 & 3 & 4 \\ 5 & 6 & 7 & 8 \\ 9 & 10 & 11 & 12 \end{bmatrix}$$。

【解】编程如下：

```
>> A=[1 2 3 4;5 6 7 8;9 10 11 12]     %输入矩阵 A
A =
     1     2     3     4
     5     6     7     8
     9    10    11    12
>> b=A(1,:)                            %取出矩阵 A 的第 1 行元素，赋值给变量 b
```

二维码 3-2

```
b=
     1     2     3     4
>> A(1,:)= A(2,:)                           %将第 2 行元素赋值给第 1 行元素
A=
     5     6     7     8
     5     6     7     8
     9    10    11    12
>> A(2,:)=b                                 %将原始矩阵 A 的第 1 行元素赋值给第 2 行元素
A=
     5     6     7     8
     1     2     3     4
     9    10    11    12
```

可见，原始矩阵的第 1 行和第 2 行元素进行了对调。

3.1.5　串联矩阵

MATLAB 可以使用方括号将现有矩阵连接在一起构建新的矩阵。这种创建矩阵的方法称为串联。例如，将两个行向量串联起来，形成一个更长的行向量：

```
>> A=ones(1,4);
>> B=zeros(1,4);
>> C=[A B]
C =
     1     1     1     1     0     0     0     0
```

要将 A 和 B 排列为一个矩阵的两行，可以使用分号：

```
>> D=[A;B]
D =
     1     1     1     1
     0     0     0     0
```

要串联两个矩阵，它们的大小必须兼容。也就是说，在水平串联矩阵时，它们的行数必须相同；在垂直串联矩阵时，它们的列数必须相同。例如，水平串联两个各自包含两行的矩阵：

```
>> A=ones(2,3)
A =
     1     1     1
     1     1     1
>> B = zeros(2,2)
B =
     0     0
     0     0
>> C = [A B]
C =
     1     1     1     0     0
     1     1     1     0     0
>> D = [A;[B,[0;0]]]
D =
     1     1     1
     1     1     1
     0     0     0
     0     0     0
```

3.1.6　扩展矩阵

通过将一个或多个元素置于现有行和列索引边界之外，可以将它们添加到矩阵中。MATLAB 会自动用 0 填充矩阵，使其保持为矩形。例如，首先创建一个 2×3 的矩阵，然后在(3,4)的位置插入一个元素，使矩阵增加一行一列：

```
>> A(3,4) = 1
A =
    10    20    30     0
    60    70    80     0
     0     0     0     1
```

另外，还可以通过在现有索引范围之外插入新矩阵来扩展其大小：

```
>> A(4:5,5:6) = [2 3; 4 5]
A =
    10    20    30     0     0     0
    60    70    80     0     0     0
     0     0     0     1     0     0
     0     0     0     0     2     3
     0     0     0     0     4     5
```

【注意】要重复扩展矩阵的大小，最好为预计创建的最大矩阵预分配空间。如果没有预分配空间，那么 MATLAB 必须在每次大小增加时分配内存，因此会降低操作速度。例如，通过将矩阵的元素初始化为零，预分配一个最多容纳 10000 行和 10000 列的矩阵。如果之后还要预分配更多元素，则可以通过在矩阵索引范围之外指定元素或将另一个预分配的矩阵与原始矩阵串联来进行扩展。

3.1.7　矩阵运算

矩阵运算是根据矩阵运算规则进行的运算，MATLAB 的处理方法与线性代数中的相同。表 3-2 列出了 MATLAB 中常用的矩阵算术运算符。

表 3-2　MATLAB 中常用的矩阵算术运算符

运　算　符	用　　途	说　　　　明
+	加法	A+B 表示将 A 和 B 加在一起
−	减法	A−B 表示从 A 中减去 B
*	矩阵乘法	A*B 表示 A 和 B 按矩阵乘法规则进行运算
^	矩阵幂次	A^k 表示矩阵 A 的 k 次幂运算
/	矩阵右除	A/B 表示矩阵 A 右除 B，即 AB^{-1}
\	矩阵左除	A\B 表示矩阵 A 左除 B，即 $A^{-1}B$
'	矩阵转置	A'表示 A 的列元素与行元素互换

（1）矩阵的加减运算。

矩阵的加减是指矩阵与矩阵对应元素的加减，其运算符是"+"和"−"。进行相加减的矩阵的阶数必须相同。如果阶数不同，则系统显示出错信息。MATLAB 用来检查矩阵阶数的语句是 size。例如：

```
>> A = [ 1 2 3 4;5 6 7 8;9 10 11 12 ]          %输入矩阵 A
A =
     1     2     3     4
```

```
       5      6      7      8
       9     10     11     12
>> [m , n] = size(A)                          %检查矩阵 A 的阶数
m =
       3
n =
       4
```

由此可知 A 为 3×4 的矩阵。

【例 3-3】计算 $C=A+B$，$D=A-B$，$E=A+3$。其中，$A = \begin{bmatrix} 1 & 2 & 3 & 4 \\ 5 & 6 & 7 & 8 \\ 9 & 10 & 11 & 12 \end{bmatrix}$，$B = \begin{bmatrix} 2 & 3 & 6 & 8 \\ 1 & 3 & 5 & 7 \\ 1 & 1 & 2 & 2 \end{bmatrix}$。

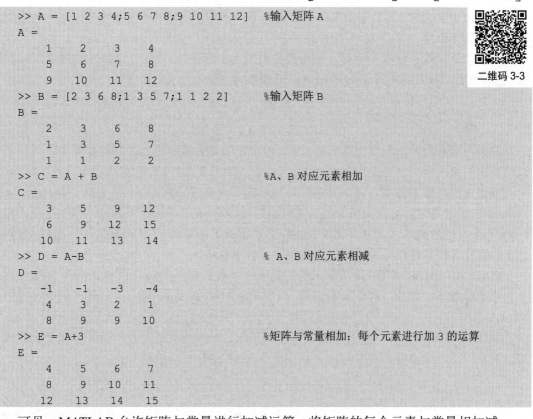

二维码 3-3

```
>> A = [1 2 3 4;5 6 7 8;9 10 11 12]    %输入矩阵 A
A =
       1      2      3      4
       5      6      7      8
       9     10     11     12
>> B = [2 3 6 8;1 3 5 7;1 1 2 2]        %输入矩阵 B
B =
       2      3      6      8
       1      3      5      7
       1      1      2      2
>> C = A + B                            %A、B 对应元素相加
C =
       3      5      9     12
       6      9     12     15
      10     11     13     14
>> D = A-B                              % A、B 对应元素相减
D =
      -1     -1     -3     -4
       4      3      2      1
       8      9      9     10
>> E = A+3                              %矩阵与常量相加：每个元素进行加 3 的运算
E =
       4      5      6      7
       8      9     10     11
      12     13     14     15
```

可见，MATLAB 允许矩阵与常量进行加减运算：将矩阵的每个元素与常量相加减。
（2）矩阵的乘法运算。
矩阵乘法的运算符是“*”。只有当前一矩阵的列数与后一矩阵的行数相等或至少其中一个为标量时，才能进行乘法运算；否则，系统会提示错误信息。

【例 3-4】计算 $C=AB$，$D=3A$。其中，$A = \begin{bmatrix} 1 & 2 & 3 \\ 5 & 6 & 7 \\ 9 & 10 & 11 \end{bmatrix}$，$B = \begin{bmatrix} 1 & 5 & 9 \\ 2 & 6 & 10 \\ 3 & 7 & 11 \end{bmatrix}$。

二维码 3-4

```
>> A = [1 2 3;5 6 7;9 10 11];        %输入矩阵 A
>> B = [1 5 9;2 6 10;3 7 11];        %输入矩阵 B
>> C = A*B                           %矩阵 A 与矩阵 B 相乘
C =
    14    38    62
    38   110    18
    62   182   302
>> D = A*3                           %矩阵 A 与标量 3 相乘
D =
     3     6     9
    15    18    21
    27    30    33
```

（3）矩阵的除法运算。

在线性代数中，并不存在矩阵的除法运算，只有"逆矩阵"。矩阵除法是 MATLAB 从逆矩阵的概念引申来的。与一般数学的除法运算有所不同，矩阵的除法运算分为左除和右除两种，其运算符分别为"\"和"/"。

如果两个矩阵进行除法运算，那么需要明确是左除还是右除。MATLAB 规定，A 左除 B，记为 A\B，等效为 $A^{-1}B$；B 右除 A，记为 B/A，等效为 BA^{-1}，即

$$A\backslash B = A^{-1}B$$

$$B/A = BA^{-1}$$

因为左除和右除都与逆矩阵相关，所以两个矩阵是否能够进行除法运算取决于其中需要求逆矩阵的那个矩阵是否是可逆的，即只有该矩阵为非奇异矩阵，才能进行矩阵的除法运算。

根据线性代数的知识，非奇异矩阵是行列式不为 0 的矩阵，即可逆矩阵。意思是，n 阶方阵 A 是非奇异方阵的充要条件是它为可逆矩阵，即 A 的行列式不为零。也就是说，矩阵（方阵）A 可逆与矩阵 A 非奇异是等价的概念。因此，矩阵 A 可逆的条件为：①A 为方阵；②A 的各行（列）线性无关；③行列式的值不等于 0。

MATLAB 提供了函数 inv 用于求解逆矩阵、函数 det 用于求解行列式的值、函数 eye 用于生成单位矩阵。因此，对于 n 阶方阵 A，如果 A*V=eye(n)，且 det(A)≠0，则存在逆矩阵 V=inv(A)。

【提问】请分析 A/B、A\B、B/A、B\A 的不同，并根据矩阵可逆的条件及矩阵除法的规定，判断以下两个矩阵的哪种除法运算可以在 MATLAB 中正确进行：

$$A = \begin{bmatrix} 11 & 11 & 22 \\ 5 & 6 & 8 \\ 20 & 10 & 11 \end{bmatrix}, \quad B = \begin{bmatrix} 1 & 5 & 9 \\ 2 & 6 & 10 \\ 3 & 7 & 11 \end{bmatrix}$$

【例 3-5】求矩阵 $A = \begin{bmatrix} 2 & 1 & -3 \\ 4 & 3 & 1 \\ 1 & -4 & 2 \end{bmatrix}$ 的行列式的值。当其行列式的值不为 0 时，求其逆矩阵。

```
>> A = [2 1 -3;4 3 1;1 -4 2];
```

二维码 3-5

```
>> det(A)
ans =
70
>> inv(A)
ans =
    0.1429    0.1429    0.1429
   -0.1000    0.1000   -0.2000
   -0.2714    0.1286    0.0286
```

如果数学上的逆矩阵并不存在，那么 MATLAB 的矩阵除法会得到一个什么样的结果呢？事实上，MATLAB 的计算功能之强大就在于扩展了数学上的概念，提供了一个可以参考的计算结果。当数学上的逆矩阵并不存在时，MATLAB 并不会报错，而是给出警告，并提供参考计算结果。例如：

```
>> A = [1 2 3;3 0 1;4 2 1];
>> det(B)          %求矩阵 B 的行列式的值
ans =
    0
>> inv(B)          %矩阵 B 的行列式的值为 0，数学上的逆矩阵并不存在，验证 MATLAB 对此的处理
警告: 矩阵为奇异工作精度。
ans =
   Inf   Inf   Inf
   Inf   Inf   Inf
   Inf   Inf   Inf
>> B\A     %B 左除 A
>> A = [1 2 3;3 0 1;4 2 1];
>> B = [5 5 5;5 5 5;5 5 5];
>> A/B
警告: 矩阵为奇异工作精度。
ans =
  NaN   NaN   NaN
  NaN   NaN   NaN
  NaN   NaN   NaN
>> B\A     %B 左除 A
警告: 矩阵为奇异工作精度。
ans =
  NaN   NaN   NaN
  NaN   NaN   NaN
  Inf   NaN  -Inf
```

【例 3-6】已知矩阵 $A = \begin{bmatrix} 1 & 2 & 3 \\ 3 & 0 & 1 \\ 4 & 2 & 1 \end{bmatrix}$，矩阵 $B = \begin{bmatrix} 5 & 5 & 5 \\ 5 & 5 & 5 \\ 5 & 5 & 5 \end{bmatrix}$，计算 A 左除 B 和 B 右除 A。

```
>> A = [1 2 3;3 0 1;4 2 1];          %输入矩阵 A
>> B = [5 5 5;5 5 5;5 5 5];          %输入矩阵 B
>> C = A\B
C =
    1.1111    1.1111    1.1111
   -0.5556   -0.5556   -0.5556
    1.6667    1.6667    1.6667
```

二维码 3-6

```
>> D = B/A
D =
    1.3889   -0.2778    1.1111
    1.3889   -0.2778    1.1111
    1.3889   -0.2778    1.1111
```

通常，X=A\B 是 A*X=B 的解，X=A/B 是 X*B=A 的解。

【例 3-7】求线性方程组 $\begin{cases} 2x_1 + x_2 - 3x_3 = 4 \\ 4x_1 + 3x_2 + x_3 = 5 \\ x_1 - 4x_2 + 2x_3 = 12 \end{cases}$ 的解。

【分析】线性方程组一般可以表示成 **AX=B** 的形式。其中，**A** 为等式左边各方程式的系数项，**X** 为要求解的未知项，**B** 为等式右边的已知项。根据线性代数知识，可知 $X = A^{-1}B$。因此，在 MATLAB 中求解线性方程组可通过矩阵除法运算获得，即 X=A\B：

```
>> A = [2 1 -3;4 3 1;1 -4 2];
>> B = [4;5;12];
>> X = A\B
X =
    3.0000
   -2.3000
   -0.1000
```

二维码 3-7

（4）矩阵的乘方运算。

矩阵的乘方运算使用的运算符是"^"，如果 A 是一个矩阵，P 是一个整数，则 A^P 表示矩阵 A 自乘 P 次。例如：

```
>> A = [2 1 -3;4 3 1;1 -4 2];
>> A^3
ans =
    67   100   -20
    71    76   -68
  -103   -57    11
```

（5）矩阵的转置运算。

矩阵转置是将第 i 行第 j 列的元素与第 j 行第 i 列的元素互换，其运算符为"'"。例如：

```
>> A = [2 1 -3;4 3 1;1 -4 2]
A =
    2    1   -3
    4    3    1
    1   -4    2
>> B = A'
B =
    2    4    1
    1    3   -4
   -3    1    2
```

3.1.8　矩阵的运算函数

对于矩阵运算，MATLAB 还提供了许多矩阵函数，正是因为拥有了如此众多和完善的函数，MATLAB 才具有了功能强大的数学处理能力。

（1）矩阵行列式的值。

把一个方程看作一个行列式，并按行列式的规则求值，称为行列式的值。在 MATLAB 中，使用函数 det 求矩阵行列式的值。例如，构建 5 阶随机矩阵，并求其行列式的值。命令如下：

```
>> A = rand(5)
A =
    0.9340    0.3371    0.1656    0.7482    0.1524
    0.1299    0.1622    0.6020    0.4505    0.8258
    0.5688    0.7943    0.2630    0.0838    0.5383
    0.4694    0.3112    0.6541    0.2290    0.9961
    0.0119    0.5285    0.6892    0.9133    0.0782
>> B=det(A)
B =
   -0.1161
```

（2）矩阵求逆。

对于一个方阵 A，如果存在一个与其同阶的方阵 B，使得 $AB=BA=I$（I 为单位矩阵），则称 B 为 A 的逆矩阵。当然，A 也是 B 的逆矩阵。求方阵的逆矩阵可调用函数 inv。

【例 3-8】求方阵 A 的逆矩阵，并验证。

```
>> A= [1,-1,1;5,-4,3;2,1,1];
>> B= inv(A)
B =
   -1.4000    0.4000    0.2000
    0.2000   -0.2000    0.4000
    2.6000   -0.6000    0.2000
>>E= A*B
E =
    1.0000         0         0
   -0.0000    1.0000         0
   -0.0000         0    1.0000
```

二维码 3-8

（3）抽取对角矩阵。

只有对角线上有非零元素的矩阵才称为对角矩阵，在研究矩阵时，有时需要将矩阵的对角线上的元素提取出来形成一个列向量，有时也需要用一个向量构造一个对角矩阵。提取矩阵的对角线元素和构造对角矩阵的函数为 diag，其一般形式为 diag(变量名)。例如：

```
>> A= [1,2,3;4,5,6];
>> D = diag(A)        %提取对角线元素
D =
    1
    5
```

diag 函数还有一种形式：diag(矩阵名,k)，实现提取第 k 条对角线上的元素。例如：

```
>> D1 = diag(A,1)
D1 =
    2
    6
```

如果 V 是一个含有 m 个元素的向量，那么 diag(V)将产生一个 $m \times m$ 对角矩阵，其主对角线元素即向量 V 的元素。例如：

```
>> diag([1,2,-1,4])
ans =
```

```
    1    0    0    0
    0    2    0    0
    0    0   -1    0
    0    0    0    4
```

【例 3-9】 建立一个 5×5 的矩阵 **A**，将其第 1 行元素乘以 1、第 2 行元素乘以 2……第 5 行元素乘以 5。

【分析】 当用一个对角矩阵左乘一个矩阵时，相当于用对角矩阵的第 1 个元素乘该矩阵第 1 行的各元素，对角矩阵的第 2 个元素乘该矩阵第 2 行的各元素，依次类推。为了便于观察，设该矩阵为全 1 矩阵。命令如下：

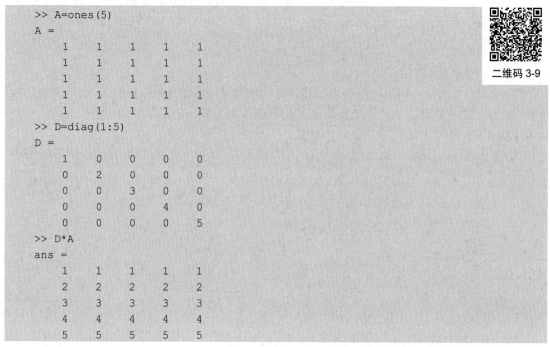

二维码 3-9

```
>> A=ones(5)
A =
    1    1    1    1    1
    1    1    1    1    1
    1    1    1    1    1
    1    1    1    1    1
    1    1    1    1    1
>> D=diag(1:5)
D =
    1    0    0    0    0
    0    2    0    0    0
    0    0    3    0    0
    0    0    0    4    0
    0    0    0    0    5
>> D*A
ans =
    1    1    1    1    1
    2    2    2    2    2
    3    3    3    3    3
    4    4    4    4    4
    5    5    5    5    5
```

（4）矩阵重构。

MATLAB 提供将矩阵或向量重构为新矩阵的函数 reshape，其形式有以下两种。

①B= reshape(A,[m,n])。

②B=reshape(A,m,n)。

以上两种形式均将矩阵 A 重构为 m×n 矩阵。例如，reshape(A,[2,3]) 和 reshape(A,2,3) 都可以将 A 重构为一个 2×3 矩阵。

【注意】

①重构矩阵的元素个数 m×n 必须与向量元素个数相等。

②重构矩阵按列进行。

【例 3-10】 将含有 10 个元素的 1×10 矩阵（向量）重构为 5×2 矩阵。

```
>> A=1:10
A =
    1    2    3    4    5    6    7    8    9   10
>> B = reshape(A,[5,2])
B =
    1    6
    2    7
```

二维码 3-10

```
   3    8
   4    9
   5   10
```

【例 3-11】 将一个 4×4 方阵重构为一个 2 列矩阵。为第 1 个维度指定[]，以使 reshape 自动计算合适的行数。

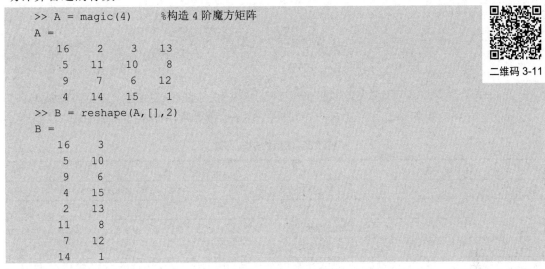

二维码 3-11

```
>> A = magic(4)        %构造 4 阶魔方矩阵
A =
   16    2    3   13
    5   11   10    8
    9    7    6   12
    4   14   15    1
>> B = reshape(A,[],2)
B =
   16    3
    5   10
    9    6
    4   15
    2   13
   11    8
    7   12
   14    1
```

上述程序的运行结果是一个 8×2 矩阵，其元素数量与原始矩阵相同。矩阵 B 也保持其在矩阵 A 中的列顺序。

（5）求矩阵的特征值。

设 A 为 n 阶矩阵，λ 是一个数，如果方程 $Ax=\lambda x$ 存在非零解向量，则称 λ 为 A 的一个特征值，相应的非零解向量 x 称为与特征值对应的特征向量。MATLAB 中求特征值和特征向量的函数为 eig。

【例 3-12】 求例 3-8 中的矩阵的特征值。

二维码 3-12

```
>> A = [1,-1,1;5,-4,3;2,1,1]
A =
    1   -1    1
    5   -4    3
    2    1    1
>> eig(A)
ans =
   -3.5688
   -0.6356
    2.2044
```

（6）求特征多项式。

MATLAB 中使用 poly 函数来求矩阵的特征多项式，使用 roots 函数可以求特征多项式的根，特征多项式的根是矩阵的特征值：

```
>> A = [1 2 3; 4 5 6; 7 8 0]        %构造矩阵 A
A =
    1    2    3
    4    5    6
    7    8    0
>> p = poly(A)                       %求矩阵 A 的特征多项式
```

```
p =
   1.0000   -6.0000  -72.0000  -27.0000
>> r = roots(p)                    %求特征多项式的根
r =
   12.1229
   -5.7345
   -0.3884
>> eig(A)                          %矩阵 A 的特征多项式的根是矩阵 A 的特征值
ans =
   12.1229
   -0.3884
   -5.7345
```

除以上介绍的矩阵函数外，还有一些其他的矩阵函数。常用的矩阵函数如表 3-3 所示。

表 3-3   常用的矩阵函数

函 数 名	功 能
det	计算方阵的行列式的值
inv	方阵的逆矩阵
diag	抽取对角矩阵
reshape	向量重构矩阵或数组
eig	求特征值和特征向量
poly	求特征多项式
rank	矩阵的秩
expm	矩阵指数
logm	矩阵对数
sqrtm	矩阵开方

3.2 向量

可以把向量看作只有一行或一列的矩阵，也可以认为矩阵是由一组向量构成的，即可以将向量看作矩阵的组成元素。向量分行向量和列向量，其构造与矩阵的构造相同。除此之外，可以利用字符 ":" 生成具有固定步长的行向量，利用函数 linspace 生成在一定数值区间内等间距产生一定数量元素的行向量。例如：

```
>> x = 1:0.5:3            %产生以 1 为初值、步长为 0.5、不大于 3 的行向量
x =
    1.0000    1.5000    2.0000    2.5000    3.0000
>> y = 1:5                %产生以 1 为初值、默认步长为 1、不大于 5 的行向量
y =
     1     2     3     4     5
>> z = linspace(2,12,6)   %产生以 2 为初值、12 为终值、6 个元素间距相等的行向量
z =
     2     4     6     8    10    12
```

列向量通过行向量的转置运算获得。例如，构建 3×1 列向量：

```
>> x=1:0.5:3             %产生以 1 为初值、步长为 0.5、不大于 3 的行向量
x =
```

```
    1.0000    1.5000    2.0000    2.5000    3.0000
>> y=x'
y =
    1.0000
    1.5000
    2.0000
    2.5000
    3.0000
```

3.3　数组

　　数组就是相同数据类型的元素按一定顺序排列的集合,是用于程序设计的数据结构中的概念,而并不同矩阵一样是数学上的概念。对于 MATLAB 工作区中的变量,MATLAB 并不做矩阵和数组的区分,只是在调用不同的函数和运用不同的运算符时才将其进行分类和区分,进行相应的计算。例如,MATLAB 的乘法运算(*)、除法运算(/或\)和幂次方运算(^),指数函数 expm、对数函数 logm 和开方函数 sqrtm 均是对矩阵进行的,即把矩阵作为一个整体来运算,其变量即矩阵。除此之外,若对所有元素按单个元素进行运算,则这类运算即数组运算,其对应的变量即数组。

3.3.1　数组的创建与索引

　　数组的创建与矩阵的创建一样,创建方法在此不做冗述。需要说明的是,数组有一维数组、二维数组和多维数组之分,其创建与引用有所不同。

　　(1)一维数组。

　　一维数组的创建与矩阵相同,每个数组元素由一个下标以"数组名(元素序号)"的形式来索引。例如,1×5 一维数组索引示意图如图 3-3 所示。

(1)	(2)	(3)	(4)	(5)

图 3-3　1×5 一维数组索引示意图

对于一维数组 A,A(1)表示一维数组 A 的第 1 个元素。例如:

```
>> A= [1 2 3]        %一维数组的创建与矩阵相同
A =
    1    2    3
>> A0=A(1)
A0 =
    1
```

　　(2)二维数组。

　　二维数组的创建与矩阵相同。在数组中,两个维度由行和列表示,每个数组元素由两个下标以"数组名(行序号,列序号)"的形式来索引。图 3-4 所示为 5×5 二维数组索引示意图。

(1,1)	(1,2)	(1,3)	(1,4)	(1,5)
(2,1)	(2,2)	(2,3)	(2,4)	(2,5)
(3,1)	(3,2)	(3,3)	(3,4)	(3,5)
(4,1)	(4,2)	(4,3)	(4,4)	(4,5)

图 3-4　5×5 二维数组索引示意图

对于二维数组 A，A(1,2)表示二维数组 A 的第 1 行第 2 列元素。例如：

```
>> X = [1 2 ;3 4];            %二维数组的创建与矩阵相同
>> X12 = X(1,2)
X12 =
    2
```

（3）多维数组。

MATLAB 中的多维数组是指具有两个以上维度的数组，是二维数组的扩展，使用额外的下标进行索引。例如，三维数组使用 3 个下标，以"数组名(行序号,列序号,页序号)"进行索引。前 2 个维度就像一个矩阵，第 3 个维度表示元素的页数或张数。三维数组的索引示意图如图 3-5 所示。

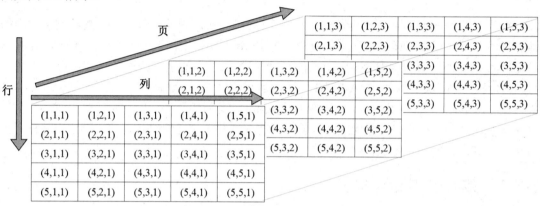

图 3-5　三维数组的索引示意图

要创建多维数组，可以先创建二维矩阵，再扩展。例如，首先定义一个 3×3 矩阵，作为三维数组中的第一页：

```
>> A = [1 2 3; 4 5 6; 7 8 9]
A =
    1    2    3
    4    5    6
    7    8    9
```

然后添加第 2 页。要完成此操作，可将另一个 3×3 矩阵赋给第 3 个维度中的索引值 2，语法为 A(:,:,2)，在第 1 个和第 2 个维度中使用冒号，以在其中包含赋值表达式右侧的所有行和所有列。

若要创建更多变量，则可在命令行提示符后依次键入。例如：

```
>> A(:,:,2) = [10 11 12; 13 14 15; 16 17 18]
A(:,:,1) =
    1    2    3
    4    5    6
    7    8    9
A(:,:,2) =
   10   11   12
   13   14   15
   16   17   18
```

若还有第 3 页，则输入以下命令：

```
>> A(:,:,3) = [19 20 21; 22 23 24; 25 26 27]
A(:,:,1) =
```

```
      1     2     3
      4     5     6
      7     8     9
A(:,:,2) =
     10    11    12
     13    14    15
     16    17    18
A(:,:,3) =
     19    20    21
     22    23    24
     25    26    27
```

如上所述，该方法创建了一个 3×3×3 的三维数组。

要访问多维数组中的元素，同样需要使用整数下标，就像在向量和矩阵中一样。例如，找到 A 中下标为(1,2,2)的元素，它位于 A 的第 2 页上的第 1 行第 2 列：

```
>> A
A(:,:,1) =
      1     2     3
      4     5     6
      7     8     9
A(:,:,2) =
     10    11    12
     13    14    15
     16    17    18
A(:,:,3) =
     19    20    21
     22    23    24
A122=A(1,2,2)
A122 =
     11
```

若在第 2 个维度中使用索引向量[1 3]，只访问 A 的每页上的第 1 列和第 3 列元素，则命令如下：

```
>> C = A(:,[1 3],:)
C(:,:,1) =
      1     3
      4     6
      7     9
C(:,:,2) =
     10    12
     13    15
     16    18
C(:,:,3) =
     19    21
     22    24
     25    27
```

同样，若要查找每页的第 2 行和第 3 行元素，则也可以使用冒号运算符 ":" 创建索引向量：

```
>> D = A(2:3,:,:)
D(:,:,1) =
      4     5     6
```

```
        7      8      9
 D(:,:,2) =
       13     14     15
       16     17     18
 D(:,:,3) =
       22     23     24
       25     26     27
```

3.3.2　数组的基本算术运算

MATLAB 具有两种不同类型的算术运算：数组运算和矩阵运算。可以使用这些算术运算来执行数值计算，如两数相加、计算数组元素的给定次幂或两个矩阵相乘等。

矩阵运算遵循线性代数的法则。与之不同的是，数组运算执行逐元素运算并支持多维数组。句点字符"."将数组运算与矩阵运算区别开来。但是，由于矩阵运算和数组运算在加法与减法的运算上相同，因此数组的加、减运算没有必要使用字符"."组合"+"和"−"，而与矩阵一样，采用运算符"+"和"−"。表 3-4 列出了 MATLAB 中常用的数组算术运算符。需要注意的是，数组的基本算术运算的操作对象只有在其大小相同或兼容时才能进行。

表 3-4　MATLAB 中常用的数组算术运算符

运　算　符	用　　途	说　　　　明
+	加法	A+B 表示将 A 和 B 加在一起
−	减法	A−B 表示从 A 中减去 B
.*	按元素乘法	A.*B 表示 A 和 B 的逐元素乘积
.^	按元素求幂	A.^B 表示包含元素 A(i,j)的 B(i,j)次幂的矩阵
./	数组右除	A./B 表示元素 A(i,j)/B(i,j)
.\	数组左除	A.\B 表示元素 B(i,j)/A(i,j)

（1）基本运算的数组兼容。

MATLAB 中的大多数二元（两个输入）运算符和函数都支持具有兼容大小的数值数组。如果两个输入的维度大小相同或其中一个输入的维度为 1，则这些输入将具有兼容的大小。以最简单的情况为例，如果两个数组执行按元素或函数运算时，MATLAB 会先将大小兼容的数组隐式扩展为相同的大小，再进行元素运算。

具有相同或兼容大小的标量、向量和数组的组合有如下几种，其运算结果如下。

①两个大小完全相同的输入。

A：2×2　　　B：2×2　　结果：2×2

②其中一个输入是标量。

A：2×2　　　B：1×1　　结果：2×2

③一个输入是数组或矩阵，另一个输入是行向量或列向量。

④一个输入是列向量，另一个输入是行向量。

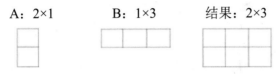

【提问】对于以上 4 种情况，有隐式扩展的是哪几种？分别是如何扩展的？扩展为大小为多少的数组？

（2）数组加减运算。

数组加减运算可针对向量、矩阵和多维数组的对应元素执行逐元素运算。如果操作对象的大小相同，则第 1 个操作对象中的每个元素都会与第 2 个操作对象中同一位置的元素匹配，进行相应元素的加减运算。例如：

```
>> A = [1 1 1]
A =
    1    1    1
>> B = [1 2 3]
B =
    1    2    3
>> A+B      % 两个数组的大小相同
ans =
    2    3    4
```

如果一个操作对象是标量，而另一个操作对象不是标量，则 MATLAB 会将该标量隐式扩展为与另一个操作对象具有相同大小的数组。因此，当一个数组与标量相加减时，其运算相当于对数组的每个元素与标量进行加减运算。例如：

```
>> A = [1 1 1]
A =
    1    1    1
>> A+3      % 将标量 3 隐式扩展为与操作对象 A 具有相同大小的数组，进行加法运算
ans =
    4    4    4
```

如果操作对象的大小不相同，两个输入中的其中一个的维度为 1，则这些输入将具有兼容的大小。每个输入都会根据需要进行隐式扩展以匹配另一个输入。例如，如果从一个 3×3 矩阵中减去一个 1×3 向量，则当执行减法运算时，该 1×3 向量将隐式扩展为一个 3×3 矩阵。例如：

```
>> A = [1 1 1; 2 2 2; 3 3 3]
A =
    1    1    1
    2    2    2
    3    3    3
>> m =.[2 4 6]
```

```
m =
     2     4     6
>> A-m      % m隐式扩展为[2 4 6;2 4 6;2 4 6]
ans =
    -1    -3    -5
     0    -2    -4
     1    -1    -3
```

行向量和列向量的大小兼容。如果将一个 1×3 向量与一个 2×1 向量相加，则每个向量都会在 MATLAB 执行按元素进行加法运算之前隐式扩展为一个 2×3 矩阵。例如：

```
>> x = [1 2 3]
x =
     1     2     3
>> y = [10; 15]
y =
    10
    15
>> x+y
ans =
    11    12    13
    16    17    18
```

如果两个操作对象的大小不兼容，则会收到错误提示信息。例如：

```
>> A = [8 1 6; 3 5 7; 4 9 2]
A =
     8     1     6
     3     5     7
     4     9     2
>> B = [2 4]
B =
     2     4
>> A-B
```

按 Enter 键后，将收到以下错误提示信息：

```
对于此运算，数组的大小不兼容。
```

（3）数组乘法运算。

数组乘法运算的运算符为 ".*"，与一般的乘法运算相比，它增加了一个句点符号 "."。数组运算是元素对元素的算术运算，运算符中的 "." 可以理解为 "元素"，通常将数组乘法运算称为 "点乘"。具体的运算形式为：

```
A.*B
```

运算法则为：数组乘法运算是指两个数组的对应元素相乘，要求两个数组在每个维度上必须拥有相同的元素个数或具有大小兼容性。例如，两个具有相同行列数，且元素个数相同的矩阵的点乘运算如下：

```
>> x = [1 2 3;4 5 6;7 8 9];
>> y = [2 4 6;1 3 5;3 6 9];
>> x.*y     % x的元素与y的元素对应相乘
ans =
     2     8    18
     4    15    30
    21    48    81
```

　　两个具有大小兼容性的操作对象：一个为 3×3 数组，一个为 1×3 数组。当两者点乘时，1×3 数组隐式扩展为 3×3 数组，运算过程及结果如下：

```
>> x = [1 2 3;4 5 6;7 8 9];
>> m = [2 4 6];
>> x.*m                          %x 数组点乘 m
ans =
     2     8    18
     8    20    36
    14    32    54
```

（4）数组除法运算。

　　数组除法运算分为数组左除和数组右除两种，运算符分别为 ".\" 和 "./"。对于数组 A 和 B，x=B.\A 表示用 A 的每个元素除以 B 的对应元素。MATLAB 规定，A 和 B 的大小必须相同或兼容。如果 A 和 B 的大小兼容，则这两个数组会隐式扩展以相互匹配。例如，如果 A 或 B 中的一个是标量，则该标量与另一个数组的每个元素相结合。此外，具有不同方向的向量（一个为行向量，另一个为列向量）会隐式扩展以形成矩阵。例如，创建两个数值数组 A 和 B，并用第 1 个数组 A 除以第 2 个数组 B：

```
>> A = ones(2,3);
>> B = [1 2 3; 4 5 6];
>> x = B.\A                     % A 的元素除以 B 的对应元素
x =
    1.0000    0.5000    0.3333
    0.2500    0.2000    0.1667
>> x = A./B                     %A 的元素除以 B 的对应元素
x =
    1.0000    0.5000    0.3333
    0.2500    0.2000    0.1667
```

　　由此可知，不同于矩阵，对于两个数组 A 和 B，有以下关系式：

$$B.\backslash A = A./B = \frac{A_{ij}}{B_{ij}}$$

　　若创建一个标量 c，并用一个数值数组除以该标量，则结果的大小与数组的大小相同。例如：

```
>> c = 2;
>> D = [1 2 3; 4 5 6];         % 创建 2×3 数组
>> B = [1 2 3; 4 5 6];
>> x = c./D                    % 结果的大小与数组大小相同：2×3 数组
    2.0000    1.0000    0.6667
    0.5000    0.4000    0.3333
```

　　若创建 1×2 行向量和 3×1 列向量，并将它们相除，则 MATLAB 会先将 1×2 行向量和 3×1 列向量隐式扩展为 3×2 数组，再进行对应元素的除法运算。例如：

```
>> c = 2;
>> a = 1:2;
>> b = (1:3)';
>> a./b                        % 数组 a 右除 b
ans =
    1.0000    2.0000
    0.5000    1.0000
```

```
   0.3333    0.6667
```

（5）数组幂运算。

数组幂运算的运算符为".^"。通常，将数组幂运算称为"点幂"，具体的运算形式为 A.^B，运算法则为计算 A 中每个元素在 B 中对应指数的幂。同样，A 和 B 的大小必须相同或兼容，即要求两个数组在每个维度上必须拥有相同的元素个数或具有大小兼容性。例如，计算向量的每个元素的平方，可以转换为向量幂次为 2 的点幂运算：

```
>> A = 1:5;
>> C = A.^2
C =
     1    4    9   16   25
```

计算矩阵每个元素的倒数，可以转换为矩阵幂次为-1 的点幂运算：

```
>> A = [1 2 3; 4 5 6; 7 8 9];
>> C = A.^-1
C =
   1.0000    0.5000    0.3333
   0.2500    0.2000    0.1667
   0.1429    0.1250    0.1111
```

【注意】元素的倒数不等于矩阵的逆矩阵，求逆矩阵应写成 A^-1 或 inv(A)。

若列向量 A 有 m 个元素、行向量 B 有 n 个元素，则当进行两者的点幂运算时，MATLAB 先将列向量 A 和行向量 B 隐式扩展为 $m×n$ 数组，再对两个数组的对应元素进行幂运算。例如，设 $a = [a_1 \quad a_2]$，$b = \begin{bmatrix} b_1 \\ b_2 \\ b_3 \end{bmatrix}$，则两者的点幂运算结果为 $\begin{bmatrix} a_1^{b_1} & a_2^{b_1} \\ a_1^{b_2} & a_1^{b_2} \\ a_1^{b_3} & a_1^{b_3} \end{bmatrix}$。

【例 3-13】创建一个 1×2 行向量和一个 3×1 列向量，以列向量中的各元素为指数，求行向量中各元素的幂。

```
>> a = [2 3]
a =
     2    3
>> b = [1;2;3]
b =
     1
     2
     3
>> a.^b
ans =
     2    3
     4    9
     8   27
```

二维码 3-13

【提问】例 3-13 中的 a 和 b 在运算时分别隐式扩展为 A 和 B，请按照 MATLAB 中对隐式扩展的规定，求 A 和 B 的大小是多少？A 和 B 的具体值分别为多少？

3.4 多项式

多项式的运算与矩阵的运算是不同的，它遵循多项式运算规则。多项式基本运算包括多项式加减运算、多项式乘法运算、多项式除法运算。除此之外，还有一些专门用于多项式运算的函数，用于实现求多项式的根、计算多项式的值及多项式数据拟合等数值计算。

3.4.1　多项式的构造

MATLAB 在进行多项式运算时，通常将多项式的系数按降幂排列成一个行向量，先用该行向量表示对应的多项式，再进行相应的运算。例如，对于多项式 $x^3 + 3x^2 - x + 1$，可用行向量表示为：

```
>> p = [1 3 -1 1]
p =
     1     3    -1     1
```

另外，MATLAB 还提供了 poly2sym 和 poly2str 两个函数，用于根据多项式系数的行向量构造对应的显式多项式。其中，poly2sym 的调用格式为 poly2sym(p)，poly2str 的调用格式为 poly2str(p,'x')。例如，对于多项式 $x^3 + 3x^2 - x + 1$，可以分别用函数 poly2sym 和 poly2str 来构造显式多项式：

```
>> p = [1 3 -1 1];
>> y1 = poly2sym(p)
y1 =
x^3 + 3*x^2 - x + 1
>> y2=poly2str(p,'x')
y2 =
'x^3 + 3 x^2 - 1 x + 1'
```

3.4.2　多项式加减运算

对于写为行向量形式的多项式，要进行多项式的加减运算，若幂次相同，则直接进行运算即可；若幂次不同，则需要对其中低次幂的多项式进行补零操作，只有这样，才能进行运算。例如，对于多项式 $x^3 + 3x^2 - x + 1$ 与 $2x^4 + 4x^3 - x^2 + 4x + 5$，在进行加减运算时，需要对多项式 $x^3 + 3x^2 - x + 1$ 进行补零操作：

```
>> a = [1 3 -1 1]
a =
     1     3    -1     1
>> b = [2 4 -1 4 5]
b =
     2     4    -1     4     5
>> c = [0,a]+b
c =
     2     5     2     3     6
```

3.4.3　多项式乘法运算

多项式乘法运算采用 conv 函数实现。例如，求多项式 $x^3 + 3x^2 - x + 1$ 与 $2x^4 + 4x^3 - x^2 + 4x + 5$ 的乘积：

```
>> a = [1 3 -1 1];
>> b = [2 4 -1 4 5];
>> c = conv(a,b)
c =
     2    10     9    -1    22    10    -1     5
```

3.4.4 多项式除法运算

多项式除法运算采用 deconv 函数实现。我们知道，多项式除法运算的结果会有商和余数两项，因此，deconv 函数的调用格式为[div,rest]=deconv(a,b)。其中，div 为商，rest 为余数，a 为被除数，b 为除数。例如，求多项式 $2x^4 + 4x^3 - x^2 + 4x + 5$ 除以多项式 $x^3 + 3x^2 - x + 1$ 的结果：

```
>> a = [1 3 -1 1];
>> b = [2 4 -1 4 5];
>> [div,rest] = deconv(b,a)
div =
     2    -2
rest =
     0     0     7     0     7
```

3.4.5 常用的多项式函数

关于多项式运算，除其基本运算（加、减、乘、除）外，还有一些常用的函数。表 3-5 列出了常用的多项式函数。

表 3-5 常用的多项式函数

函 数 名	说 明
polyval	计算多项式的值
polyvalm	计算参数为矩阵的多项式的值
roots	求多项式的根
poly	用根构造多项式
polyder	多项式微分
polyint	多项式积分

（1）计算多项式的值。

将多项式作为向量输入 MATLAB 后，使用 polyval 函数根据特定值计算多项式的值，调用格式为 y=polyval(p,x)。此函数可以计算：①当 x 为常数时多项式 p 的值；②当 x 为向量时多项式 p 的值。

① 计算当 x 为常数时多项式 p 的值。

例如，计算多项式 $x^3 + 3x^2 - x + 1$ 在 $x = 2$ 处的值：

```
>> p= [1 3 -1 1];
>> polyval(p,2)
ans =
    19
```

② 计算当 x 为向量时多项式 p 的值。

此时是计算多项式 p 在向量 x 的每个点处的值，计算结果为向量，长度由 x 决定。若 x 的长度为 n，则计算结果为长度为 n 的向量。

例如，计算几个点处的多项式的值：

```
>> p = [3 2 1];
>> x = [5 7 9];
>> y = polyval(p,x)        % 计算多项式p在x=5、x=7和x=9这3个点处的值
y =
```

```
    86    162    262
```

（2）计算参数为矩阵的多项式的值。

可以使用 polyvalm 函数以矩阵方式计算多项式，调用格式为 y=polyvalm(p,X)，其中，p 为多项式，X 为矩阵。例如，若多项式表达式为 $p(x)=4x^5-3x^2+2x+33$，则 y = polyvalm (p,X)将变为矩阵表达式 $p(X)=4X^5-3X^2+2X+33I$，其中，X 为方阵，I 为单位矩阵，计算结果为与 X 大小相同的矩阵：

```
>> p = [4 0 0 -3 2 33];
>> X = [2 4 5; -1 0 3; 7 1 5];
>> polyvalm(p,X)
ans =
      154392        78561       193065
       49001        24104        59692
      215378       111419       269614
```

（3）求多项式的根。

roots 函数用于计算系数向量表示的单变量多项式的根，调用格式为 r=roots(p)。例如，首先创建一个向量以表示多项式 x^2-x-6，然后计算该多项式的根：

```
>> p = [1 -1 -6];
>> r = roots(p)
r =
     3
    -2
```

（4）用根构造多项式。

poly 函数将根重新转换为向量形式的多项式。在对向量执行此运算时，poly 和 roots 为反函数，因此 poly(roots(p))返回 p。例如：

```
>> p = [1 -1 -6];
>> r = roots(p)
r =
     3
    -2
>> p2 = poly(r)
p2 =
     1    -1    -6
```

（5）多项式微分。

polyder 函数对多项式进行微分计算，函数调用分 3 种情况，分别为求导多项式、求导多项式乘积和求导多项式商。

①求导多项式。

求导多项式的格式为 k = polyder(p)：返回 p 中的系数表示的多项式的导数，即 $k(x)=\dfrac{\mathrm{d}}{\mathrm{d}x}p(x)$。

②求导多项式乘积。

求导多项式乘积的格式为 k = polyder(a,b)：返回多项式 a 和 b 的乘积的导数，即 $k(x)=\dfrac{\mathrm{d}}{\mathrm{d}x}[a(x)b(x)]$。

③求导多项式商。

求导多项式商的格式为[q,d] = polyder(a,b)：返回多项式 a 和 b 的商的导数，即

$$k(x) = \frac{\mathrm{d}}{\mathrm{d}x}\left[\frac{a(x)}{b(x)}\right].$$

【例 3-14】创建一个向量来表示多项式 $p(x) = 3x^5 - 2x^3 + x + 5$，并使用 polyder 函数对多项式求导。

```
>> p=[3 0 -2 0 1 5];
>> q=polyder(p)
q =
    15    0   -6    0    1
```

二维码 3-14

【例 3-15】创建两个向量表示多项式 $a(x)=x^4-2x^3+11$ 和 $b(x)=x^2-10x+15$，并使用 polyder 函数计算 $q(x) = \frac{\mathrm{d}}{\mathrm{d}x}[a(x)b(x)]$。

```
>> a = [1 -2 0 0 11];
>> b = [1 -10 15];
>> q = polyder(a,b)
q =
     6   -60   140   -90    22  -110
```

二维码 3-15

（6）多项式积分。

polyint 函数用于对多项式进行积分计算，函数调用分以下两种情况。

①q=polyint(p,k)：使用积分常量 k 返回多项式 p 的积分。

②q=polyint(p)：假定积分常量 k=0，返回多项式 p 的积分。

【例 3-16】计算定积分 $I = \int_{-1}^{3}(3x^4 - 4x^2 + 10x - 25)\mathrm{d}x$。

【分析】先创建一个向量来表示多项式被积函数 $3x^4 - 4x^2 + 10x - 25$，再调用函数 polyint 求其不定积分，最后调用 polyval 函数计算两个积分上、下限处的积分值并做减法运算即可得结果：

```
>> p = [3 0 -4 10 -25];
>> q = polyint(p)
q =
   0.6000        0  -1.3333   5.0000  -25.0000        0
>> I = polyval(q,3)-polyval(q,-1)
I =
   49.0667
```

二维码 3-16

【例 3-17】计算 $I = \int_{0}^{2}(x^5 - x^3 + 1)(x^2 + 1)\mathrm{d}x$。

【分析】先创建两个向量，对其进行乘法运算，用结果表示多项式被积函数 $(x^5 - x^3 + 1)(x^2 + 1)$；然后调用函数 polyint 求被积函数的不定积分；最后调用 polyval 函数计算两个积分上、下限处的积分值，并做减法运算即可得结果。具体的命令如下：

```
>> p = [1 0 -1 0 0 1];
>> v = [1 0 1];
>> q = polyint(conv(p,v),3)
q =
  列 1 至 8
   0.1250        0        0        0  -0.2500   0.3333        0   1.0000
  列 9
   3.0000
>> I = polyval(q,2)-polyval(q,0)
```

二维码 3-17

```
I =
    32.6667
```

【例 3-18】已知多项式 $p(x) = x^3 + 2x^2 + 3x + 4$：①求多项式的根，并用所求的根构造原始多项式系数向量，从而验证 roots 与 poly 互为逆运算；②求 $x=2$ 时多项式的值；③求多项式的微分，并将结果显式表达；④求多项式的定积分 $p(x) = \int_{-2}^{2} (x^3 + 2x^2 + 3x + 4)\,\mathrm{d}x$。

```
>> %%%%%%%%%%%①求多项式的根，并用所求的根构造原始多项式系数向量%%%%%%%%%
>> p = [1 2 3 4];          % 输入多项式系数向量 p
>> x = roots(p)            % 求多项式的根
x =
-1.6506 + 0.0000i
-0.1747 + 1.5469i
-0.1747 - 1.5469i
>> px = poly(x)            % 用所求的根构造原始多项式系数向量
px =
    1.0000    2.0000    3.0000    4.0000
>> %%%%%%%%%%%%%%②求 x = 2 时多项式的值%%%%%%%%%%%%%%%
>> pv = polyval(p,2)
PV =
26
>> %%%%%%%%%%③求多项式的微分，并将结果显式表达%%%%%%%%%
>> D = polyder(p)          % 求多项式的微分
D =
     3     4     3
>> Dx = poly2sym(D)        % 显式表达结果
Dx =
3*x^2 + 4*x + 3
>> %%%%%%%%%%%%%%%④求多项式的定积分%%%%%%%%%%%%%%%%%
>> I = polyint(p)
I =
    0.2500    0.6667    1.5000    4.0000         0
>> V=polyval(I,2)-polyval(I,-2)
V =
   26.6667
```

二维码 3-18

3.5 数据的导入与导出

关于工作区中变量的导入与导出，之前的章节中有简单介绍，读者已经了解到 MATLAB 存储变量的基本命令是 save、载入的基本命令是 load，以及数据的导入和导出的文件通常是以 ".mat" 为扩展名的文件格式等一些基本知识。还有其他一些格式的文件数据的导入与导出也需要读者了解和掌握，如图像文件、表格文件、音频文件等。为了方便读者对 MATLAB 数据的导入与导出进行全面而系统的学习，有必要对各种不同格式的文件存储和载入进行更进一步的讲解。

3.5.1 数据的导出

MATLAB 工作区的变量会随着系统的关闭而被释放，对于有些费时的计算，用户通常希望能将计算所得数据存储在文件中，方便以后可重新载入该数据，进行后续的其他处理。

（1）save 命令。

MATLAB 会使用 save 命令将工作区的变量以二进制的方式存储为 ".mat" 格式的文件，此数据通常称为 "格式化数据"。save 命令的使用格式如下。

save：将工作区的所有变量存储到名为 matlab.mat 的二进制文件中。

save filename：将工作区的所有变量存储到名为 filename.mat 的二进制文件中。

save filename x y z：将变量 x、y、z 存储到名为 filename.mat 的二进制文件中。

save filename x y z -ascii：将变量 x、y、z 存储到名为 filename.mat 的 8 位 ASCII 码文件中。

以下为使用 save 命令的简例：

```
>> clear all
>> x = 1:10;
>> a = 1;
>> b = 2;
>> c = 3;
>> save myfile_1          % 将工作区的所有变量存储到名为 myfile_1.mat 的二进制文件中
>> save myfile_2 x a b    % 将变量 x、a、b 存储到名为 myfile_2.mat 的二进制文件中
```

通过 who 和 whos 命令可以查询工作区的变量：

```
>> who
您的变量为:
a b c x
>> whos
  Name      Size          Bytes  Class     Attributes
  a         1x1               8  double
  b         1x1               8  double
  c         1x1               8  double
  x         1x10             80  double
```

以二进制的方式存储变量，通常文件会比较小，而且在载入时速度较快，但是无法用普通的文字软件（如记事本）看到文件内容。若想看到文件内容，则必须加上 "-ascii"。例如：

```
>> save myfile_3 x -ascii              % 将变量 x 存储到名为 myfile_3 的 ASCII 码文件中
```

若需要存储为 16 位数据，则在以上语句后加上 "-double"。例如：

```
% 将变量 x 以 16 位存储到名为 myfile_4 的 ASCII 码文件中
>> save myfile_4 x -ascii -double
```

【注意】在 save 命令使用-ascii 后，会有下列现象出现：save 命令不会在文件名称后加上 ".mat"。因此，以 ".mat" 结尾的文件通常是 MATLAB 的二进制文件。除非有特殊需要，否则应该尽量以二进制方式存储文件。

（2）writetable 函数。

writetable 函数可以将表写入文件，其语法如下。

① writetable(T)：将表 T 写入以逗号分隔的文本文件中。文件名为表的工作区变量名称，附加扩展名 .txt。如果 writetable 无法根据输入表名称构造文件名，那么它会写入 table.txt 文件中。表 T 中每个变量的每列都将成为输出文件中的列。表 T 的变量名称将成为文件第 1 行的列标题。

② writetable(T,filename)：写入具有 filename 指定的名称和扩展名的文件。writetable 根

据指定扩展名确定文件格式。扩展名必须是下列格式之一。

.txt、.dat 或 .csv：适用于带分隔符的文本文件。

.xls、.xlsm 或 .xlsx：适用于 Excel 电子表格文件。

.xlsb：适用于安装了 Windows® Excel 的系统上支持的 Excel 电子表格文件。

【例 3-19】将表分别写入名为 myData.xls 的电子表格和名为 myDate.txt 的文本文件中。

【解】首先创建一个表格：

```
>> T = table(['M';'F';'M'],[45 45;41 32;40 34],{'NY';'CA';'MA'},
[true;false;false]);
```

然后将表写入名为 myData.xls 的电子表格和名为 myDate.txt 的文本文件中：

二维码 3-19

```
>> writetable(T,'myData.xls');   %将表格 T 写入名为 myData.xls 的电子表格中
>> writetable(T,'myData.txt');   %将表格 T 写入名为 myData.txt 的文本文件中
```

【注意】以上写入数据的文件均保存在 MATLAB 当前文件夹路径下。

3.5.2　数据的导入

MATLAB 要进行数值计算，首先需要创建数据变量或将数据通过命令导入 MATLAB 中。也就是说，工作区包含了在 MATLAB 中创建的或从数据文件及其他程序中导入的变量，用户可以在工作区或命令行窗口中查看和编辑工作区的内容。数据的导入根据其不同的文件格式采用 load、readtable、imread 和 xlsread 等不同的命令。

（1）load 命令。

load 命令将文件变量加载到工作区中。在命令行提示符>>后键入 load filename，load 会寻找名为 filename.mat 的文件，并以二进制格式载入。若找不到 filename.mat，则寻找名为 filename 的文件，并以 ASCII 码格式载入。

load filename -ascii：load 会寻找名为 filename 的文件，并以 ASCII 码格式载入。若以 ASCII 码格式载入，则变量名即文件名；若以二进制方式载入，则可保留原有的变量名。例如：

```
>> clear all              %清除工作区中的变量
>> x=1:10;
>> save testfile.dat x -ascii   % 将变量 x 以 ASCII 码格式存储到文件 testfile.dat 中
>> load testfile.dat        % 读取文件 testfile.dat
>> who
您的变量为：
testfile  x
```

【注意】在上述过程中，由于是以 ASCII 码格式存储与载入的，所以产生了一个与文件名相同的变量 testfile，此变量的值和原始变量 x 的值完全相同。读取 ASCII 码格式文件的工作区变量如图 3-6 所示。

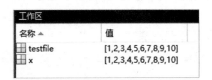

图 3-6　读取 ASCII 码格式文件的工作区变量

load 命令也可以通过直接指定文件路径载入文件，其格式为 load('文件路径')。例如：

```
>> load('E:\study\data.mat')          % 载入路径为 E:\study\data.mat 的文件
```

（2）readtable 命令。

可以使用 readtable 命令，通过读取文件名将电子表格数据读入表中。

【例 3-20】读取名为 patients.xls 的表格数据。

```
>> T = readtable('patients.xls');    %patients 为 MATLAB 自带表格数据
```

二维码 3-20

运行后，在工作区可看到生成的变量 T。双击变量 T，其数据如图 3-7 所示。

	1 LastName	2 Gender	3 Age	4 Location	5 Height	6 Weight	7 Smoker	8 Systolic	9 Diastolic	10 SelfAssessedHealthStatus	1
1	'Smith'	'Male'	38	'County Ge...	71	176	1	124	93	'Excellent'	
2	'Johnson'	'Male'	43	'VA Hospital'	69	163	0	109	77	'Fair'	
3	'Williams'	'Female'	38	'St. Mary''s...	64	131	0	125	83	'Good'	
4	'Jones'	'Female'	40	'VA Hospital'	67	133	0	117	75	'Fair'	
5	'Brown'	'Female'	49	'County Ge...	64	119	0	122	80	'Good'	
6	'Davis'	'Female'	46	'St. Mary''s...	68	142	0	121	70	'Good'	
7	'Miller'	'Female'	33	'VA Hospital'	64	142	0	130	88	'Good'	
8	'Wilson'	'Male'	40	'VA Hospital'	68	180	0	115	82	'Good'	
9	'Moore'	'Male'	28	'St. Mary''s...	68	183	0	115	78	'Excellent'	
10	'Taylor'	'Female'	31	'County Ge...	66	132	0	118	86	'Excellent'	
11	'Anderson'	'Female'	45	'County Ge...	68	128	0	114	77	'Excellent'	
12	'Thomas'	'Female'	42	'St. Mary''s...	66	137	0	115	68	'Poor'	
13	'Jackson'	'Male'	25	'VA Hospital'	71	174	0	127	74	'Poor'	
14	'White'	'Male'	39	'VA Hospital'	72	202	1	130	95	'Excellent'	
15	'Harris'	'Female'	36	'St. Mary''s...	65	129	0	114	79	'Good'	

图 3-7   变量 T 的数据

也可以通过指定范围参数来选择要导入的数据范围。例如，读取电子表格的前 5 行前 5 列数据。请用 Excel 表示法将范围指定为 'A1:E5'：

```
>> T_1 = readtable('patients.xls','Range','A1:E5')
```

运行结果为：

```
T_1 =
  4×5 table
    LastName         Gender        Age              Location                 Height

    {'Smith'   }    {'Male'  }    38    {'County General Hospital' }      71
    {'Johnson' }    {'Male'  }    43    {'VA Hospital'             }      69
    {'Williams'}    {'Female'}    38    {'St. Mary's Medical Center'}     64
    {'Jones'   }    {'Female'}    40    {'VA Hospital'             }      67
```

（3）imread 命令。

imread 命令用于读取图片文件中的信息。图片常用格式有.jpg 和.png 等。imread 命令最简单的形式为 imread(filename)。需要注意的是，filename 文件名为其完整名。例如，imread('花朵.jpg')读取文件名为花朵、格式为.jpg 的文件。

也可以先将文件的路径以字符串的形式赋值给一个变量 X，再通过 imread(X)读取文件。

【例 3-21】读取一幅图像并显示出来。

```
>> mypic_1 = 'E:\matlab2021a\work\花朵.jpg'  % 将图像的路径赋值给变量 mypic_1
mypic_1 =
    'E:\matlab2021a\work\花朵.jpg'
>> mypic = imread(mypic_1);                  % 读取文件花朵.jpg 的数据
>> imshow(mypic_1)                           % 显示图像
```

二维码 3-21

执行以上语句的 imshow 命令后，在图形窗口中显示读入文件数据的图像，如图 3-8 所示。

【注意】imshow 为显示图像的函数，与 imread 配合完成读入图像和显示图像的操作。

二维码
Picture3_21

图 3-8　显示读入文件数据的图像

（4）xlsread 命令。

MATLAB 加载 Excel 表格的命令是 xlsread，用法是 xlsread('filename')，要求 Excel 表格在工作目录下，不然要用绝对路径来替换文件名。例如，要加载工作目录下的 temp.xlsx 文件，命令就是 R=xlsread('temp.xlsx')，如果这个文件没有在工作目录下，如在 E 盘下，就需要输入 Date=xlsread('E:\temp.xlsx')。

【注意】Excel 表格在编辑完成后进行存储时，其文档扩展名因软件版本的不同或用户主观选取不同可能会有所不同，可能的扩展名有.xls、.xlsx、.xlst 等。在用 xlsread 命令载入数据时，注意扩展名应与源文件扩展名保持一致。

【例 3-22】表 3-6 列出了光伏电池的转换效率，请将此 Excel 表格的数据载入 MATLAB 中。此表的存储路径为 E:\matlab2021a\work\光伏电池数据.xlsx。

二维码
table3_22

表 3-6　光伏电池的转换效率

开路电压（V_{oc}/V）	短路电流（I_{sc}/A）	转换效率 η/%
46.1	5.79	—
46.91	8.93	16.64%
46.1	5.5	18.70%
38.1	8.9	16.50%
37.73	8.58	14.98%
45.92	8.64	15.11%
37.91	9.01	16.21%
45.98	8.89	16.39%
33.6	8.33	15.98%
36.9	8.46	14.80%
44.8	8.33	15.98%
45.1	8.57	15.20%
37.83	8.75	14.99%

```
>> Date_1=xlsread('E:\matlab2021a\work\光伏电池数据.xlsx');
```

按 Enter 键后，会在工作区中出现变量 Date_1，双击工作区中的变量 Date_1，可看见变量 Date_1 中存储着载入的 Excel 表格，如图 3-9 所示。

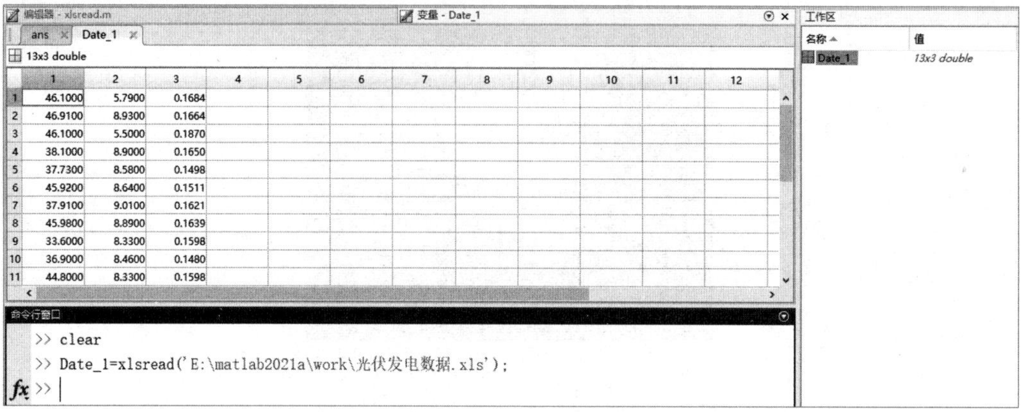

图 3-9　变量 Date_1 中存储着载入的 Excel 表格

3.6 输入与输出语句

MATLAB 内容的输入或输出有以下几种语句。下面以示例的形式分别对其进行讲解。

1. MATLAB 的输入语句

input 函数用于接受用户从键盘输入的内容。

（1）输入数据：

```
>> x = input('please input a number:')
please input a number:12
x =
    12
```

（2）输入字符串：

```
>> x = input('please input a string:','s')
please input a string:我爱 MATLAB!
x =
    '我爱 MATLAB!'
```

2. MATLAB 的输出语句

MATLAB 的输出语句包括自由格式输出（disp）和格式化输出（fprintf）两种。

（1）自由格式输出：

```
>> disp(23+454-29*4)
   361
>> disp([11 22 33;44 55 66;77 88 99])
    11    22    33
    44    55    66
    77    88    99
```

（2）格式化输出：

```
>> area = 12.56637889;
fprintf('The area is %8.5f\n',area);
The area is 12.56638
```

【说明】"%8.5f"的含义是小数点后 5 位、共 8 位有效数字的浮点型数据格式，"\n"是换行符。

本章小结

本章对 MATLAB 数值计算进行了讲解，介绍了矩阵运算、向量运算、数组运算及多项式运算，并根据 MATLAB 数值计算所面对的不同数据类型介绍了数据的导入和导出方法，以及相关函数和语句。

通过本章的学习，能够让读者认识到 MATLAB 以矩阵为基本运算单元进行数值计算，进而拓展为其他数据类型的数值计算。本章采用由简入繁、深入浅出的方法进行讲解，并设置了大量的例题，能够让读者轻松入门，同时，培养读者的学习兴趣和探索精神。

习题 3

3-1. 利用冒号生成等距行向量：初值为 0，终值为 10，步长为 2。

3-2. 用 linspace 命令产生一个行向量：初值为 1，终值为 20，数据个数为 10。

3-3. 建立矩阵 $\begin{bmatrix} 4 & 6 & 3 \\ 4 & 7 & 1 \end{bmatrix}$，并将其赋予变量 a。

3-4. 计算矩阵 $\begin{bmatrix} 2 & 3 & 5 \\ 3 & 7 & 6 \\ 7 & 9 & 8 \end{bmatrix}$ 与 $\begin{bmatrix} 1 & 3 & 2 \\ 6 & 7 & 8 \\ 7 & 3 & 6 \end{bmatrix}$ 之和。

3-5. 计算 $\begin{bmatrix} 5 & 8 & 3 \\ 3 & 9 & 7 \end{bmatrix}$ 与 $\begin{bmatrix} 2 & 7 & 8 \\ 6 & 4 & 5 \end{bmatrix}$ 的数组乘积。

3-6. 已知 $A = \begin{bmatrix} 1 & 2 & 3 \\ 4 & 5 & 6 \\ 7 & 8 & 9 \end{bmatrix}$，分别计算其矩阵平方和数组平方，并观察、比较其结果。

3-7. 对于 $AX=B$，如果 $A = \begin{bmatrix} 2 & 4 & 7 \\ 4 & 7 & 8 \\ 5 & 3 & 2 \end{bmatrix}$、$B = \begin{bmatrix} 2 \\ 4 \\ 5 \end{bmatrix}$，求解 X。

3-8. 将矩阵 $a = \begin{bmatrix} 3 & 6 \\ 5 & 8 \end{bmatrix}$、$b = \begin{bmatrix} 2 & 5 \\ 9 & 7 \end{bmatrix}$、$c = \begin{bmatrix} 4 & 2 \\ 6 & 7 \end{bmatrix}$ 组合成两个新矩阵。

（1）组合成一个 4×3 矩阵，第 1 列为按列顺序排列的 a 矩阵元素，后面依次是 b 矩阵元素和 c 矩阵元素，即 $\begin{bmatrix} 3 & 2 & 4 \\ 5 & 9 & 6 \\ 6 & 5 & 2 \\ 8 & 7 & 7 \end{bmatrix}$。

（2）按照 a、b、c 的顺序组合成一个行向量，即 $[3\ 5\ 6\ 8\ 2\ 9\ 5\ 7\ 4\ 6\ 2\ 7]$。

3-9. 生成一个随机 3 阶整数矩阵 A，并求其行列式的值。

3-10. 生成一个 4×4 的随机矩阵，并且矩阵元素均在 20～50 之间。

3-11. 取出矩阵 $A = \begin{bmatrix} 5 & 3 & 5 \\ 3 & 7 & 5 \\ 7 & 9 & 8 \end{bmatrix}$ 中每列的最大值，将其组成新的矩阵，并把它赋值给变量 B。

3-12. 输入矩阵元素 A=[1 2 3 4;5 6 7 8;9 10 11 12]，并将其第 1 行和第 2 行的元素对调形成新的矩阵 B。

3-13. 求多项式 $x^3 - 7x^2 + 2x + 40$ 的根。

3-14. 计算多项式 $(x-3)(x-6)(x-8)$。

3-15. 计算多项式 $\dfrac{3x^3 + 13x^2 + 6x + 8}{x + 4}$。

3-16. 求 $\displaystyle\int_0^1 \left(x^3 - 7x^2 + 2x + 40\right)\mathrm{d}x$ 的值。

3-17. 已知多项式 $a(x) = 2x^3 + 4x^2 + 6x + 8$，$b(x) = 2x^2 + 6x + 9$，计算 $a(x) + b(x)$、$a(x) - b(x)$、$a(x)b(x)$ 及 $\dfrac{a(x)}{b(x)}$ 的值，并求解多项式 $a(x) = 2x^3 + 4x^2 + 6x + 8$ 的微分和根。

3-18. 求解在 x=[5,6,7,8]时，多项式$(x-1)(x-2)(x-3)(x-4)$的值。

3-19. 读取一张自己的照片，并在 MATLAB 图形窗口中将照片加以显示。

3-20. 读取一份表格数据，并将其写入名为 table3_20.xls 的电子表格中。

MATLAB 符号计算

数值计算中的运算对象是数值，还有一类运算，它允许在运算对象和运算过程中出现非数值的符号变量，这类运算即符号计算。MATLAB 有专门的符号数学工具箱（Symbolic Math Toolbox），用于实现符号计算。该工具箱提供了数学领域的常用计算函数，如微积分、线性代数、代数方程和常微分方程等，能够实现微分、积分、方程化简、变换及求解等计算。

4.1 符号常量/变量和符号表达式

要进行符号计算，首先要定义符号常量/变量或符号表达式。创建符号常量/变量和符号表达式可以使用 sym 与 syms 命令。

4.1.1 创建符号常量和符号变量

（1）创建符号常量。

可以使用 sym 命令创建符号常量。例如，创建符号常量 1/3，并与浮点数 1/3 做比较：

```
>> sym(1/3)        % 创建符号常量 1/3
ans =
1/3
>> 1/3             % 浮点数 1/3
ans =
    0.3333
```

可见，符号数是精确的表示，而浮点数则为近似值。符号计算结果以精确的有理数形式表示，而浮点数数值计算结果以近似的十进制形式表示。例如，分别以符号数和浮点数计算 sinπ：

```
>> sin(sym(pi))
ans =
0
>> sin(pi)
ans =
    1.2246e-16
```

sym 命令也可以把数值转换成某种格式的符号常量，语法为 sym(常量,参数)。其中，常量可以为数字，也可以为表达式的计算结果；参数可以选择"d""f""r""e" 4 种格式，当参数默认时，按系统默认格式进行转换。常量格式转换参数的作用如表 4-1 所示。

表 4-1 常量格式转换参数的作用

参 数	作 用
d	返回最接近的十进制数值（默认位数为32）
f	返回该符号值最接近的浮点型
r	返回该符号值最接近的有理数型，可表示为 p/q、p*q、10^q、pi/q、2^q 和 sqrt(p)形式之一
e	返回最接近的带有机器浮点误差的有理值

例如，按系统默认格式把常量转换为符号常量：

```
>> a = sym(sin(2))
a =
4095111552621091/4503599627370496
```

【例 4-1】将表达式为 $2\sqrt{5}+\pi$ 的数值计算结果（数值常量）转换为符号常量，并对结果进行误差计算。

【解】编程如下：

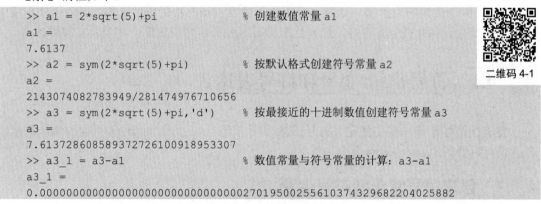

```
>> a1 = 2*sqrt(5)+pi              % 创建数值常量 a1
a1 =
7.6137
>> a2 = sym(2*sqrt(5)+pi)         % 按默认格式创建符号常量 a2
a2 =
2143074082783949/281474976710656
>> a3 = sym(2*sqrt(5)+pi,'d')     % 按最接近的十进制数值创建符号常量 a3
a3 =
7.6137286085893727261001918953307
>> a3_1 = a3-a1                   % 数值常量与符号常量的计算：a3-a1
a3_1 =
0.0000000000000000000000000270195002556103743296822204025882
```

可以通过查看工作区来查看各变量的值（双击变量名可查看其值）。工作区的变量及符号变量的值如图 4-1 所示，其中，a1 为数值常量，a2、a3 和 a3_1 为符号常量。

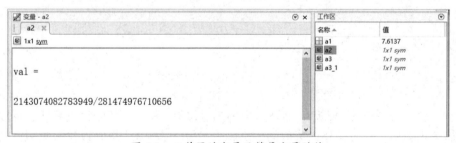

图 4-1 工作区的变量及符号变量的值

（2）创建符号变量。

可以使用 sym 或 syms 命令创建符号变量。例如，创建符号变量 x 和 y：

```
>> syms x              %使用 syms 命令创建符号变量 x
>> y = sym('a')        %使用 sym 命令创建符号变量 y
y =
a
```

第 1 个命令在 MATLAB 工作区中创建一个符号变量 x，其值为 x；第 2 个命令创建一个值为 a 的符号变量 y。运行后，在工作区将看到变量 x 和 y，其类型为符号变量（sym）。双

击工作区中的变量 y 可查看其值（其值为 a）。符号变量 x、y 创建后的工作区及符号变量的
值如图 4-2 所示。

图 4-2 符号变量 x、y 创建后的工作区及符号变量的值

若要同时定义几个符号变量，则可以使用 syms 命令来完成。例如，在创建符号变量后，
同时定义符号变量 a、b 和 c：

```
>> syms a b c          %使用 syms 命令同时创建符号变量 a、b、c
```

运行后，可以看到工作区继符号变量 x、y 后，创建了符号变量 a、b 和 c，如图 4-3 所示。

图 4-3 使用 syms 命令同时创建多个符号变量

4.1.2 创建符号表达式

在符号变量定义后，可以用表达式创建符号表达式。例如，假设想研究 $f=ax^2+bx+c$ 二次
函数。首先创建符号变量 a、b、c 和 x，然后将表达式赋值给符号变量 f：

```
>> syms a b c x        % 使用 syms 命令同时创建符号变量 a、b、c、x
>> f = a*x^2+b*x+c     % 用已定义的符号变量创建符号表达式，将其赋值给符号变量 f
f =
a*x^2 + b*x + c
```

symvar 命令用于找出一个表达式中存在的符号变量。例如，对于上面所创建的符号表达
式 f，对其使用 symvar 命令：

```
>> symvar(f)
ans =
[a, b, c, x]
```

可见，符号表达式 f 存在 a、b、c、x 共 4 个符号变量。

【注意】符号表达式的书写需要注意以下事项。

（1）必须写在同一行，如'a*x^2+b*x+c'，不能分为两行。

（2）只能使用圆括号，且可以嵌套使用。

（3）可以使用特殊变量和函数，如 pi、inf、虚数单位 i 或 j、以 e 为底的指数函数 exp 等。

MATLAB 也提供了不需要定义符号变量而直接定义符号表达式的函数 str2sym。例如，
定义符号表达式 ax^2+bx+c：

```
>> y = str2sym('a*x^2+b*x+c')
y =
a*x^2 + b*x + c
```

4.1.3 创建和定义符号函数

用 syms 命令可以创建符号函数。创建和定义符号函数的方法有以下两种。

（1）先创建符号函数，再对该符号函数进行定义。

创建符号函数的语法为：

```
syms f (输入变量 1,输入变量 2,…,输入变量 n)
```

定义符号函数的语法为：

```
f(输入变量 1,输入变量 2,…,输入变量 n) = 表达式
```

例如，定义符号函数 $x+y$。首先用 syms 创建符号函数，再对该符号函数进行定义：

```
>> syms f(x,y)
>> f(x,y) = x + y
f(x, y) =
x + y
```

调用函数 f，计算 $x=1$ 和 $y=2$ 时 f 的值：

```
>> f(1,2)
ans =
3
```

（2）使用命令 symfun 定义符号函数。

使用命令 symfun 定义符号函数的语法为：

```
f = symfun(表达式,[输入参数 1,输入参数 2,…,输入参数 n])
```

例如，用 symfun 命令重新定义符号函数 $x+y$，计算 $x=1$ 和 $y=2$ 时 f 的值：

```
>> syms x y
>> f = symfun(x+y,[x y])
f(x, y) =
x + y
>> f(1,2)
ans =
3
```

4.2 常见符号计算

符号数学工具箱提供了数学领域的常用计算函数，如极限、微积分、代数方程和常微分方程等，用以实现求极限、微分、积分、方程化简、变换及求解等符号计算。

4.2.1 极限

极限是微积分的基础和出发点。在 MATLAB 中，使用 limit 函数对符号表达式求极限，相关的函数语法及功能如表 4-2 所示。

表 4-2   limit 函数求极限的语法及功能

语　法	功　能
limit(f,x,a)	计算符号表达式 f 在 x 趋近于 a 时的极限
limit(f,a)	计算符号表达式 f 在默认自变量趋近于 a 时的极限
limit(f)	计算符号表达式 f 在默认自变量趋近于 0 时的极限
limit(f,x,a,'right')	计算符号表达式 f 在 x 右趋近于 a 时的极限

续表

语　法	功　能
limit(f,x,a,'left')	计算符号表达式 f 在 x 左趋近于 a 时的极限

【例 4-2】 利用 limit 函数求表达式 $f = ax^2 + bx + c$ 在 x 趋近于 0 和 2 时的极限。

【解】 编程如下：

```
>> syms a b c x;          % 创建符号变量 a、b、c 和 x
>> f = a*x^2+b*x+c;       % 创建符号表达式 f
>> limit(f)              % 求 x 趋近于 0 时的极限
ans =
c
>> limit(f,x,2)          % 求 x 趋近于 2 时的极限
ans =
4*a + 2*b + c
```

二维码 4-2

【例 4-3】 求 $\lim\limits_{h \to 0} \dfrac{\sin(x+h) - \sin x}{h}$。

【解】 编程如下：

```
>> syms x h;                      % 创建符号变量 x 和 h
>> f = (sin(x+h)-sin(x))/h;       % 创建符号表达式 f
>> limit(f,h,0)                  % 求 h 趋近于 0 时的极限
ans =
cos(x)
```

二维码 4-3

【例 4-4】 分别计算符号表达式 $y = \dfrac{1}{x}$ 在 x 右趋近于 0 和左趋近于 0 时的极限。

【解】 编程如下：

```
>> syms x y
>> y = 1/x;
>> lim_l = limit(y,x,0,'left')
lim_l =
-Inf
>> lim_l=limit(y,x,0,'right')
lim_l =
Inf
```

二维码 4-4

对由符号表达式组成的向量求极限，其结果仍为向量，遵循数组运算法则：对符号向量的各元素表达式求极限。例如：

```
>> syms x a
>> V = [(1+a/x)^x exp(-x)];
limit(V,x,Inf)
ans =
[exp(a), 0]
```

4.2.2　微分

diff 函数用以求函数的微分，相关的函数语法及功能如表 4-3 所示。

表 4-3　diff 函数求微分的语法及功能

语　法	功　能
diff(f)	返回 f 对预设独立变量的一次微分值

续表

语　法	功　能
diff(f,'t')	返回 f 对独立变量 t 的一次微分值
diff(f,n)	返回 f 对预设独立变量的 n 次微分值
diff(f,'t',n)	返回 f 对独立变量 t 的 n 次微分值

【例 4-5】已知以下 3 个方程式，求其微分。

（1）$y_1 = 6ax^3 - 4x^2 + bx - 5$。

（2）$y_2 = \sin a$。

（3）$y_3 = \dfrac{1-t^3}{1+t^4}$。

【解】编程如下：

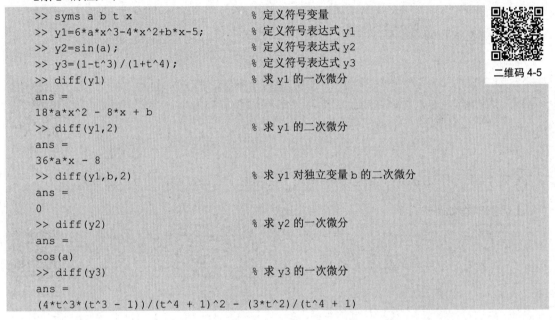

```
>> syms a b t x              % 定义符号变量
>> y1=6*a*x^3-4*x^2+b*x-5;   % 定义符号表达式 y1
>> y2=sin(a);               % 定义符号表达式 y2
>> y3=(1-t^3)/(1+t^4);      % 定义符号表达式 y3
>> diff(y1)                  % 求 y1 的一次微分
ans =
18*a*x^2 - 8*x + b
>> diff(y1,2)                % 求 y1 的二次微分
ans =
36*a*x - 8
>> diff(y1,b,2)             % 求 y1 对独立变量 b 的二次微分
ans =
0
>> diff(y2)                  % 求 y2 的一次微分
ans =
cos(a)
>> diff(y3)                  % 求 y3 的一次微分
ans =
(4*t^3*(t^3 - 1))/(t^4 + 1)^2 - (3*t^2)/(t^4 + 1)
```

二维码 4-5

4.2.3　积分

int 函数用以求函数的积分。这个函数要找出一符号表达式 F，使得 diff(F)=f。如果积分式的解析式不存在或 MATLAB 无法找到，则 int 返回原始输入的符号表达式。int 函数求积分的语法和功能如表 4-4 所示。

表 4-4　int 函数求积分的语法及功能

语　法	功　能
int(f)	返回 f 对预设独立变量的积分值
int(f,'t')	返回 f 对独立变量 t 的积分值
int(f,a,b)	返回 f 对预设独立变量的积分值，积分区间为[a,b]，a 和 b 为数值式
int(f,'t',a,b)	返回 f 对独立变量 t 的积分值，积分区间为[a,b]，a 和 b 为数值式
int(f,'m','n')	返回 f 对预设独立变量的积分值，积分区间为[m,n]，m 和 n 为符号式

关于符号表达式的积分，通过以下示例予以讲解：

```
>> S1 = 6*x^3-4*x^2+b*x-5;   % 定义符号表达式 S1
```

```
>> S2 = sin(a);                        % 定义符号表达式 S2
>> S3 = sqrt(x);                       % 定义符号表达式 S3
>> int(S1)                             % 对 S1 求积分
ans =
(3*x^4)/2 - (4*x^3)/3 + (b*x^2)/2 - 5*x
>> int(S2)                             % 求 S2 的不定积分
ans =
-cos(a)
>> int(S3)                             % 求 S3 的不定积分
ans =
(2*x^(3/2))/3
>> int(S3,0.5,0.6)                     % 求 S3 的定积分
ans =
(2*15^(1/2))/25 - 2^(1/2)/6
```

4.2.4　求解代数方程

符号数学工具箱提供了符号求解器和数值求解器。采用符号求解器得到方程的符号答案，采用数值求解器得到方程的数值答案。例如，$\cos x = -1$ 的解以符号形式表示为 pi、以数字形式表示为 3.14159。符号解是精确的，而数值解则近似于精确的符号解。

solve(eqn, x)是求解符号解的方法。其中，eqn 是代数方程的表达式，x 是需要求解的未知数。通常用 "==" 来表示方程式中的 "="。例如，求解 $ax^2+bx+c=0$：

```
>> syms a b c x
>> eqn = a*x^2 + b*x + c == 0;
>> sol_x = solve(eqn, x)
sol_x =
-(b + (b^2 - 4*a*c)^(1/2))/(2*a)
-(b - (b^2 - 4*a*c)^(1/2))/(2*a)
```

【注意】MATLAB 在求解代数方程时，需要声明要求解的未知数。例如，若将上面需要求解的未知数改为 b，则有：

```
>> sol_b = solve(eqn, b)
sol_b =
-(a*x^2 + c)/x
```

若代数方程的解不唯一，则 solve 并不会返回所有的解，而仅返回其中一个解。例如，求解 $\cos x = -\sin x$：

```
>> syms x
>> sol_x = solve(cos(x) == -sin(x), x)
sol_x =
-pi/4
```

若要返回所有的解，则需要将返回条件（ReturnConditions）设置为 true。例如：

```
>> [sol_x,param,cond] = solve(cos(x)==-sin(x),x,'ReturnConditions',true)
sol_x =
pi*k - pi/4
param =
k
cond =
in(k, 'integer')
```

【注意】返回参数有 3 个，分别代表代数方程的解、参数 k 和 k 的限定条件。由此可知

返回结果为

$$x = k\pi - \frac{\pi}{4}, \quad k = 0, 1, 2, \cdots, n$$

为了找到区间$(-2\pi, 2\pi)$中 x 的值，需要在此区间先确定 k 的值，因此，在 cond 条件下求解该区间内 k 的解：

```
>> sol_k = solve(-2*pi<sol_x, sol_x<2*pi, param)
sol_k =
-1
 0
 1
 2
```

要找到与这些 k 值对应的 x 值，需要使用 subs 函数：

```
>> x_values = subs(sol_x, sol_k)
x_values =
-(5*pi)/4
-pi/4
 (3*pi)/4
 (7*pi)/4
```

若要将这些符号值转换为数值以用于数值计算，则可以使用 vpa 函数：

```
>> xvalues = vpa(x_values)
xvalues =
 -3.9269908169872415480783042290994
 -0.78539816339744830961566084581988
 2.3561944901923449288469825374596
 5.4977871437821381673096259207391
```

4.2.5   求解常微分方程

MATLAB 提供 dsolve 函数用以求解常微分方程。MATLAB R2019b 及之前的版本可采用以下语法：

```
y=dsolve('eqn1','eqn2',…,'cond1','cond2',…,'var')
```

其中，eqn 代表常微分方程式，即 $y'=g(x,y)$，且必须以 Dy 代表一阶微分项 y'，D2y 代表二阶微分项 y''；cond 为初始条件。这里需要特别说明的是，dsolve 函数默认自变量为 t，若方程式是关于 x 的微分，则需要在函数体内声明，其格式为：

```
y=dsolve('eqn1','eqn2',…,'cond1','cond2',…,'x')
```

对字符向量或字符串输入的支持将在 MATLAB 未来的版本中被删除，即不再提供该语法。新的求解常微分方程的方法将分解为以下 4 个步骤。

（1）使用 syms 声明符号变量，并将符号方程用 syms y(t)声明。

（2）用符号方程的微分求解表示一阶微分，如 diff(y,t) 表示 $\frac{dy}{dt}$；用"=="替换常微分方程中的"="，列出常微分方程并赋值给 eqn。

（3）若有初始条件，则将初始条件以 $y(x_0) == y_0$ 的形式予以声明，并赋值给变量 cond。

（4）调用 dsolve 函数求解常微分方程。

【注意】在 MATLAB R2019b 版本之后，上述语法虽然还能够使用，但会出现一些警告文字。在新版本中，常采用以下语法求解符号常微分方程和方程组。

（1）S = dsolve(eqn)：使用 dsolve 函数求解一个常微分方程，方程的解为通解。

（2）S = dsolve(eqn,cnd)：用初始条件求解常微分方程，其中，eqn 为已定义的常微分方程，cond 为以 $y(x_0) == y_0$ 的形式声明的初始条件。该常微分方程的解为特解。

【例 4-6】求解一阶微分方程 $\dfrac{\mathrm{d}y}{\mathrm{d}t} = ay$ 。

【解】编程如下：

```
>> syms y(t) a                % 定义符号方程 y(t) 和符号变量 a
>> eqn = diff(y,t) == a*y;    % 定义符号常微分方程
>> S = dsolve(eqn)            % 求解常微分方程
S =
C1*exp(a*t)
```

二维码 4-6

【例 4-7】求一阶常微分方程 $\dfrac{\mathrm{d}y}{\mathrm{d}t} = ay$ 在初始条件 $y|_{x=0} = 5$ 时的解。

【解】编程如下：

```
>> syms y(t) a
>> eqn = diff(y,t) == a*y;
>> cond = y(0) == 5;
>> ySol(t) = dsolve(eqn,cond)
ySol(t)=
5*exp(a*t)
```

二维码 4-7

【例 4-8】求解常微分方程。假设有以下 3 个一阶常微分方程和其初始条件。

（1）$\dfrac{\mathrm{d}y}{\mathrm{d}x} = 3x^2$ ， $y(2) = 0.5$ 。

（2）$\dfrac{\mathrm{d}y}{\mathrm{d}x} = 2x\cos^2 y$ ， $y(0) = 0.25$ 。

（3）$\dfrac{\mathrm{d}y}{\mathrm{d}x} = 3y + \exp(2x)$ ， $y(0) = 3$ 。

【解】编程如下：

```
>> syms y(x) x
>> eqn_1 =diff(y,x)==3*x^2;
>> cond_1=y(2)==0.5;
>> dsolve(eqn_1,cond_1)
ans =
x^3 - 15/2
>> eqn_2 =diff(y,x)==2*x*(cos(y))^2;
>> cond_2=y(0)==0.25;
>> dsolve(eqn_2,cond_2)
ans =
atan(x^2 + tan(1/4))
>> eqn_3 =diff(y,x)==3*y+exp(2*x);
>> cond_3=y(0)==3;
>> dsolve(eqn_3,cond_3)
ans =
4*exp(3*x) - exp(2*x)
```

二维码 4-8

4.2.6 级数求和

1. symsum 函数

在 MATLAB 中，采用函数 symsum 进行级数符号的求和。该函数的调用格式如下。

（1）symsum(S)：没有指定求和的符号变量，参数 S 表示级数的通项。

（2）symsum(S, V)：对变量 V 进行级数求和。

（3）symsum(S, a, b)：对默认变量从 a 到 b 进行级数求和。

（4）symsum(S, V, a, b)：对变量 V 从 a 到 b 进行级数求和。

2. taylor 函数

在 MATLAB 中，采用函数 taylor 求符号表达式的泰勒展开式。该函数的调用格式如下。

（1）taylor(f)：计算函数 f 在默认变量等于 0 处的默认为 5 阶的泰勒展开式。

（2）taylor(f,n)：计算函数 f 在默认变量等于 0 处的 n-1 阶的泰勒展开式，n 的默认值为 6。

（3）taylor(f,a)：计算函数 f 在默认变量等于 a 处的默认为 5 阶的泰勒展开式，a 的默认值为 0。

（4）taylor(f, n, a)：计算函数 f 在默认变量等于 a 处的 n-1 阶的泰勒展开式。

（5）taylor(f, n, V, a)：计算函数 f 在变量 V 等于 a 处的 n-1 阶的泰勒展开式。

【例 4-9】 求级数 $s = a^n + bn$ 的前 $n+1$ 项（n 从 0 开始）。

【说明】 这个级数由两个我们最熟悉的级数组成，即由一个等比数列与一个等差数列相加构成。

【解】 编程如下：

二维码 4-9

```
>> syms a b n          % 定义符号变量
>> s=a^n+b*n;          % 定义级数表达式 s
>> symsum(s,n,0,n)     % 计算级数 s 关于指数 n 从 0 到 n 共 n+1 项的有限项和
ans =
 piecewise(a == 1, n + (b*n)/2 + (b*n^2)/2 + 1, a ~= 1, -(b*n + b*n^2 -
2*a*a^n - a*b*n - a*b*n^2 +...
 2)/(2*(a - 1)))
```

【例 4-10】 三角函数列求和：求级数 $s = \sin nx$ 的前 $n+1$ 项（n 从 0 开始）。

【解】 编程如下：

二维码 4-10

```
>> syms n x          % 定义符号变量 n 和 x
>> s=sin(n*x);       % 定义级数表达式 s
>> symsum(s,n,0,n)   % 计算级数 s 关于指数 n 从 0 到 n 的有限项和
ans =
piecewise(in(x/(2*pi), 'integer'), 0, ~in(x/(2*pi), 'integer'), (exp(-x*(n +
1)*1i)*(exp(x*(n + 1)*1i) -exp(x*(n + 1)*2i) - exp(x*1i) + exp(x*(n + 1)*1i)*exp
(x*1i))*1i)/(2*(exp(x*1i) - 1)))
```

【例 4-11】 求级数 $\sum_{n=1}^{+\infty}\dfrac{1}{n}$ 与 $\sum_{n=1}^{+\infty}\dfrac{1}{n^3}$。

【说明】 在使用 symsum 命令求解无穷级数数列时，只需将命令参数中的求和区间端点改成无穷即可。

【解】 编程如下：

```
>> syms n           % 定义符号变量 n
>> s1=1/n;          % 定义无穷级数表达式 s1
```

```
>> v1=symsum(s1,n,1,inf)        % 计算级数 s1 关于指数 n 从 1 到+∞的和
v1 =
Inf
>> s2=1/n^3;                     % 定义无穷级数表达式 s2
>> v2=symsum(s2,n,1,inf)        % 计算级数 s2 关于指数 n 从 1 到+∞的和
v2 =
zeta(3)
```

二维码 4-11

【例 4-12】求 e^{-x} 的泰勒展开式。

【解】编程如下：

```
>> syms x                       % 定义符号变量 x
>> f=exp(-x);                    % 创建以 x 为自变量的符号表达式 f
>> f6=taylor(f)                 % 求函数 f 的泰勒展开式
f6 =
- x^5/120 + x^4/24 - x^3/6 + x^2/2 - x + 1
```

二维码 4-12

4.2.7　傅里叶变换

时域中的信号 $f(t)$ 与它在频域中的傅里叶（Fourier）变换 $F(\omega)$ 之间存在如下关系：

$$F(\omega) = \int_{-\infty}^{+\infty} f(t)e^{-j\omega t}dt$$

$$f(t) = \frac{1}{2\pi}\int_{-\infty}^{+\infty} F(\omega)e^{j\omega t}d\omega$$

在 MATLAB 中，采用函数 fourier 计算傅里叶变换，采用函数 ifourier 计算傅里叶变换的反变换。

【例 4-13】求 $f(x) = e^{-x^2}$ 的傅里叶变换。

【解】编程如下：

```
>> syms x                       % 定义符号变量 x
>> f=exp(-x^2);                  % 定义函数表达式 f
>> fourier(f)                   % 返回函数 f 对自变量 x 的傅里叶变换
ans =
 pi^(1/2)*exp(-w^2/4)
```

二维码 4-13

【例 4-14】求 $f(\omega) = e^{-\frac{\omega^2}{4a^2}}$ 的傅里叶反变换。

【解】编程如下：

```
>> syms a w                     % 定义符号变量 a、w
>> f=exp(-w^2/(4*a^2));          % 定义函数表达式 f
>> F=ifourier(f)                % 返回函数 f 对自变量 w 的傅里叶反变换
F =
fourier(exp(-w^2/(4*a^2)), w, -x)/(2*pi)
```

二维码 4-14

4.2.8　拉普拉斯变换

对函数 $f(t)$ 进行拉普拉斯（Laplace）变换的公式如下：

$$L(s) = \int_0^{\infty} f(t)e^{-st}dt$$

对函数 $L(s)$ 进行拉普拉斯反变换的公式如下：

$$f(t) = \frac{1}{2\pi j}\int_{c-j\infty}^{c+j\infty} L(s)e^{st}ds$$

在 MATLAB 中，采用函数 laplace 计算拉普拉斯变换，采用函数 ilaplace 计算拉普拉斯变换的反变换。

【例 4-15】 求 $f(t) = \mathrm{e}^{-2t}$ 的拉普拉斯变换。

【解】 编程如下：

```
>> syms t s                % 定义符号变量t、s
>> f=exp(-2*t);            % 定义函数表达式f
>> laplace(f,s)            % 以s为转换变量，返回函数f的拉普拉斯变换
ans =
 1/(s + 2)
```

二维码 4-15

【例 4-16】 求 $f(s) = \dfrac{1}{s^2}$ 的拉普拉斯反变换。

【解】 编程如下：

```
>> syms s                  % 定义符号变量s
>> f=1/(s^2);              % 定义函数表达式f
>> ilaplace(f)             % 以s为自变量、t为默认转换变量，返回函数f的拉普拉斯反变换
ans =
t
```

二维码 4-16

4.2.9 *Z* 变换

对于离散序列，$f(n)$ 的 *Z* 变换为

$$F(z) = \sum_{n=0}^{\infty} f(n)z^{-n}$$

$F(z)$ 的 *Z* 反变换为

$$f(n) = \frac{1}{2\pi\mathrm{j}} \oint_c F(z)z^{n-1}\mathrm{d}z$$

在 MATLAB 中，利用函数 ztrans 进行 *Z* 变换，利用函数 iztrans 进行 *Z* 反变换。

【例 4-17】 求 $f(n) = [(\dfrac{1}{2})^n + (\dfrac{1}{3})^n]$ 的 *Z* 变换。

【解】 编程如下：

```
>> syms n                  % 定义符号变量n
>> f=(1/2)^n+(1/3)^n;      % 定义函数表达式f
>> F=ztrans(f)            % 以n为自变量、z为默认转换变量，返回函数f的z变换的值
F =
z/(z - 1/2) + z/(z - 1/3)
```

二维码 4-17

本章小结

本章介绍了 MATLAB 符号计算，包括极限、微积分计算、求解代数方程和常微分方程，以及级数求和计算、傅里叶变换、拉普拉斯变换和 *Z* 变换。此类符号计算解决问题的思路是一致的，即分割、近似、以直代曲、量变引起质变。具体来说就是面对问题，先把大问题分割为小问题（分割）；然后把小问题近似为一个标准问题（近似、以直代曲），从而降低解决问题的难度；最后通过解决一个一个的小问题实现大问题的求解（量变引起质变）。

通过本章的学习，读者可以了解解决问题的科学观和方法论，将抽象问题通过 MATLAB 数学建模和计算得到简化与解决，初步建立以数学方法解决专业相关问题的实现路径，培养读者的工程意识和科研能力，为进一步探索科学问题奠定基本技能基础。

习题 4

4-1. 求极限 $\lim\limits_{x \to 0^+}(\cos\sqrt{x})^{\frac{\pi}{x}}$。

4-2. 求积分 $\int_0^\pi \sqrt{\sin x - \sin^3 x}\,\mathrm{d}x$。

4-3. 计算积分 $\int_1^{+\infty} \dfrac{\sqrt{x}}{(1+x)^2}\,\mathrm{d}x$。

4-4. 已知 $y = \cos(x^2)\sin^2\left(\dfrac{1}{x}\right)$，求 y'。

4-5. 已知 $z = \dfrac{x\mathrm{e}^y}{y^2}$，求 $\dfrac{\partial z}{\partial x}$ 和 $\dfrac{\partial z}{\partial y}$。

4-6. 已知符号函数 $f(x,y) = x + y - \sqrt{x^2 + y^2}$，求 $\dfrac{\partial f}{\partial x}$，$\dfrac{\partial f}{\partial y}$，$\dfrac{\partial^2 f}{\partial x^2}$，$\dfrac{\partial^2 f}{\partial y^2}$，$\dfrac{\partial^2 f}{\partial x \partial y}$。用符号计算的方法求三元非线性方程组 $\begin{cases} x^2 + 2x + 1 = 0 \\ x + 3z = 4 \\ yz = -1 \end{cases}$ 的解。

4-7. 求解常微分方程 $x^2 y' + xy = y^2$，$y|_{x=1} = 1$。

4-8. 求解常微分方程 $x^2 \dfrac{\mathrm{d}^2 y}{\mathrm{d}x^2} + 4x \dfrac{\mathrm{d}y}{\mathrm{d}x} + 2y = 0$，其中 $y(1) = 2$，$y'(1) = -3$。

4-9. 求 $y = x\mathrm{e}^{-|x|}$ 的傅里叶变换。

4-10. 求 $y = -x^3$ 的拉普拉斯变换与反变换。

第 5 章

数据与函数的可视化

在实际工程实践中，经常会遇到大量复杂的数据，需要通过将其图形化来呈现这些数据的意义和它们之间的关系。MATLAB 语言有着丰富的图形表现方法，可以通过图形对数据和计算结果进行描述，观察数据间的内在关系及函数的规律。可以说，通过图形对计算结果和数据进行描述是 MATLAB 独有的优于其他语言的特点。

MATLAB 不但能绘制几乎所有的标准图形，而且表现形式是丰富多样的；不仅具有高层绘图能力，还具有底层绘图能力——句柄绘图方法；在面向对象的图形设计基础上，使得用户可以开发各专业的专用图形。

本章从离散数据、离散函数的可视化开始，介绍连续函数的可视化；从二维绘图到三维绘图及其他绘图，讲述图形控制命令、图形修饰等。本章内容从简单到复杂，几乎每个知识点都有相应的例题，能够帮助初学者更好地学习。

5.1 离散数据、离散函数和连续函数的可视化

5.1.1 离散数据和离散函数的可视化

在进行实验采样或数值计算时，会有离散数据产生。一个实数标量对(x_0,y_0)可以用平面上的一个点来表示，一对实数数组$[(x_1,y_1)(x_2,y_2)\cdots(x_n,y_n)]$可以用平面上的一组点来表示。对于离散实函数$y=f(x)$，当自变量 x 为一组实数数组$[x_1,x_2,\cdots,x_n]$时，根据函数关系可以求出变量 y 为相应的一组实数数组$[y_1,y_2,\cdots,y_n]$。当把这一对实数数组在平面上用点序列来表示时，就实现了离散函数$y=f(x)$的可视化。下面以示例说明离散数据和离散函数的可视化。

【例 5-1】生成一组离散数据并将其可视化。

【解】编程如下：

二维码 5-1

```
>> x = [2 4 6 8 10 12 14 16 18 20 22];        % 生成 1×11 的实数行数组 x
>> y = [1 3 5 7 9 11 9 7 5 3 1];              % 生成 1×11 的实数行数组 y
>> figure(1)                                  % 创建图形窗口 1
>> plot(x,y,'o','MarkerSize',7)               % 在图形窗口 1 中用 7 号圆圈标志离散数据
```

运行结果如图 5-1 所示。

【注意】x 数组和 y 数组的元素个数必须相同，否则 MATLAB 会报错。当只用数据点标志离散数据时，x 数组无须满足递增或递减规律。

【例 5-2】将离散函数 $y = \dfrac{1}{n}$（$n=1,2,3,\cdots$）可视化。

二维码 5-2

【解】编程如下：

```
>> n=1:10;                              % 生成 1×10 的实数行数组 n
>> y=1./n;                             % 生成 1×10 的实数行数组 y
>> figure(2)                           % 创建图形窗口 2
>> plot(n,y,'r*','MarkerSize',20)      % 在图形窗口 2 中用 20 号红色星号标志离散函数 1/n
>> grid on                             % 给图形加上网格
```

运行结果如图 5-2 所示。

【注意】图形不能表现无限区间上的函数关系，只能展现离散函数的局部特征。

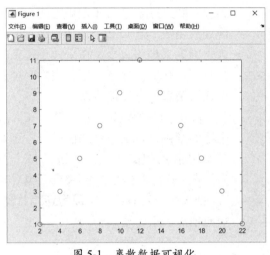
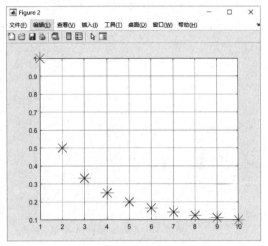

图 5-1　离散数据可视化　　　　　　图 5-2　离散函数在有限区域上可视化

5.1.2　连续函数的可视化

真正的连续函数的数据是连续的，MATLAB 无法将其画出。在实现连续函数的可视化时，先将连续函数的自变量采样成离散自变量（包括采样的起点、步长和终点），再根据函数关系计算出对应的离散因变量，即将连续函数变为离散函数。为了更形象地表现连续函数的规律，通常采用以下两种方法。

（1）对离散区间进行更细的划分，以更好地展示函数的连续变化特性，直到达到视觉上的连续效果。

（2）把每两个离散点用直线连接，以每两个离散点间的直线近似表示两点间的函数特性。离散自变量的采样点应是递增或递减的。

【例 5-3】将连续函数 $y = \sin x$ 可视化。

二维码 5-3

【解】编程如下：

```
>> x1 = (0:1:12)*pi/4;                 % 生成 1×13 的递增的实数行数组 x1
>> y1 = sin(x1);                       % 相应生成 1×13 的实数行数组 y1
>> x2 = (0:0.1:12)*pi/4;               % 生成 1×121 的递增的实数行数组 x2
>> y2 = sin(x2);                       % 相应生成 1×121 的实数行数组 y2
>> figure(3)                           % 创建图形窗口 3
>> subplot(2,2,1)                      % 将当前图形窗口划分为 2×2 个子图窗口并指定第 1 个子图的位置
>> plot(x1,y1,'o','MarkerSize',3)      % 在第 1 个子图中用 3 号圆圈标志采样点较少时的离散数据
>> title('(1)采样点较少图形')          % 给出第 1 个子图的标题
```

```
>> subplot(2,2,2)                    % 指定第 2 个子图的位置
>> plot(x1,y1,'LineWidth',1)         % 在第 2 个子图中用 1 号线型画出采样点较少时的连续图形
>> title('(2)采样点较少连续图形')      % 给出第 2 个子图的标题
>> subplot(2,2,3)                    % 指定第 3 个子图的位置
>> plot(x2,y2,'*','MarkerSize',4)    % 在第 3 个子图中用 4 号星号标志采样点较多时的离散数据
>> title('(3)采样点较多图形')          % 给出第 3 个子图的标题
>> subplot(2,2,4)                    % 指定第 4 个子图的位置
>> plot(x2,y2,'LineWidth',2)         % 在第 4 个子图中用 2 号线型画出采样点较多时的连续图形
>> title('(4)采样点较多连续图形')      % 给出第 4 个子图的标题
```

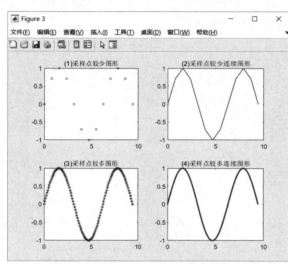

图 5-3　连续函数的可视化

运行结果如图 5-3 所示。

第 1、3 个子图用离散数据点来表现连续函数，第 2、4 个子图用连线方式表现连续函数。第 1、2 个子图的失真度较大，因为采样点太少。在采样点较多的情况下，第 3、4 个子图所代表的两种表现连续函数的方法都可以。

plot 指令的默认处理方法：在离散采样的基础上，采用"线性插值"迅速算出离散点间的连线上经过的每个像素，从而获得"连续曲线"效果。也就是说，把离散点用直线连接成为连续曲线，从而增加图形的连续感。

【注意】自变量的采样点应足够多，如果采样点不足，则不能真实地反映原始函数。考虑计算机的计算速度，采样点足够多就行，如果太多，则容易造成计算负担，从而花费更长的时间。

【提问】离散自变量的采样点如果不是递增或递减的会有什么结果？

【练习】将圆 $x^2 + y^2 = 1$ 可视化。

【提示】可先写出圆的参数方程组 $\begin{cases} x = \cos t \\ y = \sin t \end{cases}$ ，再将该连续函数可视化。

5.1.3　可视化的一般步骤

无论是离散数据还是连续函数，MATLAB 可视化均遵循以下步骤。

（1）数据准备。

（2）指定图形窗口及子图的位置。

（3）调用绘图指令。

（4）设置轴的范围和坐标方格线。

（5）图形注释。

（6）着色、明暗、灯光、材质处理（三维图形）。

5.2 二维绘图

5.2.1 二维绘图基本命令

MATLAB 的绘图功能很强，有多种二维绘图命令，最基本的绘图命令为 plot。

1. plot 命令

plot 是针对向量或矩阵的列来绘制图形的，在使用 plot 绘图之前，要先定义二维曲线上每个点的坐标，然后才能使用 plot 绘图。

plot 输入数据并带预定义设置符后，有以下几种方式：plot(x,'s')，plot(x, y,'s')，plot(x1, y1,'s1', x2, y2,'s2', …)。其中，x、y 为输入数据；'s'字符串为预定义设置符，用来指定线型、颜色和数据点的形状。's'字符串可省略，省略后将按照默认设置绘制一条或多条彩色曲线。

（1）plot(x,'s')。

①绘制实向量 x 的曲线。

当 x 是长度为 n 的实向量（行向量或列向量）时，plot(x,'s')将 x 当作绘制曲线的纵坐标，横坐标默认取 x 的元素序号，在 MATLAB 的图形窗口中描出这些点，将其连接起来就是 plot(x,'s')的向量曲线。图 5-4 所示为利用一个向量绘制的图形。

②绘制实矩阵 x 的曲线。

当 x 是一个实矩阵时，plot(x)按列绘制曲线，每列一条曲线，共 n 条曲线，各曲线的颜色不同。

③绘制复向量 x 的曲线。

当 x 为复向量时，plot(x)将以实部为横坐标、虚部为纵坐标绘制曲线。

④绘制复矩阵 x 的曲线。

当 x 为复矩阵时，plot(x)将按列分别以实部为横坐标、虚部为纵坐标绘制曲线，最终曲线数等于列数。

【例 5-4】 给出向量，并将其绘制成曲线。

【解】 编程如下：

```
>> x = 3*rand(1,10)      %随机生成 1×10 的行向量 x
>> plot(x)               %绘制 x 的曲线
```

二维码 5-4

注：rand 函数返回在区间(0,1)内均匀分布的随机数。

运行结果如图 5-4 所示。

【注意】 例 5-4 因为是由随机函数生成的变量，所以每次运行程序后的曲线会有所不同。该例中的's'字符串是系统默认的，MATLAB 按照默认设置绘制出一条蓝色曲线。

【例 5-5】 当 x 分别为实矩阵、复向量和复矩阵时，绘制其曲线。

【解】 编程如下：

```
>> x1= [1,2,3,4,5;6,7,8,9,10;1,2,3,4,5];     % 输入 3×5 的实矩阵 x1
>> subplot(2,2,1)      % 将当前图形窗口划分为 2×2 个子图窗口并指定第 1 个子图的位置
>> plot(x1)            % 绘制 x1 的曲线
>> title('曲线 x1')
>> subplot(2,2,2)      % 指定第 2 个子图的位置
>> x2 = peaks;         % 用 peaks 函数生成 49×49 的实矩阵 x2
>> plot(x2)            % 绘制 x2 的曲线
```

二维码 5-5

```
>> title('曲线 x2')
>> subplot(2,2,3)              %指定第 3 个子图的位置
>> x3 = [1+2i,3+4i,5+6i,7+8i,8+7i,6+5i,4+3i,2+i];      % 生成 1×8 的复向量 x3
>> plot(x3,'r*-')             % 用星号标记数据点，用红色实线绘制曲线
>> title('曲线 x3')
>> subplot(2,2,4)             % 指定第 4 个子图的位置
>> x4 = [1+i,1+2i;2+2i,2+4i;3+3i,3+6i;4+4i,4+8i];      %生成 4×2 的复矩阵 x4
>> plot(x4)                   % 绘制 x4 的曲线
>> title('曲线 x4')
```

运行结果如图 5-5 所示。

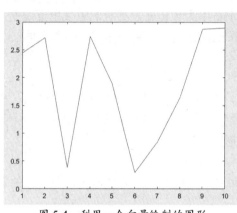

图 5-4　利用一个向量绘制的图形

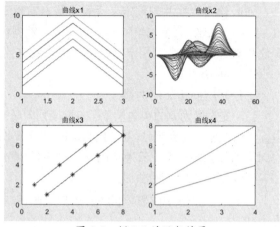

图 5-5　例 5-5 的运行结果

【提问】例 5-5 中有多条曲线的绘图，若设置预定义设置符，则会有什么样的结果？

（2）plot(x, y,'s')。

①当 x、y 均为向量时，将以 x 为横坐标、y 为纵坐标绘制一条曲线。

②当 x 为向量、y 为二维矩阵且其列数或行数等于 x 的元素数时，将绘制多条不同颜色的曲线。

③当 x 为二维矩阵、y 为向量时，与情况②相同，只是 y 仍为纵坐标。

④当 x、y 为同维矩阵时，将绘制分别以 x、y 元素为横、纵坐标的曲线。

【例 5-6】练习使用 plot(x, y,'s')函数。

二维码 5-6

【解】编程如下：

```
>> x1 = -2:0.1:2;             % 输入 1×41 的变量 x1
>> y1 = x1.^2;               % 相应生成 1×41 的变量 y1
>> subplot(2,2,1)            % 将当前图形窗口划分为 2×2 个子窗口并指定第 1 个子图的位置
>> plot(x1,y1,'r*-')        % 用星号标记数据点，用红色实线绘制曲线
>> title('曲线 1')
>> subplot(2,2,2)           % 指定第 2 个子图的位置
>> x2 = 1:4;                % 生成 1×4 的变量 x2
>> y2 = reshape(1:12,3,4);  % 生成 3×4 的变量 y2
>> plot(x2,y2,'bO--')       % 用圆圈标记数据点，用蓝色虚线绘制曲线
>> title('曲线 2')
>> subplot(2,2,3)           % 指定第 3 个子图的位置
>> x3 = reshape(1:12,3,4);  % 生成 3×4 的变量 x3
>> y3 = 1:4;                % 生成 1×4 的变量 y3
>> plot(x3,y3,'g^-')        % 用三角形标记数据点，用绿色实线绘制曲线
```

```
>> title('曲线3')
>> subplot(2,2,4)                      % 指定第 4 个子图的位置
>> x4 = reshape(1:12,3,4);             % 生成 3×4 的变量 x4
>> y4 = reshape(4:15,3,4);             % 生成 3×4 的变量 y4
>> plot(x4,y4,'cp--')                  % 用五角星标记数据点，用青色虚线绘制曲线
>> title('曲线4')
```

运行结果如图 5-6 所示。

【注意】若 x、y 都只是一个数值，则所绘制图形为对应坐标的描点。

【练习】 在 $[0,2\pi]$ 区间内绘制曲线 $y = 2\mathrm{e}^{-0.5x}\sin 2\pi x$。

（3）plot(x1, y1,'s1', x2, y2,'s2', …)。

在同一坐标纸上绘制以 x1 为横坐标、y1 为纵坐标的曲线 1，以 x2 为横坐标、y2 为纵坐标的曲线 2，等等。xi、yi 和'si'为独立三元组，i 从 1 取到 n。

【例 5-7】将 $\sin x$ 函数和 $\cos x$ 函数绘制在同一个图形窗口中。

【解】编程如下：

图 5-6　绘制实矩阵的曲线

```
>> x = 0:pi/100:2*pi;                  % 生成 1×201 的变量 x
>> y1 = sin(x);                        % 相应生成 1×201 的变量 y1
>> y2 = cos(x);                        % 相应生成 1×201 的变量 y2
>> plot(x,y1,'r',x,y2,'b--')           % 在一个图形窗口中同时绘制两条曲线
```

二维码 5-7

运行结果如图 5-7 所示。

【例 5-8】用图形表示连续调制波形 $y=\sin t\sin 9t$ 及其包络线。

【解】编程如下：

二维码 5-8

```
>> t = (0:pi/100:2*pi)';               % 生成 201×1 的时间采样列向量
>> y1 = sin(t)*[1,-1];                 % 相应生成 201×2 的包络线函数值
>> y2 = sin(t).*sin(9*t);              % 相应生成 201×1 的调制波列向量
>> plot(t,y1,'r--',t,y2,'b-.')         % 用红色虚线绘制包络线，用蓝色点画线绘制调制波
>> axis([0,2*pi,-1,1])                 % 设置横坐标范围为 0 到 2π，设置纵坐标范围为-1 到 1
```

运行结果如图 5-8 所示。

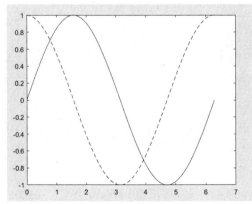

图 5-7　正弦和余弦曲线

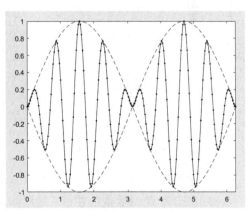

图 5-8　连续调制波形及其包络线

2．fplot 命令

fplot 为泛函绘图命令，对于变化剧烈的函数，会对剧烈变化处进行较密集的采样，用来进行较精确的绘图。fplot 命令常用的调用格式如下。

（1）fplot(f,xinterval,LineSpec)。

其中，f 默认为 y=f(x)的函数句柄；xinterval 用于指定 x 的范围，该项可省略，省略后默认 x 的范围为[-5,5]；LineSpec 用于指定线型、颜色和标记符号等，该项也可省略，省略后按默认设置绘图。

（2）fplot(funx,funy,tinterval,LineSpec)。

其中，funx 为 x=funx(t)的函数句柄；funy 为 y=funy(t)的函数句柄；tinterval 用于指定自变量 t 的范围，该项可省略，省略后默认 t 的范围为[-5,5]；LineSpec 同上所述。

【例 5-9】用 fplot 命令绘制 $y=\tan(\sin x)-\sin(\tan x)$函数，与用 plot 命令绘制该函数做比较。

【解】编程如下：

```
>> subplot(1,2,1)
>> fplot(@(x) tan(sin(x))-sin(tan(x)),[0,4],'r');
% fplot 命令在 x 轴的[0,4]区间上用红色实线绘制函数 f
>> subplot(1,2,2)
>> x = 0:0.1:4;
>> y = tan(sin(x))-sin(tan(x));
>> plot(x,y,'b')
```

二维码 5-9

运行结果如图 5-9 所示。

【例 5-10】绘制参数化方程 $x=\cos 3t$ 和 $y=\sin 2t$ 的曲线。

【解】编程如下：

```
>> xt = @(t) cos(3*t);         % 写出变量 x 的参数方程
>> yt = @(t) sin(2*t);         % 写出变量 y 的参数方程
>> fplot(xt,yt,[0,4],'-.')     % fplot 命令在 t 的取值为[0,4]区间上用点画线绘制曲线
>> xlabel('x')                 % x 轴标记为 x
>> ylabel('y')                 % y 轴标记为 y
```

二维码 5-10

运行结果如图 5-10 所示。

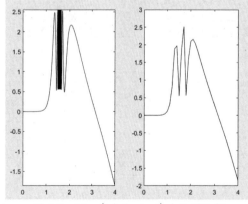

图 5-9　fplot 命令和 plot 命令绘图比较

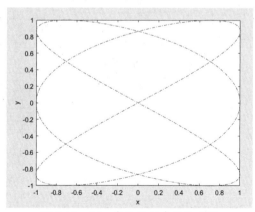

图 5-10　fplot 命令绘制参数化方程

3．ezplot 命令

ezplot 用于绘制隐函数的图形，是形如 $f(x,y)=0$ 这种不能写出像 $y=f(x)$的图形。ezplot 命令常用的调用格式如下。

（1）ezplot(fun,[xmin,xmax])。

其中，fun 可以是函数句柄、函数文件或字符串。该命令绘制 x 在[xmin,xmax]区间内 fun(x) 的曲线。x 的取值范围可省略，默认为[-2π,2π]。

（2）ezplot(f,[xmin,xmax,ymin,ymax])。

上述形式用于绘制 f(x,y) = 0，x、y 的取值范围是[xmin ,xmax]和[ymin ,ymax]。x、y 的取值范围均可省略，默认为[-2π,2π]。

（3）ezplot(x,y,[tmin,tmax])。

上述形式用于绘制含参函数 x = x(t)和 y = y(t)，t 的取值范围为[tmin,tmax]。如果 t 的取值范围省略，则默认为[0,2π]。

【例 5-11】绘制隐式函数 $x^2 - y^4 = 0$，x 和 y 的区间均为[-2π,2π]。

【解】编程如下：

```
>>ezplot('x^2-y^4')        % 用字符串写出隐函数，在默认区间内绘图
```

运行结果如图 5-11 所示。

【例 5-12】绘制隐函数 $x^2 + y^3 - 2y - 1 = 0$，x 和 y 的取值区间均为[-5,5]。

【解】编程如下：

二维码 5-11

```
>> fh = @(x,y) x.^2 + y.^3 - 2*y - 1;% 写出隐函数的函数句柄
>> ezplot(fh,[-5,5])                  %对于 x 和 y，均在[-5,5]区间上绘图
```

运行结果如图 5-12 所示。

二维码 5-12

【注意】使用 ezplot 绘图命令，直接在图形窗口显示 x、y 坐标轴，图形命名为该函数方程。

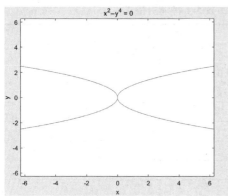

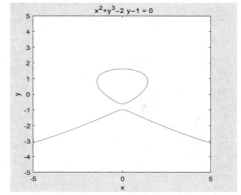

图 5-11　ezplot 命令绘制隐函数 $x^2 - y^4 = 0$　　　图 5-12　ezplot 命令绘制隐函数 $x^2 + y^3 - 2y - 1 = 0$

5.2.2　图形控制命令

MATLAB 对图形风格控制比较完善，一旦运行绘图命令，就会开启图形窗口，按照默认设置绘制图形。当绘图命令再次执行时，不再开启新的图形窗口，而是在之前已经开启的图形窗口中绘制新的图形，并覆盖之前的图形。除了默认设置，MATLAB 还提供了一些用于图形控制的函数和命令，如表 5-1 所示。

表 5-1　用于图形控制的函数和命令

函数和命令	意　义
figure(n)	为当前的绘图创建图形窗口，每运行一次 figure，就会创建一个新的图形窗口，n 表示第 n 个图形窗口，如果图形窗口定义了句柄，那么也可以用 figure(h)将句柄 h 的图形窗口作为当前图形窗口

续表

函数和命令	意　义
clf	用于清除当前图形窗口中的内容
shg	用于显示当前图形窗口
axis	人工选择坐标轴尺寸
ginput	利用鼠标的十字准线输入
hold on	在一个已有的图形上继续绘图
hold off	命令结束继续绘图
hold	保持图形
shg	显示图形窗口
subplot	将图形窗口分成 N 个子窗口
grid on/off	给当前的坐标轴添加/删除网格线
grid	切换网格线的两种状态
box on/off	使当前坐标呈封闭式/开启式 默认设置为不画分格线、封闭式
box	坐标形式切换（状态翻转）

5.2.3　图轴控制命令

控制坐标性质的 axis 函数的多种调用格式如表 5-2 所示。

表 5-2　控制坐标性质的 axis 函数的多种调用格式

函　　数	意　义
axis(V)	人工设定坐标范围，二维绘图 V=[x1,x2,y1,y2]，三维绘图 V=[x1,x2,y1,y2,z1,z2]
axis auto	设置坐标轴为自动刻度（默认值）
axis manual（或 axis(axis)）	保持刻度不随数据的大小而变化
axis tight	以数据的大小为坐标轴的范围
axis ij	矩阵式坐标
axis xy	普通直角坐标系
axis equal	使坐标轴刻度等长
axis square	产生正方形坐标系
axis normal	自动调节坐标轴与数据的外表比例，使其他设置失效
axis off	使坐标轴消隐
axis on	显现坐标轴
axis image	横、纵坐标轴等长刻度，且坐标框紧贴数据范围

【例 5-13】比较几种不同的显示方式的显示效果。

【解】编程如下：

```
>> clear all
>> t = 0:pi/20:2*pi;
>> subplot(2,2,1);
>> plot(sin(t),cos(t));
>> grid on              % 默认状态下的图形比例
>> title('grid on')
>> subplot(2,2,2);
>> plot(sin(t),cos(t));
```

二维码 5-13

```
>> axis square          % 正方形的显示比例
>> title('axis square');
>> subplot(2,2,3);
>> plot(sin(t),cos(t)) ;
>> axis off              % 坐标轴消隐
>> title('axis off');
>> subplot(2,2,4);
>> plot(sin(t),cos(t));
>> box off               %当前坐标是开启式
>> title('box off')
```

运行结果如图 5-13 所示。

5.2.4　图形标识和图形修饰

1．图形标识

一般在绘制曲线图形时，人们常常采用多种颜色、线型和数据点标识来区分不同的数据组，MATLAB 专门提供了这方面的参数选项，如表 5-3 所示，用户只需在每个坐标后加上相关字符串，就能实现此功能。

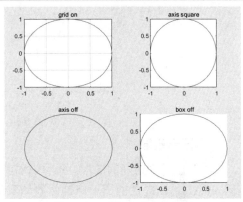

图 5-13　不同显示方式示例

表 5-3　绘图标识参数选项

颜 色 标 识		线 型 标 识		数 据 点 标 识			
色彩字符	颜色	线型字符	线型	标记符号	数据点形式	标记符号	数据点形式
b	蓝	-	实线	.	点	<	小于号
r	红	:	点线	o	圆	s	正方形
g	绿	-.	点画线	x	叉号	d	菱形
k	黑	--	虚线	+	加号	h	六角星
y	黄	—	—	*	星号	p	五角星
c	青	—	—	v	向下的三角形	—	—
m	紫	—	—	^	向上的三角形	—	—
w	白	—	—	>	大于号	—	—

除了图线的一般标识，还有图线的其他属性。

设置图线的宽度：'LineWidth'。

标记点的边缘颜色：'MarkerEdgeColor'。

填充颜色：'MarkerFaceColor'。

标记点的大小：'MarkerSize'。

【例 5-14】设置图线的线型、颜色、宽度，标记点的颜色及大小。

【解】编程如下：

```
>> t = 0:pi/20:pi;
>> y = cos(4*t).*cos(t)/2;
>> plot(t,y,'-bs','LineWidth',2,'MarkerEdgeColor','k',
'MarkerFaceColor','y','MarkerSize',10);
```

二维码 5-14

运行结果如图 5-14 所示。

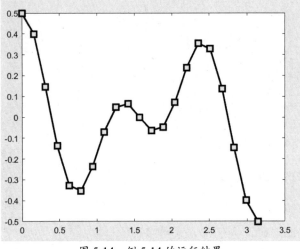

图 5-14　例 5-14 的运行结果

2. 图形修饰

对于已经绘制好的图形，还可以对其进行修饰，如加图形标题、标注横/纵坐标、加网格等。MATLAB 提供的图形修饰函数如表 5-4 所示。

表 5-4　MATLAB 提供的图形修饰函数

函　　数	意　　义
title('string')	给图形加标题
xlabel('string')	标注 x 轴坐标
ylabel('string')	标注 y 轴坐标
zlabel('string')	标注 z 轴坐标（用于三维图）
gtext('string')	利用鼠标添加文本信息
text('x,y,string')	在坐标点处添加文本信息

【例 5-15】绘制图形 sin$t$ 和 cos$t$。要求：①将两条曲线画在一幅图中，不采用子图的方式；②t 在 0～5π 之间取值；③要求给横坐标轴加标注 "t(deg)"、纵坐标轴加 "magnitude"，并加网格；④在(π/2,0.8)处加说明性的文字 "这是我的程序运行结果！"；⑤sin$t$ 用红色*线绘制，cos$t$ 用蓝色实线绘制；⑥给图形加标题 "sine wave from zero to 5pi"。

【解】编程如下：

二维码 5-15

```
>> clc,clear,close all
>> t = linspace(0,5*pi);            % 写出自变量 t
>> y1 = sin(t);                     % 相应生成变量 y1
>> y2 = cos(t);                     % 相应生成变量 y2
>> plot(t,y1,'r*',t,y2,'b')         % 绘制正/余弦曲线
>> xlabel('t(deg)')                 % 标注 x 轴
>> ylabel('magnitude')             % 标注 y 轴
>> grid on                          % 加 x、y 轴说明，加网格
>> text(pi/2,0.8,'这是我的程序运行结果！')    % 加图注
>> legend('sin(t)','cos(t)')        % 加图例说明
>> title('sine wave from zero to 5pi')
```

运行结果如图 5-15 所示。

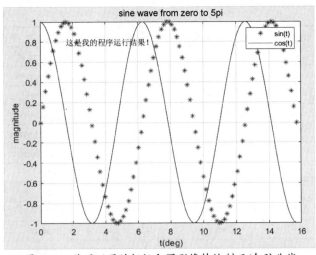

图 5-15　使用不同的标记和图形修饰绘制正/余弦曲线

在默认情况下，MATLAB 支持一部分 TeX 标记。使用 TeX 标记可添加下标和上标、修改字体类型和颜色，并在文本中包括特殊字符，如表 5-5 及表 5-6 所示。

表 5-5　TeX 标记支持的修饰符

修　饰　符	说　　　明	示　　　例
^{ }	上标	'text^{superscript}'
_{ }	下标	'text_{subscript}'
\bf	粗体	'\bf text'
\it	斜体	'\it text'
\sl	伪斜体（通常与斜体相同）	'\sl text'
\rm	常规字体	'\rm text'
\fontname{specifier}	字体名——将 specifier 替换为字体系列的名称。可以将此修饰符与其他修饰符结合使用	'\fontname{Courier} text'
\fontsize{specifier}	字体大小——将 specifier 替换为以磅为单位的数值标量值	'\fontsize{15} text'
\color{specifier}	字体颜色——将 specifier 替换为以下颜色之一：red、green、yellow、magenta、blue、black、white、gray、darkGreen、orange 或 lightBlue	'\color{magenta} text'
\color[rgb]{specifier}	自定义字体颜色——将 specifier 替换为 RGB 三元组	'\color[rgb]{0,0.5,0.5} text'

表 5-6　TeX 标记支持的特殊字符

字 符 序 列	符　号	字 符 序 列	符　号	字 符 序 列	符　号
\alpha	α	\upsilon	υ	\sim	~
\angle	∠	\phi	ϕ	\leq	≤
\ast	*	\chi	χ	\infty	∞
\beta	β	\psi	ψ	\clubsuit	♣
\gamma	γ	\omega	ω	\diamondsuit	♦
\delta	δ	\Gamma	Γ	\heartsuit	♥
\epsilon	ε	\Delta	Δ	\spadesuit	♠
\zeta	ζ	\Theta	Θ	\leftrightarrow	↔

字 符 序 列	符　　号	字 符 序 列	符　　号	字 符 序 列	符　　号
\eta	η	\Lambda	Λ	\leftarrow	←
\theta	θ	\Xi	Ξ	\Leftarrow	⇐
\vartheta	ϑ	\Pi	Π	\uparrow	↑
\iota	ι	\Sigma	Σ	\rightarrow	→
\kappa	κ	\Upsilon	Υ	\Rightarrow	⇒
\lambda	λ	\Phi	Φ	\downarrow	↓
\mu	μ	\Psi	Ψ	\circ	°
\nu	ν	\Omega	Ω	\pm	±
\xi	ξ	\forall	∀	\geq	⩾
\pi	π	\exists	∃	\propto	∝
\rho	ρ	\ni	∋	\partial	∂
\sigma	σ	\cong	≅	\bullet	•
\varsigma	ς	\approx	≈	\div	÷
\tau	τ	\Re	ℜ	\neq	≠
\equiv	≡	\oplus	⊕	\aleph	ℵ
\Im	ℑ	\cup	∪	\wp	℘
\otimes	⊗	\subseteq	⊆	\oslash	∅
\cap	∩	\in	∈	\supseteq	⊇
\supset	⊃	\lceil	⌈	\subset	⊂
\int	∫	\cdot	·	\o	ο
\rfloor	⌋	\neg	¬	\nabla	▽
\lfloor	⌊	\times	x	\ldots	…
\perp	⊥	\surd	√	\prime	′
\wedge	∧	\varpi	ϖ	\0	∅
\rceil	⌉	\rangle	〉	\mid	|
\vee	∨	\langle	〈	\copyright	©

【例 5-16】 在金属增材制造中，传感器采集的电流参数与熔断时间如表 5-7 所示，请绘制二者的关系图。要求：所绘图形标题为 15 号宋体，图中的中文字体为 10 号宋体、英文字体为 10 号新罗马字体。

表 5-7　传感器采集的电流参数与熔断时间

电流/A	熔断时间/s
6	0.95
7	0.72
8	0.46
9	0.36
10	0.32
11	0.26
12	0.21
13	0.15

【解】 编程如下：

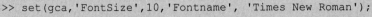

```
>> xdata=[6,7,8,9,10,11,12,13];
>> ydata=[0.95,0.72,0.46,0.36,0.32,0.26,0.21,0.15];
>> plot(xdata,ydata,'b.-','LineWidth',1,'MarkerSize',20);
%图中所有字体：10 号新罗马字体
>> set(gca,'FontSize',10,'Fontname', 'Times New Roman');
%单独设置标题字体：15 号宋体
>> title('\fontname{宋体}\fontsize{15}熔断时间与电流关系曲线');
>> xlabel('\fontname{宋体}\fontsize{10}电流\fontname{Times New Roman}\fontsize
{10}/A');
>> ylabel('\fontname{宋体}\fontsize{10}熔断时间\fontname{Times New Roman}\fontsize
{10}/s');
```

二维码 5-16

运行结果如图 5-16 所示。

【**例 5-17**】绘制函数 $y = \sin(\beta t)\mathrm{e}^{-\alpha t}$ 的曲线并在标题中显示出该函数。

【**解**】编程如下：

```
>> clc,clear,close all
>> t=0:pi/100:2*pi;
>> alpha=0.7;
>> beta=10;
>> y=sin(beta*t).*exp(-alpha*t);
>> plot(t,y,'--')
>> title('sin(\it\betat\rm)\rme^{-\it\alphat}')     % 在标题中显示出函数表达式
>> xlabel('时间\mus'),ylabel('幅值')
```

二维码 5-17

运行结果如图 5-17 所示。

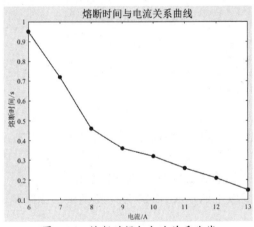

图 5-16　熔断时间与电流关系曲线

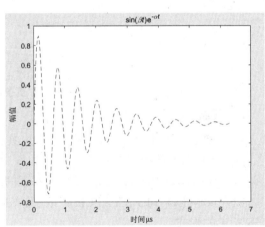

图 5-17　不同显示方式示例

5.2.5　多次叠绘、双纵坐标和多子图

1. 多次叠绘

多次调用 plot 命令在一幅图上绘制多条曲线，需要 hold 指令的配合。hold 指令有以下两种用法。

（1）hold on：保持当前坐标轴和图形，并可以接受下一次绘制。

（2）hold off：取消当前坐标轴和图形保持，在这种状态下，调用 plot 绘制完全新的图形，不保留以前的坐标格式、曲线。

【**例 5-18**】利用 hold 指令在一个图形窗口里绘制一条正弦曲线、一条余弦曲线和一条对数曲线。

【解】编程如下:

```
>> clc,clear,close all
>> x=0:pi/100:2*pi;
>> y1=sin(x);
>> plot(x,y1)          %绘制正弦曲线
>> hold on             %保持当前图形和坐标轴
>> y2=cos(x);
>> plot(x,y2)          %绘制余弦曲线
>> y3=2*x;
>> plot(x,y3)
>> hold off
```

二维码 5-18

运行结果如图 5-18 所示。

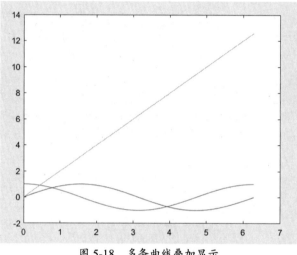

图 5-18   多条曲线叠加显示

2. 双纵坐标

在 MATLAB 中,用 plotyy 可以绘制出具有不同纵坐标的两个图形,有利于进行数据分析。plotyy 有以下几种调用格式。

(1) plotyy(X1,Y1,X2,Y2):以左、右不同纵坐标绘制 X1-Y1、X2-Y2 两条曲线。

(2) plotyy(X1,Y1,X2,Y2,FUN):以左、右不同纵坐标把 X1-Y1、X2-Y2 两条曲线绘制成 FUN 指定的形式。

(3) plotyy(X1,Y1,X2,Y2,FUN1,FUN2):以左、右不同纵坐标把 X1-Y1、X2-Y2 两条曲线绘制成 FUN1、FUN2 指定的不同的形式。

(4) [AX,H1,H2]=plotyy(X1,Y1,X2,Y2):返回 3 个参数,AX 是坐标轴的句柄,AX(1)是左边的纵坐标,AX(2)是右边的纵坐标;H1 和 H2 保存的是图形句柄。

【说明】

(1) 左边的纵坐标用于 X1-Y1 数据对,右边的纵坐标用于 X2-Y2 数据对。

(2) 坐标轴的范围、刻度都自动产生。如果要人工设置,则必须使用 axis 函数。

(3) FUN、FUN1、FUN2 可以是 MATLAB 中绘制 X-Y 数据对的二维绘图指令,如 plot。

【例 5-19】用不同的标度在同一坐标内画出 y_1 与 y_2 随 x 的变化关系(见表 5-8)。

表 5-8　y_1 与 y_2 随 x 的变化关系

x	10	30	50	70	100	150
y_1	0.0501	0.1847	0.1663	0.235	0.2724	0.3491
y_2	0.0239	0.0545	0.1165	0.1003	0.1413	0.2381

【解】编程如下：

```
>> clc,clear,close all
>> x = [10,30,50,70,100,150];
>> y1 = [0.0501,0.1847,0.1663,0.235,0.2724,0.3491];
>> y2 = [0.0239,0.0545,0.1165,0.1003,0.1413,0.2381];
>> [AX,H1,H2] = plotyy(x,y1,x,y2);          % 双纵坐标图形
>> xlabel('x');
>> set(get(AX(1),'ylabel'),'string','y1');   % 对坐标进行标注
>> set(get(AX(2),'ylabel'),'string','y2');
>> set(AX(1),'ytick',[0:0.1:1]);             % 控制左边的纵坐标的刻度标注
>> set(AX(2),'ytick',[0:0.1:1]);
>> set(H1,'marker','*');                     % 标识的设置
>> set(H2,'marker','o');
>> set(H2,'LineStyle','-')                    % 线型的设置
>> legend('y1','y2');                         % 标注图例
```

二维码 5-19

运行结果如图 5-19 所示。

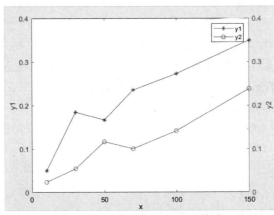

图 5-19　y_1 与 y_2 随 x 的变化关系

3. 多子图

MATLAB 允许在同一图形窗口中布置几幅独立的子图。具体指令如下。

subplot(m, n, p)：图形窗口包含 m×n 个子图，p 为要指定的当前子图的编号。子图的编号原则：左上方为第 1 个子图，向右向下依次排序。该指令按默认值分割子图区域。

产生的子图彼此独立。所有的绘图指令均可以在子图中使用。曲线分别处于不同的子窗口中，而并不会叠加显示。也就是说，m 和 n 代表绘制 m×n 个子图，m 表示在 y 方向上有 m 个子图，n 表示在 x 方向上有 n 个子图，p 代表第几个子图（示例详见例 5-3、例 5-5 等）。

5.3　三维绘图

三维绘图命令如表 5-9 所示。

表 5-9 三维绘图命令

类　型	命　令	说　明
曲线图	plot3，ezplot3	绘制三维曲线图
网格图	mesh，ezmesh	绘制三维网格图
	meshc，ezmeshc	绘制带等高线的立体网格图
	meshz	绘制带"围裙"的立体网格图
曲面图	surf，ezsurf	绘制三维曲面图
	surfc，ezsurfc	绘制带等高线的三维曲面图
	surfl	绘制带光源的三维曲面图
底层函数	surface	surf 函数用到的底层指令
	line3	plot3 函数用到的底层指令
等高线	contour3	绘制等高线
水流效果	waterfall	在 x 或 y 方向上产生水流效果
影像表示	pcolor	在二维平面中以颜色表示曲面的高度

5.3.1 三维绘图基本命令

三维绘图基本命令有 plot3、mesh 和 surf 三种，分别用于绘制三维曲线图、三维网格图和三维曲面图。

1．plot3 命令

相比较于 plot 函数用于二维平面曲线的绘制，MATLAB 提供 plot3 函数用于三维曲线的绘制。与 plot 函数相类似，plot3 函数只是多了一个参数 z，其语法为 plot3(x,y,z)，其中，x、y 和 z 分别为维数相同的向量，存储着曲线的 3 个坐标值。

【例 5-20】已知 $\begin{cases} x = \cos t \\ y = \sin t \\ z = t \end{cases}$，请在 $t = [0,4\pi]$ 区间内绘制其空间方程曲线。

【解】编程如下：

```
>> clc,clear,close all
>> t = 0:pi/20:4*pi;
>> x = cos(t);
>> y = sin(t);
>> z = t;
>> plot3(x,y,z)
>> grid on
>> title('三维曲线')
>> xlabel('X 轴')
>> ylabel('Y 轴')
>> zlabel('Z 轴')
```

二维码 5-20

结果如图 5-20 所示。

【练习】一条参数式的曲线可由下列方程式表示：$x=\sin(-t)+t$，$y=1-\cos(-t)$，$z=t$；当 t 由 0 变化到 4π 时，画出此三维曲线，并标注 x、y、z 轴。

2．mesh 命令

所谓网格图，就是指把相邻的数据点连接起来形成的网状曲面。利用 X-Y 平面上的矩形

网格点上的 Z 轴坐标值，MATLAB 定义了一个网格曲面。

三维网格图的形成原理为：在 X-Y 平面上指定一个长方形区域，采用与坐标轴平行的直线将其分格；计算矩形网格点上的函数值，即 Z 轴的值，得到三维空间的数据点；将这些数据点分别用处于 X-Z 平面或其平行面内的曲线与处于 Y-Z 平面或其平行面内的曲线连接起来，即形成网格图。

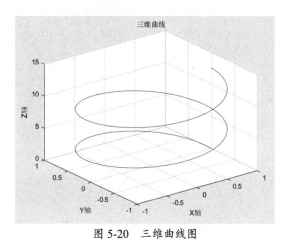

图 5-20　三维曲线图

MATLAB 是以 meshgrid 配合 mesh 或 surf 指令来绘图的。先要以 meshgrid 产生在 X-Y 平面上的二维网格数据，再以一组 Z 轴数据对应这个二维网格，即可画出三维的曲面。

mesh 命令的调用格式如下。

mesh(X,Y,Z)：在由 X、Y 决定的网格区域下绘制 Z 的网格图

mesh(Z)：在系统默认颜色和网格区域的情况下绘制 Z 的网格图。

3．surf 命令

曲面图是把网格间的小片空白区域用不同的颜色填充而生成的彩色光滑的表面，用 surf 函数建立的图形更加具有立体感。

surf 函数的调用格式如下。

surf(X,Y,Z)：在由 X、Y 决定的网格区域下绘制 Z 的曲面图。

surf(Z)：在系统默认颜色和网格区域的情况下绘制 Z 的曲面图。

surfc(X,Y,Z)：绘制带等高线的三维曲面图。

surfl(X,Y,Z)：绘制被光照射带阴影的三维曲面图（带光源的三维曲面图）。

【例 5-21】用 mesh 函数和 surf 函数画出函数 $z = x^2 + y^2$（x 和 y 的取值区间均为 $[-2\pi, 2\pi]$）与 z = peaks 在默认区域的三维图。

【解】编程如下：

```
>> clear all
>> subplot(2,2,1)
>> x=linspace(-1,1,40)
>> y=linspace(-1,1,40);        % 分割区域生成 y
>> [X,Y]=meshgrid(x,y);        % 生成坐标矩阵
>> Z=X.^2+Y.^2;
>> mesh(X,Y,Z);                % 运用 mesh 绘图
>> grid on                     % 加网格
>> xlabel('x')                 % 进行坐标的标注
>> ylabel('y')
>> zlabel('z')
>> subplot(2,2,2)
>> surf(X,Y,Z);                % 运用 surf 绘图
>> grid on
>> xlabel('x')                 % 进行坐标的标注
>> ylabel('y')
>> zlabel('z')
```

二维码 5-21

```
>> subplot(2,2,3)
>> a=peaks;
>> mesh(a);
>> grid on
>> xlabel('x')                     % 进行坐标的标注
>> ylabel('y')
>> zlabel('z')
>> subplot(2,2,4)
>> surf(a);
>> grid on
>> xlabel('x')                     % 进行坐标的标注
>> ylabel('y')
>> zlabel('z')
```

运行结果如图 5-21 所示。

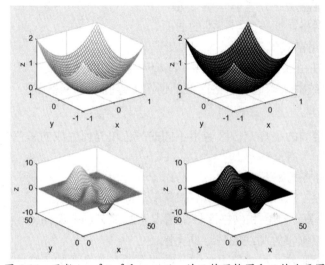

图 5-21   函数 $z = x^2 + y^2$ 和 z=peaks 的三维网格图和三维曲面图

【例 5-22】绘制 z=peaks 带等高线和带光源的三维曲面图。

【解】编程如下：

```
>> clear all
>> [X,Y,Z]=peaks(30);
>> subplot(1,2,1)
>> surfc(X,Y,Z)
>> grid on
>> xlabel('x')            %进行坐标的标注
>> ylabel('y')
>> zlabel('z')
>> title('带等高线的三维曲面图')
>> subplot(1,2,2)
>> surfl(X,Y,Z)          %绘制带光源的三维曲面图
>> grid on
>> xlabel('x')            %进行坐标的标注
>> ylabel('y')
>> zlabel('z')
>> title('被光照射带阴影的三维曲面图')
```

二维码 5-22

运行结果如图 5-22 所示。

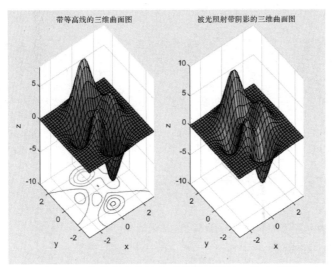

图 5-22 带等高线和被光照射带阴影的三维曲面图

【练习】请用 surf 命令同时画出 $z = \dfrac{xy}{x+y}$ 函数的三维曲面图和带等高线的三维曲面图，其中 x 和 y 都介于 0 和 1 之间。

5.3.2 视点控制

在笛卡尔坐标系中设置视角，视角位置分别由方位角和仰角组成。其中，方位角又称旋转角，其围绕 z 轴旋转，正值表示视点逆时针旋转；仰角又称视角，是视点和原点的连线与 xOy 平面的夹角。视点控制的调用格式如下。

view(az, el)或 view([az, el])：给三维空间图形设置观察点的方位角 az 与仰角 el。

view([x,y,z])：将(x,y,z)置为视点。

在未设置 view 函数时为默认的三维视点，其中，az=-37.5°，el=30°。

【例 5-23】不同视角下的 peaks 函数。

【解】编程如下：

二维码 5-23

```
>> clear all
>> subplot(2,2,1)
>> mesh(peaks);
>> grid on
>> xlabel('x')          % 进行坐标的标注
>> ylabel('y')
>> zlabel('z')
>> title('默认视点')
>> subplot(2,2,2)
>> mesh(peaks);
>> view(90,0);          % 指定子图的第 2 视点
>> grid on
>> xlabel('x')          % 进行坐标的标注
>> ylabel('y')
>> zlabel('z')
>> title('azimuth=90,elevation=0')
>> subplot(2,2,3)
>> mesh(peaks);
```

```
>> view(0,90);          % 指定子图的第 3 视点
>> grid on
>> xlabel('x')          % 进行坐标的标注
>> ylabel('y')
>> zlabel('z')
>> title('azimuth=0,elevation=90')
>> subplot(2,2,4)
>> mesh(peaks);
>> view(34,65);         % 指定子图的第 4 视点
>> grid on
>> xlabel('x')          %进行坐标的标注
>> ylabel('y')
>> zlabel('z')
>> title('azimuth=34,elevation=62')
```

运行结果如图 5-23 所示。

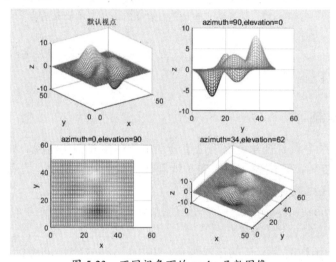

图 5-23　不同视角下的 peaks 函数图像

5.3.3　函数 colormap

MATLAB 提供了函数 colormap 来设定颜色。该函数的语法格式如下。

（1）colormap(map)。

其中，map 是一个 3 列的红、绿、蓝 3 颜色矩阵，表示形式为 colormap([R,G,B])。R、G、B 在[0,1]区间连续取值，如表 5-10 所示。理论上，颜色有无穷多种。

（2）colormap('default')。

其中，default 用于设置当前彩色图为默认值。

（3）colormap('stylename')。

其中，stylename 表示 MATLAB 提供的预定义的色图矩阵名称。

表 5-10　常见颜色的 RGB 值

RGB 值	颜　　色		字　　符
[0　0　1]	蓝色		b
[0　1　0]	绿色		g

续表

RGB 值	颜　色		字　符
[1　0　0]	红色		r
[0　1　1]	青色		c
[1　0　1]	品红色		m
[1　1　0]	黄色		y
[0　0　0]	黑色		k
[1　1　1]	白色		w
[0.5　0.5　0.5]	灰色		—
[1　0.5　0]	橙色		—
[1　0.84　0]	金黄色		—

色图矩阵是 $m\times3$ 的数值矩阵，可以人为地生成，也可以直接调用函数来生成。例如，S=autumn(20)生成 60×3 的色图矩阵 S，表示从红到黄、由浓到淡的颜色。常用的表示色图矩阵的函数如表 5-11 所示。

表 5-11　常用的表示色图矩阵的函数

函 数 名	含 义
autumn	红、黄浓淡色
bone	黄色调浓淡色
colorcube	三浓淡多彩交错色
cool	青、品红浓淡色
copper	纯铜色调线性浓淡色
flag	红、白、蓝、黑交错色
gray	灰色调线性浓淡色
hot	黑、灰、白、黄线性浓淡色
hsv	二端为红的饱和值色
jet	蓝头红尾饱和值色
lines	采用 plot 绘色
pink	淡粉红色
prism	光谱交错色
spring	青、黄浓淡色
summer	绿黄浓淡色
winter	蓝绿浓淡色
white	全白色

【例 5-24】绘制 $z=xy$ 三维图像并采用 winter 绘制色图矩阵。

【解】编程如下：

```
>> clear all
>> x = -10:0.1:10;
```

```
>> y = -10:0.1:10;
>> [x,y]=meshgrid(x,y);        % 生成网格函数矩阵
>> z = x.*y;
>> meshz(x,y,z)                % 绘制关于 x、y、z 的三维图像
>> xlabel('x')
>> ylabel('y')
>> zlabel('z=xy')
>> colormap(winter)            % 将图像设定为 winter 颜色
>> grid on                     % 绘制网格
>> title('z=xy 三维图像')
```

运行结果如图 5-24 所示。

【注意】创建一个包含两个子图的图形窗口，并存储坐标区句柄 ax1 和 ax2。通过将坐标区句柄传递给 colormap 函数来对每个坐标区使用不同的色图矩阵。

【例 5-25】绘制 $z=xy$ 三维图像，要求子图采用不同的色图矩阵。

【解】编程如下：

```
>> clear all
>> ax1=subplot(2,1,1);        % 生成坐标区句柄 ax1
>> surf(peaks)
>> colormap(ax1,summer)
>> ax2 = subplot(2,1,2);      % 生成坐标区句柄 ax2
>> surf(peaks)
>> colormap(ax2,autumn)
```

二维码 5-25

运行结果如图 5-25 所示。

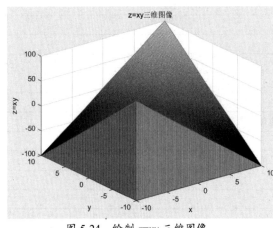

图 5-24　绘制 $z=xy$ 三维图像
（采用 winter 颜色）

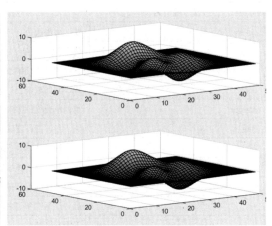

图 5-25　绘制 $z=xy$ 三维图像
（子图采用不同的色图矩阵）

5.3.4　透视、镂空和裁切

MATLAB 能够对图形进行透视、镂空和裁切处理。

1. 透视

hidden on：打开隐藏线移除的状态，后方的线会被前方的线遮住。

hidden off：关闭隐藏线移除的状态，三维图会变成透视图。

【例 5-26】透视命令练习。

【解】编程如下：

```
>> clear all
>> [X0,Y0,Z0]=sphere(30);
>> X=3*X0;Y=3*Y0;Z=2*Z0;
>> surf(X0,Y0,Z0);
>> shading interp          % 对图形进行浓淡处理
>> hold on
>> mesh(X,Y,Z)
>> colormap(spring)
>> hold off
>> hidden off             % 关闭隐藏线移除的状态
>> axis equal
>> axis off
```

二维码 5-26

运行结果如图 5-26 所示。

2. 镂空

将需要镂空的部分设置成 nan。

【例 5-27】镂空示例。

【解】编程如下：

```
>> clear all
>> a=peaks'
>> a(30:40,20:30)=nan*a(30:40,20:30)     % 屏蔽所选区域数据点
>> surf(a)
>> grid on
>> xlabel('x')                           % 进行坐标的标注
>> ylabel('y')
>> zlabel('z')
```

二维码 5-27

运行结果如图 5-27 所示。

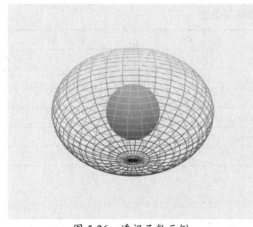

图 5-26　透视函数示例

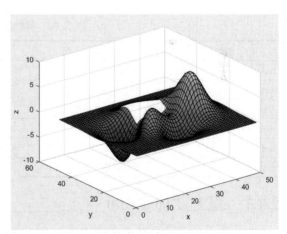

图 5-27　peaks 函数图像镂空示例

3. 裁切

【例 5-28】演示如何利用"非数"NaN 对图形进行裁切处理。

【解】编程如下：

```
>> clear all
>> t=linspace(0,2*pi,100);
>> r=1-exp(-t/2).*cos(4*t);
>> [X,Y,Z]=cylinder(r,60);     % 以 r 为剖面曲线，返回圆柱的 X、Y、Z 坐标
```

二维码 5-28

```
>> ii=find(X<0&Y<0);              % 找到满足条件的线性索引组成的列向量
>> Z(ii)=NaN;                      % 线性索引位置的 Z 值设为非数
>> surf(X,Y,Z);                    % 绘制三维曲面图
>> colormap(winter)                % 以 winter 为色调绘图
>> shading interp                  % 对该三维曲面图进行浓淡处理
```

运行结果如图 5-28 所示。

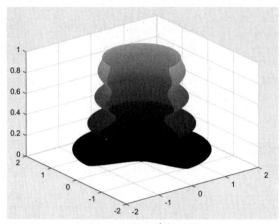

图 5-28 图形裁切处理

5.4 其他绘图

MATLAB 还有其他各种二维绘图函数，以适合不同的应用。表 5-12 列出了其他二维绘图函数。

表 5-12 其他二维绘图函数

函　数	说　明	函　数	说　明
bar	直方图	stairs	阶梯图
errorbar	图形加上误差范围	stem	针状图
fplot	较精确的函数图形	fill	填充图
polar	极坐标图	feathe	羽毛图
hist	频数直方图	compass	罗盘图
rose	极坐标累计图	quiver	向量图

5.4.1 直方图命令 bar

直方图常用于统计数据的作图，有 bar、bar3、barh 和 bar3h 几种函数，其调用格式类似。下面以函数 bar 为例进行说明。

bar(X,Y)：X 是横坐标向量，Y 可以是向量或矩阵。当 Y 是向量时，每个元素对应一个竖条；当 Y 是 m 行 n 列矩阵时，将画出 m 组竖条，每组包括 n 个。

bar(Y)：横坐标使用默认值，即 X=1:M。

bar(X,Y,WIDTH)或 bar(Y,WIDTH)：用 WIDTH 指定竖条的宽度，如果 WIDTH>1，则条与条之间重合。默认宽度为 0.8。

bar(...,'grouped')：产生默认的组合直方图。

bar(...,'stacked')：产生累积的直方图。

bar(...,linespec)：指定竖条的颜色。

H = bar(...)：返回条形图对象的句柄。

当资料点数量不多时，直方图是很合适的表示方式。

【例 5-29】绘制直方图。

【解】编程如下：

二维码 5-29

```
>> clear all
>> close all;                   % 关闭所有的图形视窗
>> x=1:10;
>> y=rand(size(x));             % 随机生成 1×10 的行向量 y
>> bar(x,y);                    % 绘制变量 y 的直方图
```

结果如图 5-29 所示。

如果已知资料的误差量，就可用 errorbar 来表示。例 5-30 以单位标准差作为误差量。

【例 5-30】绘制带误差量的直方图。

【解】编程如下：

二维码 5-30

```
>> clear all
>> x=linspace(0,2*pi,30);
>> y=sin(x);
>> e=std(y)*ones(size(x));      % 生成与 x 同规格的变量 y 的单位标准差
>> errorbar(x,y,e)              % 绘制带误差量的直方图
```

结果如图 5-30 所示。

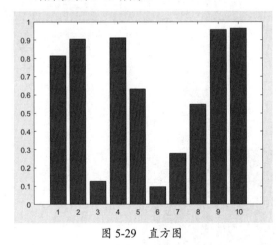

图 5-29　直方图　　　　　　　　　图 5-30　带误差量的直方图

5.4.2　极坐标图 polar

若要产生极坐标图，则可用 polar 函数。polar 函数的调用格式为 polar(theta,rho,选项)，其中，theta 为极坐标极角，rho 为极坐标矢径，选项的内容与 plot 相似。

【例 5-31】绘制 $r=\sin t \cos t$ 的极坐标图，并标记数据点。

【解】编程如下：

二维码 5-31

```
>> clear all
>> t=0:pi/50:2*pi;
>> r=sin(t).*cos(t);
>> polar(t,r, '-*');
```

运行结果如图 5-31 所示。

5.4.3　彩色份额图

为了显示各内容在总量中的占比，MATLAB 提供了彩色份额图绘制功能。其中，面积图、饼图最常用。

1. 面积图

绘制面积图的命令是 area。该命令表现出各个不同部分对整体所做的贡献，其调用格式有如下几种。

（1）area(X,Y)：与 plot 命令的使用方法相似，将连线图到 X 轴的那部分填上颜色。

（2）area(Y)：X 使用默认值，即 X=1:SIZE(Y)。

（3）area(X,Y,LEVEL)或 area(Y,LEVEL)：填色部分为由连线图到 Y=LEVEL 的水平线之间的部分。LEVEL 省略时其值为"0"。

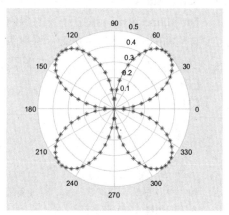

图 5-31　极坐标图

【**例 5-32**】绘制面积图。

【**解**】编程如下：

```
>> clear all
>> X=-2:2;
>> Y=[3,5,2,4,1;5,5,2,3,5;3,4,5,2,2];
>> area(X',Y');
>> c=flipud(cumsum(Y))       % 对应面积图上 3 条线的样点函数值
>> legend('因素1','因素2','因素3')
>> grid on
```

二维码 5-32

运行结果如图 5-32 所示。

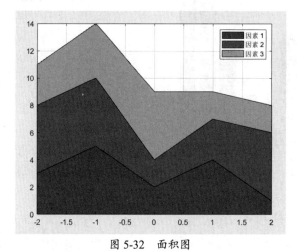

图 5-32　面积图

2. 饼图

饼图又叫扇形图，用于显示向量中元素所占向量元素总和的百分比。pie 和 pie3 分别用于绘制二维和三维饼图，其调用格式有如下几种。

（1）pie(X)：向量 X 的饼图。把 X 的每个元素在所有元素总和中所占的比例表达出来。

（2）pie(X,EXPLODE)：向量 EXPLODE（与向量 X 的长度相等）用于指定饼图中抽出部分的块（非零值对应的块）。

（3）pie(...,'LABELS')：'LABELS'是用于标注饼图的字符串数组，其长度必须与向量 X 的长度相等。

（4）H = pie(...)：返回包括饼图和文本对象的句柄。

【例 5-33】饼图示例。

【解】编程如下：

```
>> clear all
>> x=[240,360,120,400,320];
>> subplot(2,2,1),
>> pie(x,[0 0 0 1 0])              % 指定第 4 块突出
>> legend('A','B','C','D','E');
>> subplot(2,2,2),
>> pie3(x,[0 0 0 1 0])
>> subplot(2,2,3),
>> pie(x(2:5))
>> subplot(2,2,4),
>> x=[0.1,0.12,0.21,0.34,0.11];
>> pie3(x ,{'A','B','C','D','E'})    % 标注饼图
```

二维码 5-33

运行结果如图 5-33 所示。

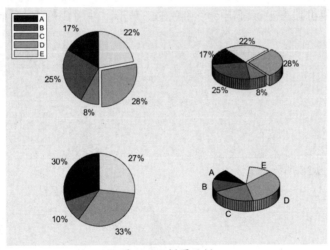

图 5-33　饼图示例

【例 5-34】分别以直方图、填充图、阶梯图和针状图形式绘制 $y = 2e^{-0.5x}$。

【解】编程如下：

```
>> clear all
>> x=0:0.35:7;
>> y=2*exp(-0.5*x);
>> subplot(2,2,1);bar(x,y,'g');      % 绘制直方图
>> title('bar(x,y,''g'')');axis([0,7,0,2]);
>> subplot(2,2,2);fill(x,y,'r');     % 绘制填充图
>> title('fill(x,y,''r'')');axis([0,7,0,2]);
>> subplot(2,2,3);stairs(x,y,'b');   % 绘制阶梯图
>> title('stairs(x,y,''b'')');axis([0,7,0,2]);
>> subplot(2,2,4);stem(x,y,'k');     % 绘制针状图
>> title('stem(x,y,''k'')');axis([0,7,0,2]);
```

二维码 5-34

结果如图 5-34 所示。

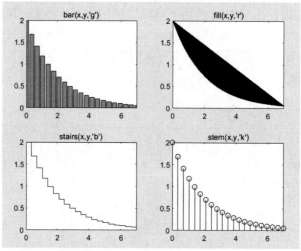

图 5-34 $y = 2e^{-0.5x}$ 的直方图、填充图、阶梯图和针状图

5.4.4 三维多边形

三维多边形的绘制和填充与二维多边形 fill 完全相同，调用格式为 fill3(x,y,z,'s')。

【例 5-35】用随机顶点坐标画出 5 个粉色的三角形，并用黄色的○表示顶点。

```
>> clear all
>> y1=rand(3,5);
>> y2=rand(3,5);
>> y3=rand(3,5);
>> fill3(y1,y2,y3,'m');        %绘制三维多边形
>> hold on;
>> plot3(y1,y2,y3,'yo')
>> hold off
```

二维码 5-35

运行结果如图 5-35 所示。

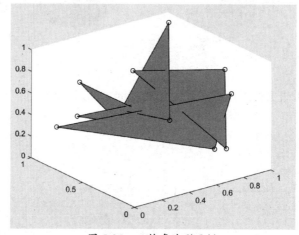

图 5-35 三维多边形示例

5.4.5 等高线图

contour 函数用于绘制等高线图，绘制一个定义在矩阵网格上的曲面的等高线图。

（1）contour3(Z)：绘制矩阵 Z 的三维等高线图，其中 Z 解释为有关 X-Y 平面的高度。Z

至少是 2×2 矩阵，该矩阵包含至少两个不同的值，自动选择等高线层级。

（2）contour3(Z,n)：以 n 个等高线层级绘制矩阵 Z 的三维等高线图，其中 n 为标量。

（3）contour3(Z,v)：绘制矩阵 Z 的三维等高线图，其中，等高线位于单调递增向量 v 中指定的数据值处，等高线条数为 length(v)。例如，要在 k 层级绘制等高线，需要使用 contour (Z,[k k])命令。

【例 5-36】三维等高线图的绘制。

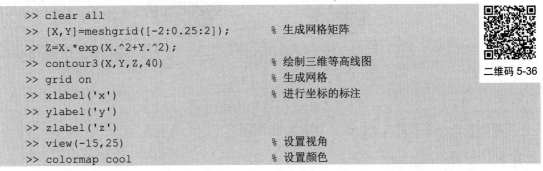

```
>> clear all
>> [X,Y]=meshgrid([-2:0.25:2]);        % 生成网格矩阵
>> Z=X.*exp(X.^2+Y.^2);
>> contour3(X,Y,Z,40)                   % 绘制三维等高线图
>> grid on                              % 生成网格
>> xlabel('x')                          % 进行坐标的标注
>> ylabel('y')
>> zlabel('z')
>> view(-15,25)                         % 设置视角
>> colormap cool                        % 设置颜色
```

二维码 5-36

运行结果如图 5-36 所示。

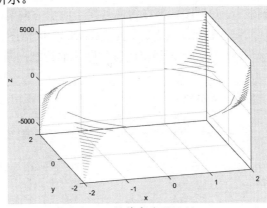

图 5-36　三维等高线图示例

5.4.6　球面图

sphere 命令用来生成三维直角坐标系中的球面，其调用格式如下。

（1）sphere：绘制单位球面，该单位球面由 20×20 个面组成。

（2）sphere(n)：在当前坐标系中画出由 n×n 个面组成的球面。

（3）[X,Y,Z] = sphere(n)：返回 3 个阶数为(n+1)×(n+1)的直角坐标系中的球面坐标矩阵。

【例 5-37】绘制球面图示例。

```
>> close all
>> [X1,Y1,Z1]=sphere(8);
>> [X2,Y2,Z2]=sphere(20);
>> subplot(1,2,1);
>> surf(X1,Y1,Z1)
>> title('64 个面组成的球面')
>> subplot(1,2,2);
>> surf(X2,Y2,Z2)
>> title('400 个面组成的球面')
```

二维码 5-37

运行结果如图 5-37 所示。

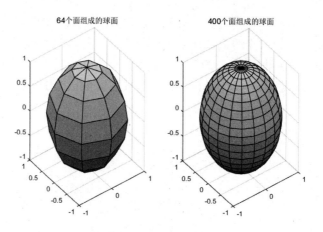

图 5-37 球面图示例

【提问】想一想能否用 sphere 函数绘制椭球面?

5.4.7 三维向量图

用 quiver3 函数绘制三维向量图,即在等高线图上画出方向箭头,其调用格式如下。

(1) quiver3(x,y,z,u,v,w):在(x,y,z)处绘制元素(u,v,w)的向量图。

(2) quiver3(z,u,v,w):在由矩阵 z 确定的等间距表面绘制向量图,显示比例由它们之间的距离决定。

【例 5-38】绘制三维向量图示例。

```
>> clear all
>> [X,Y]=meshgrid(-3:0.25:3,-3:0.25:3);    % 生成二维网格数据
>> Z=X.^2+Y.^2;
>> [U,V,W]=surfnorm(X,Y,Z);                % 生成曲面的法向量
>> quiver3(X,Y,Z,U,V,W,1);                 % 绘制曲面图法线
>> hold on                                 % 保持当前图形窗口
>> surf(X,Y,Z);                            % 绘制三维曲面图
>> colormap(summer)                        % 三维曲面图使用 summer 色调着色
>> view(-45,45);                           % 选择(-45°,45°)视角
>> hold off
```

二维码 5-38

运行结果如图 5-38 所示。

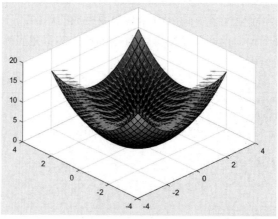

图 5-38 三维向量图示例

本章小结

本章介绍了如何使用 MATLAB 软件将数据及函数可视化，首先从离散数据、离散函数可视化引出连续函数可视化，并总结可视化的一般步骤；其次介绍了二维绘图及三维绘图的基本方法，给出了常用的绘图命令及控制命令等；最后介绍了几种其他绘图命令，如绘制极坐标图等。每个知识点都有相应的例题供读者练习。

通过本章的学习，读者可以初步掌握使用 MATLAB 软件绘制图形（对数据和计算结果进行描述），认识数据间的内在关系及函数的规律，提高解决工程难题或实际问题的能力，从而进一步提高对事物客观发展规律的认识，加强理论与实践相结合的能力。

习题 5

5-1. 绘制函数 $y=\sin x\cos x$ 的曲线，其中 x 的取值范围为 $[-4,4]$。

5-2. 对于一个平面上的椭圆，可以用参数将其表示成以下形式：$x=a\cos\theta$，$y=b\sin\theta$。请利用上述参数式绘制一个椭圆，其中，$a=5$，$b=3$，并标识出绘制椭圆的 100 个点。

5-3. 根据 $\dfrac{x^2}{a^2}+\dfrac{y^2}{25-a^2}=1$ 绘制平面曲线，分析参数 a 对其形状的影响。

5-4. 用 ezplot 函数绘制习题 5-3 中的函数曲线，其中参数 a 的值为 2。

5-5. 用 subplot 分别在不同的子图中绘制 $\sin t$ 和 $\cos t$ 曲线，并为每幅图形加上标题。

5-6. 用 plotyy 实现在同一坐标内用不同标度绘制曲线 $y_1=0.2e^{0.5x}\cos(4\pi x+\pi)$ 和曲线 $y_2=2e^{-0.5x}\cos\left(\pi x+\dfrac{\pi}{2}\right)$。

5-7. 绘制 $r=(1-\sin t)\cos t$ 的极坐标图，并用星号标记数据点。

5-8. 绘制 $y=10x^2$ 的对数坐标图并与直角坐标图进行比较。

5-9. 一条参数式的曲线可由下列方程式表示：$x=2\cos 20\pi t+\cos 10\pi t$，$y=2\sin 20\pi t+\sin 10\pi t$，$z=6t$。当 t 由 0 变化到 4π 时，画出此三维曲线，并标注 x、y 和 z 轴。

5-10. 请同时绘制函数 $z=xe^{(-x^2-y^2)}$ 的曲面图和等高线图，其中 x 和 y 都介于 0 和 1 之间，且各自都分成 21 个网格点。此外，等高线应有 20 条。请问此曲面在 xOy 平面的哪一点（或区域）会有最大值？此最大值是多少？

5-11. 请在 4 个子图中绘制 peaks 曲面，每个子图用不同的视角及颜色展示。

5-12. 一个空间中的椭球可以表示成下列方程式：$\left(\dfrac{x}{a}\right)^2+\left(\dfrac{y}{b}\right)^2+\left(\dfrac{z}{c}\right)^2=1$。请使用任何你可以想到的方法绘制出三维空间中的一个平滑的椭球，其中，$a=3$，$b=4$，$c=8$。

数据拟合与插值

在实际工程应用和科学实践中，经常需要通过一些已知的离散数据点确定未知的数据点，或者寻求两个（或多个）变量间的关系。针对这些分散的数据点，可以采用插值或拟合的方法确定一些未知数据。运用某种拟合方法生成一条连续的曲线，这个过程称为曲线拟合。曲线拟合能够对数据进行趋势预测、规律总结和数据估算，可分为参数拟合和非参数拟合。参数拟合采用的是最小二乘法，非参数拟合采用的是插值法。

MATLAB 提供了两种方法进行曲线拟合：一种是以函数的形式，使用命令对数据进行拟合，这种方法比较烦琐，需要对拟合函数有比较好的了解；另外一种是用图形窗口进行操作，具有简便、快速、可操作性强的优点。MATLAB 提供了两种图形窗口，一种是基本拟合界面，另一种是曲线拟合工具。基本拟合界面操作简单，可以做较为简单的曲线拟合；曲线拟合工具功能强大，适用于各种复杂模型的曲线拟合。

6.1 数据拟合

6.1.1 多项式拟合函数

多项式拟合函数为 polyfit，多项式曲线拟合评价函数为 polyval。

1. polyfit 函数

利用 polyfit 函数进行多项式曲线拟合，其调用格式如下。

（1）p = polyfit(x, y, n)：用最小二乘法对数据进行拟合，返回 n 次多项式的系数，并用降序排列的向量表示，长度为 n+1。

（2）[p, S] = polyfit(x, y, n)：返回多项式系数向量 p 和矩阵 S。当 S 与 polyval 函数一起使用时，可以得到预测值的误差估计。若数据 y 的误差服从方差为常数的独立正态分布，则 polyval 函数将生成一个误差范围，其中包含至少 50% 的预测值。

（3）[p, S, mu] = polyfit(x, y, n)：返回多项式的系数，其中，mu 是一个二维向量 $[\mu_1, \mu_2]$，$\mu_1 = \text{mean}(x)$，$\mu_2 = \text{std}(x)$，对数据进行预处理——$x = (x - \mu_1)/\mu_2$。

2. polyval 函数

利用 polyval 函数进行多项式曲线拟合求值、评价，其调用格式如下。

（1）y = polyval(p, x)：返回 n 阶多项式在 x 处的值，x 可以是一个矩阵或一个向量，向量 p 是 n+1 个以降序排列的多项式的系数。

（2）y = polyval(p, x, [], mu)：用 x = (x − μ_1)/μ_2 代替 x，其中，μ_1＝mean(x)，μ_2 =std(x)。mu=[μ_1, μ_2]，通过这样的处理，可以使数据合理化。

（3）[y, delta] = polyval(p, x, S)和[y, delta] = polyval(p, x, S, mu)：产生置信区间 y±delta。如果误差结果服从标准正态分布，则实测数据落在 y±delta 区间内的概率至少为 50%。

【例 6-1】对下面给定的数据进行多项式拟合。

【解】在命令行窗口的命令行提示符后键入：

二维码 6-1

```
>> x=[0 0.0385 0.0963 0.1925 0.2888 0.385];
>> y=[0.042 0.104 0.186 0.338 0.479 0.612];
>> [p,s]=(polyfit(x,y,5));
>> [p,s,mu]=(polyfit(x,y,5))
p =
   0.0193  -0.0110  -0.0430  0.0073  0.2449  0.2961
s =
     包含以下字段的 struct:
         R: [6×6 double]
        df: 0
     normr: 1.5655e-16
    mu =
    0.1669
    0.1499
```

由以上结果可知拟合的多项式为 $p = 0.0193x^5 − 0.0110x^4 − 0.0430x^3 + 0.0073x^2 + 0.2449x + 0.2961$，自由度为 0，标准偏差为 1.5655e-16。

【例 6-2】根据表 6-1 中的数据进行 4 阶多项式拟合。

表 6-1　数据表

x	1	3	4	5	6	7	8	9	10
F(x)	10	5	4	2	1	1	2	3	4

【解】在命令行窗口的命令行提示符后键入：

二维码 6-2

```
>> x=[ 1 3 4 5 6 7 8 9 10];
>> y=[10 5 4 2 1 1 2 3 4];
>> [p,s]=polyfit(x,y,4);
>> y1=polyval(p,x);
>> plot(x,y,'ro',x,y1,'b--' )
>> legend('原始数据','拟合曲线')
```

拟合结果如图 6-1 所示。

【例 6-3】在区间[0,4π]中延正弦曲线生成 10 个等间距的点，使用 polyfit 函数将一个 9 阶多项式与这些点拟合。

【解】在命令行窗口的命令行提示符后键入：

二维码 6-3

```
>> x = linspace(0,4*pi,10);
>> y = sin(x);
>> p = polyfit(x,y,9);
>> x1 = linspace(0,4*pi);
>> y1 = polyval(p,x1);
>> figure
>> plot(x,y,'o')
```

```
>> hold on
>> plot(x1,y1)
>> hold off
  >> legend('原始数据','拟合曲线')
```

拟合结果如图 6-2 所示。

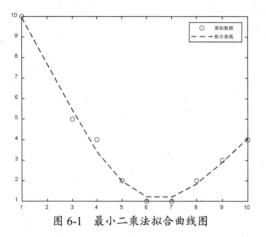

图 6-1 最小二乘法拟合曲线图

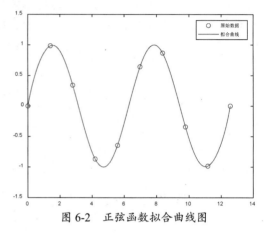

图 6-2 正弦函数拟合曲线图

【例 6-4】某地区 2012—2022 年人口数据如表 6-2 所示。请对其进行多项式拟合，预测 2024 年的人口数量。

表 6-2 某地区 2010—2020 年人口数据

x	2012	2013	2014	2015	2016	2017	2018	201+	2020	2021	2022
y/千万	3.9	5.3	7.2	9.6	12.9	17.1	23.2	31.4	38.6	50.2	63.0

【解】在命令行窗口的命令行提示符后键入：

二维码 6-4

```
>> x=2010:1:2020;
>> y=[3.9,5.3,7.2,9.6,12.9,17.1,23.2,31.4,38.6, 50.2,63.0];
>> p = polyfit(x,y,2);
>> figure
>> plot(x,y,'*',x,polyval(p,x))
>> legend('原始数据','拟合曲线')
>> xlabel('年份');
>> ylabel('人口数量/千万');
>> polyval(p,2024)
ans =
     74.4776
```

可见，2024 年的人口数量预测为 74.4776 千万。曲线拟合结果如图 6-3 所示。

6.1.2 非线性拟合函数

MATLAB 进行非线性拟合常用最小二乘法实现，适用于已经求解出函数但含有未知数且已经收集了一系列数据的情况。

lsqcurvefit 函数对离散数据进行参数化非线性函数拟合，其主要功能为利用实验数据，

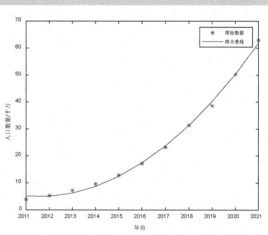

图 6-3 人口数量曲线拟合

按照给定的函数进行拟合，计算其拟合系数。lsqcurvefit 函数的调用格式有以下两种。

（1）x = lsqcurvefit(fun, x0, xdata, ydata)。

（2）[x, resnorm] = lsqcurvefit(fun, x0, xdata, ydata)。

以上两种调用格式都是根据给定的数据 xdata、 ydata，按函数文件 fun 给定的函数，以 x0 为初值进行最小二乘拟合的。调用格式（1）仅返回函数的系数向量，调用格式（2）返回函数 fun 中的系数向量 x 和残差平方和 resnorm。

【注意】通常拟合函数 fun 可以定义为匿名函数，直接调用。若定义为函数，则在调用时需要以@fun 的形式调用。

【例 6-5】已知数据点如表 6-3 所示，求参数 a、b、c，使得曲线 $f(x)=ae^x+bx^2+cx^3$ 与已知数据点在最小二乘意义上充分接近。

表 6-3　已知数据点

x	0	0.1	0.2	0.2	0.4	0.5	0.6	0.7	0.8	0.9	1.0
y	3.1	3.27	3.81	4.5	5.18	6	7.05	8.56	9.69	11.25	13.17

【解】首先编写拟合函数的函数文件 nihehansh.m：

```
function f=nihehansh(x,xdata)
f=x(1)*exp(xdata)+x(2)*xdata.^2+x(3)*xdata.^3
```

然后编写脚本文件 test1.m：

二维码 6-5

```
xdata=0:0.1:1;
ydata=[3.1,3.27,3.81,4.5,5.18,6,7.05,8.56,9.69,11.25,13.17];
x0=[0,0,0];
[x,resnorm]=lsqcurvefit(@nihehansh,x0,xdata,ydata)
```

运行结果如下：

```
x =
      3.0022    4.0304    0.9404
resnorm =
    0.0912
```

由此可知，$a=3.0022$，$b=4.0304$，$c=0.9404$，从而可绘制出拟合曲线，如图 6-4 所示。

```
>> xdata2=0:0.1:2;
>> ydata2=nihehanshu(x,xdata2);
>> plot(xdata2,ydata2,'-.',xdata,ydata,'-o')
>> legend('拟合曲线','原始数据')
```

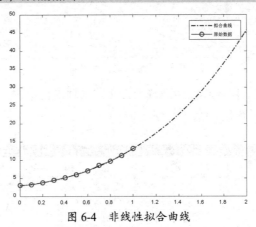

图 6-4　非线性拟合曲线

6.2　曲线拟合工具箱

曲线拟合工具箱用于拟合曲线和表面的数据。该工具箱能够进行数据分析、预处理和后处理，以及比较候选模型并删除异常值。可以使用该工具箱提供的线性和非线性模型进行回归分析。该工具箱支持非参数建模技术，如样条曲线、插值和平滑曲线。在创建拟合后，可以应用各种后处理方法进行绘制、插值和外推，估计置信区间，计算积分和导数。

6.2.1　打开曲线拟合工具箱

有两种常用的方法可以打开曲线拟合工具箱。

（1）通过在命令行窗口中键入 cftool 命令来打开曲线拟合工具箱。

在命令行提示符后键入 cftool：

```
>> cftool
```

按 Enter 键后打开曲线拟合工具箱，如图 6-5 所示。

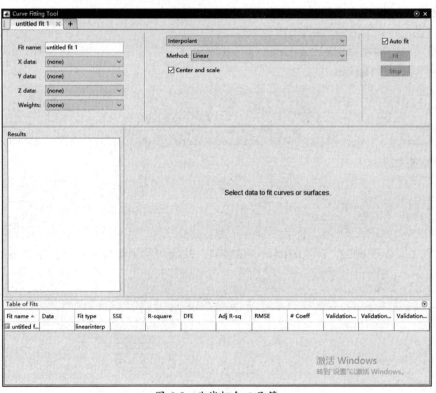

图 6-5　曲线拟合工具箱

（2）在 MATLAB 默认用户界面中选择"APP"选项卡，单击"Curve Fitting"图标，打开曲线拟合工具箱，如图 6-6 所示。

（a）选择"APP"选项卡

图 6-6　打开曲线拟合工具箱

（b）单击"Curve Fitting"图标

图 6-6　打开曲线拟合工具箱（续）

6.2.2　拟合类型

拟合类型包括参数拟合和非参数拟合两种。默认的拟合类型为 interpolant。曲线拟合类型有 12 类，分别如下所述。

（1）custom Equations：自定义拟合的线性或非线性方程。

（2）exponential：指数拟合包括两种形式，分别为 $y=a\exp(bx)$ 和 $y=a-b\exp(cx)$。

（3）fourier：傅里叶拟合，正弦与余弦之和，包括的公式为

$$a_0+a_1\cos xw+b_1\sin xw$$

$$a_0+a_1\cos xw+b_1\sin xw+a_2\cos 2xw+b_2\sin 2xw$$

$$a_0+a_1\cos xw+b_1\sin xw+\cdots+a_8\cos 8xw+b_8\sin 8xw$$

（4）gaussian：高斯法，包括的公式为

$$a_1\exp(-((x-b_1)/c_1)^2)$$

$$a_1\exp(-((x-b_1)/c_1)^2)\times\cdots\times a_8\exp(-((x-b_8)/c_8)^2)$$

（5）interpolant：内插法，包括线性内插（Liner）、最近邻（Nearest Neighbor）内插、三次样条（Cubic Spline）内插和 Thin-Plate Spline 内插等。

（6）linear Fitting：$y=a\exp(bx)+c\exp(dx)$。

（7）polynomial：多项式，从 1 阶至 9 阶。

（8）power：指数拟合，包括两种形式，分别为 $y=ax^b$，$y=ax^b+c$。

（9）rational：有理拟合，两个多项式之比，分子与分母都是多项式，即

$$y=\frac{p_1x^n+p_2x^{n-1}+\cdots+p_{n+1}}{x^m+q_1x^{m-1}+\cdots+q_m}$$

（10）smoothing spline：平滑样条拟合，默认的平滑参数由拟合的数据集来决定，参数是 0 会产生一个分段的线性多项式拟合，参数是 1 会产生一个分段 3 阶多项式拟合。

（11）sum of Sine：正弦函数的和，采用的公式为

$$a_1\sin(b_1x+c_1)$$

$$a_1\sin(b_1x+c_1)+\cdots+a_8\sin(b_8x+c_8)$$

（12）weibull：两个参数的 Weibull 分布，表达式为

$$Y=abx^{b-1}\exp(-ax^b)$$

6.2.3　曲线拟合面板介绍

如图 6-7 所示，"Fit name"文本框中的内容为当前拟合曲线的名称；"X data""Y data""Z data""Weights"为数据集选择框，分别在相应的位置输入或选择内容，即可进行数据的曲线拟合。使用曲线拟合工具箱对例 6-3 进行求解。在"Fit name"文本框中输入"正弦曲线拟合"，在"X date"下拉列表中选择"x"选项，在"Y date"下拉列表中选择"y"选项，

拟合类型选择为"Linear Fitting"。求解结果如图 6-7 所示。

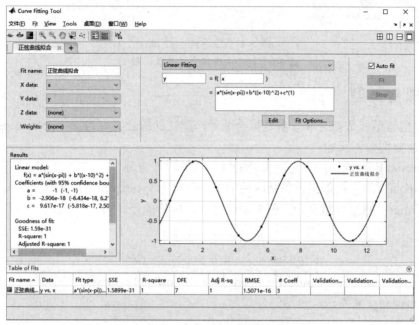

图 6-7　正弦函数线性拟合

【例 6-6】用 3 阶多项式拟合数据。

【解】建立一个 M 文件，运行该文件，打开曲线拟合工具箱：

```
rand('state', 0)
x = [1: 0.1: 3 9: 0.1: 10]';      % 注意：x 必须为列向量
c = [2.5 -0.5 1.3 -0.1];
y = c(1) + c(2)*x + c(3)*x.^2 + c(4)*x.^3 + (rand(size(x))-0.5);
cftool(x, y);
```

二维码 6-6

在"Fit name"文本框中输入"example 6_6"，选择拟合类型为"Polynomial"，Degree 选择为"3"，拟合结果如图 6-8 所示。

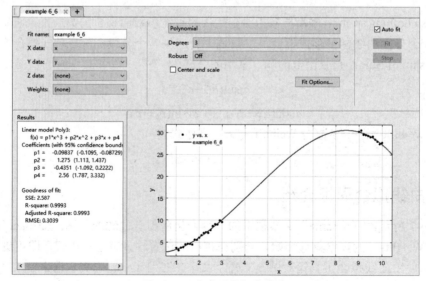

图 6-8　3 阶多项式拟合结果

　　选择"文件"菜单中的"Generate Code"命令，由 MATLAB 自动生成代码，如图 6-9
所示。

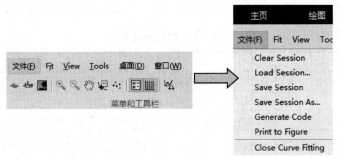

图 6-9　自动生成代码

自动生成代码如下：

```
function [fitresult, gof] = createFit1(x, y)
%CREATEFIT1(X,Y)
%  Create a fit.
%
%  Data for 'example 6_6' fit:
%      X Input : x
%      Y Output: y
%  Output:
%      fitresult : a fit object representing the fit.
%      gof : structure with goodness-of fit info.
%
%  另请参阅 FIT, CFIT, SFIT.

%  由 MATLAB 于 19-Aug-2022 11:52:29 自动生成

%% Fit: 'example 6_6'.
[xData, yData] = prepareCurveData( x, y );

% Set up fittype and options.
ft = fittype( 'poly3' );

% Fit model to data.
[fitresult, gof] = fit( xData, yData, ft );

% Plot fit with data.
figure( 'Name', 'example 6_6' );
h = plot( fitresult, xData, yData );
legend( h, 'y vs. x', 'example 6_6', 'Location', 'NorthEast', 'Interpreter',
'none' );
% Label axes
xlabel( 'x', 'Interpreter', 'none' );
ylabel( 'y', 'Interpreter', 'none' );
grid on
```

6.2.4　非参数拟合

　　有时我们对拟合参数的提取或解释不感兴趣，只想得到一个平滑的通过各数据点的曲线，这种拟合曲线的形式称为非参数拟合。非参数拟合的方法包括内插（Interpolants）法，或者称插值法和平滑样条（Smoothing Spline）内插法。

内插法是在已知数据点之间估计数值的过程。常用内插方法如表 6-4 所示。

表 6-4　常用内插方法

方　　法	描　　述
linear	线性内插，在每队数据之间用不同的线性多项式拟合
nearest neighbor	最近邻内插，内插点在最相邻的数据点之间
cubic spline	三次样条内插，在每队数据之间用不同的三次多项式拟合

【例 6-7】用插值法拟合 carbon12alpha.mat 数据，包括最近邻内插法和 PCHIP（3 阶埃尔米特）内插法。

【解】建立一个 M 文件，运行该文件，打开曲线拟合工具箱：

```
load carbon12alpha
cftool(counts, angle)
```

二维码 6-7

选择"interpolant"选项，在"Method"下拉列表中分别选择最近邻内插法和 PCHIP 内插法，拟合结果如图 6-10 所示。

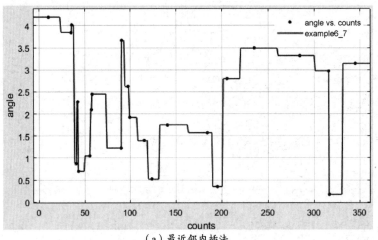

（a）最近邻内插法

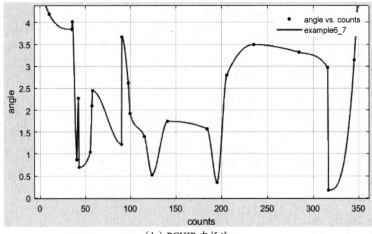

（b）PCHIP 内插法

图 6-10　插值法曲线拟合

【例 6-8】用有理拟合方法拟合数据 hahn1.m。hahn1.m 由 MATLAB 自带，是描述铜的热膨胀与热力学温度的相关性的文件，包括两个向量 tep 与 thermex。

【解】首先读入数据 hahn1，并打开曲线拟合工具箱：

```
load hahn1
cftool(temp, thermex)
```

二维码 6-8

然后选择有理（Rational）拟合法，分母拟合次数（阶数）选择 "2"，分子拟合次数选择 "2"。同时单击菜单栏中的 "Residuals plot" 图标，拟合曲线和残差图同时显示在图形窗口中。此时，选择 "文件" → "Print to figure" 命令，弹出绘图窗口，选择绘图窗口菜单中的 "编辑" → "复制图窗" 命令，即可导出绘图，如图 6-11（a）所示。

从图 6-11（a）中可观察到，残差图反映了拟合曲线与原始数据之间存在一定的线性特征，从而判定此拟合可以再次优化。

改变分子、分母的拟合次数，直到残差随机分布在 0 附近，此时即可判定该拟合良好。通过不断地改变、测试，最终确定其分母拟合次数为 3、分子拟合次数为 2。拟合结果如图 6-11（b）所示。可见，残差随机分布在 0 附近。

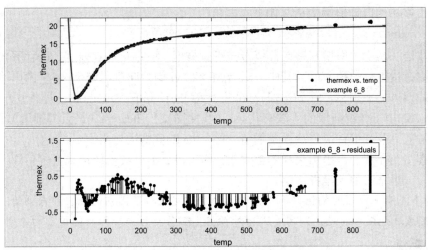

（a）分母和分子的拟合次数均为 2

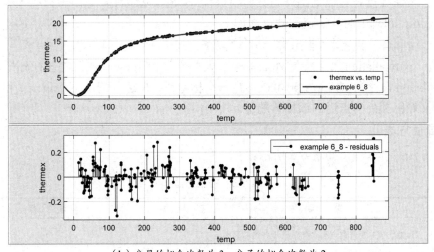

（b）分母的拟合次数为 3，分子的拟合次数为 2

图 6-11　有理拟合法的拟合结果

6.3 数据插值

在工程实践中，能够测量到的数据通常是一些不连续的点，而实际中往往需要知道这些离散点以外的其他点的数值。例如，在现代机械工业中进行零件的数控加工，根据设计可以给出零件外形曲线的某些型值点，加工时为控制每步走刀方向及步数，要求计算出零件外形曲线中其他点的函数值，只有这样才能加工出外表光滑的零件，这就是函数插值问题。数据插值有拉格朗日（Lagrange）插值、埃尔米特（Hermite）插值、牛顿（Newton）插值、分段插值、三次样条插值等，下面分别进行介绍。

6.3.1 一维插值函数

MATLAB 用于一维插值的函数为 interp1，根据插值点是否落在原始点定义域范围内分为内插值和外插值。

1. 内插值

interp1 常用的内插值函数语法如下：

```
yi = interp1(x,y,xi,'method')
```

该函数语法表明使用指定备选插值方法进行插值。该命令对数据点之间计算内插值，返回一维函数在特定点的插入值。其中，x、y 和 xi、yi 均为向量，向量 x、y 为原始数据点，xi 向量为插值点的 x 坐标，yi 为插值点 xi 关于 f(x)的计算值；'method'表明插值方法。

MATLAB 用于一维插值的方法有'linear'（线性插值）、'nearest'（最近邻插值）、'cubic（三次多项式插值）或 'spline'（三次样条插值）等。'method'默认为 'linear'。

如果有多个在同一点坐标采样的数据集，则可以将 v 以数组的形式进行传递。数组 v 的每列都包含一组不同的一维样本值。

【注意】①以上语法的插值只能用来计算落在 x 定义域范围内的点，即内插值。若需要计算落在 x 定义域范围外的点，则需要进行外插值；②若 y 为一矩阵，则按 y 的每列进行计算。

2. 外插值

计算落在原始点定义域范围外的点需要进行外插值，MATLAB 用于声明一维外插值的方法为'pchip'。interp1 的外插值函数语法如下：

```
yi = interp1(x,y,xi,'method','extrapolation')
```

其中，'extrapolation'用于指定外插策略。如果希望使用'method'算法进行外插，则可以将 'extrapolation'设置为 'extrap'。也可以指定一个标量值，在这种情况下，interp1 将为所有落在 x 的定义域范围外的点返回该标量的值。

3. 插值方法

插值方法共有 9 种，如表 6-5 所示。

表 6-5　插值方法

方　法	说　　明	连 续 性	注　释
'linear'	线性插值。在查询点插入的值基于各维中邻点网格点处数值的线性插值。这是默认的插值方法	C^0	● 需要至少 2 个点 ● 比最近邻插值需要更多的内存和计算时间

续表

方　法	说　明	连续性	注　释
'nearest'	最近邻插值。在查询点插入的值是距样本网格点最近的值	不连续	● 需要至少 2 个点 ● 最低内存要求 ● 最快计算时间
'next'	下一个邻点插值。在查询点插入的值是下一个采样网格点的值	不连续	● 需要至少 2 个点。 ● 内存要求和计算时间与 'nearest' 相同
'previous'	上一个邻点插值。在查询点插入的值是上一个采样网格点的值	不连续	● 需要至少 2 个点 ● 内存要求和计算时间与 'nearest' 相同
'pchip'	保形分段三次插值。在查询点插入的值基于邻点网格点处数值的保形分段三次插值	C^1	● 需要至少 4 个点 ● 比 'linear' 需要更多的内存和计算时间
'cubic'	用于 MATLAB® 5 的三次卷积	C^1	● 需要至少 3 个点 ● 点必须均匀间隔 ● 对于不规则间隔的数据，此方法会回退到 'spline' 插值 ● 内存要求和计算时间与 'pchip' 相似
'v5cubic'	与 'cubic' 相同	C^1	与 'cubic' 相同
'makima'	修正 Akima 三次 Hermite 插值。在查询点插入的值基于次数最大为 3 的多项式的分段函数。为防过冲，已修正 Akima 公式	C^1	● 产生的波动比 'spline' 小，但不像 'pchip' 那样急剧变平 ● 计算成本高于 'pchip'，但通常低于 'spline' ● 内存要求与 'spline' 类似
'spline'	使用终止条件的样条插值。在查询点插入的值基于各维中邻点网格点处数值的三次插值	C^2	● 需要至少 4 个点 ● 比 'pchip' 需要更多的内存和计算时间

【例 6-9】请利用表 6-6 中的数据计算出 $f(0.472)$。

表 6-6　例 6-9 数据

x	0.46	0.47	0.48	0.49
y	0.484	0.494	0.503	0.512

【解】建立一个 M 文件：

```
x=0.46:0.01:0.49;
y=[0.484,0.494,0.503,0.512];
fx1=interp1(x,y,0.472);    %线性插值
fx2=interp1(x,y,0.472,'nearest');  %最近邻插值
fx1,fx2
```

二维码 6-9

运行结果如下：

```
fx1 =
    0.4958
fx2 =
    0.4940
```

【例 6-10】已知样本点为 $x = 0{:}\pi/4{:}2\pi$，且 $y = \sin x$。请分别使用 'linear' 和 'spline' 对其进行插值，并绘制原始数据曲线和插值后的曲线。

【解】建立一个 M 文件：

```
x = 0:pi/4:2*pi;
y = sin(x);
```

二维码 6-10

```
xq = 0:pi/16:2*pi;
figure
yq1 = interp1(x,y,xq);
yq2 = interp1(x,y,xq,'spline');
plot(x,y,'k:*',xq,yq1,'r.:',xq,yq2,'g-O');
xlim([0 2*pi]);
title('数据插值曲线比较');
legend('原始数据','linear 插值','spline 插值')
```

运行结果如图 6-12 所示。

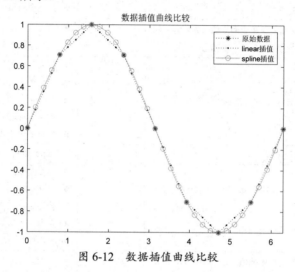

图 6-12 数据插值曲线比较

用 interp1 函数可以对时间戳进行插值，进行日期和时间的插值。

【例 6-11】以包含温度读数的数据集为例，这些读数每 4 个小时测量一次。创建包含一天的数据的表，并绘制数据图。

【解】建立一个 M 文件：

```
x = (datetime(2016,1,1):hours(4):datetime(2016,1,2))';
x.Format = 'MMM dd, HH:mm';
T = [31 25 24 41 43 33 31]';
WeatherData = table(x,T,'VariableNames',{'Time','Temperature'})
plot(WeatherData.Time, WeatherData.Temperature, 'o')
xq = (datetime(2016,1,1):minutes(1):datetime(2016,1,2))';
V = interp1(WeatherData.Time, WeatherData.Temperature, xq, 'spline');
hold on
plot(xq,V,'r')
```

二维码 6-11

计算结果如下：

```
WeatherData =
  7×2 table
     Time            Temperature
     _____        _____

     1月 01, 00:00    31
     1月 01, 04:00    25
     1月 01, 08:00    24
     1月 01, 12:00    41
     1月 01, 16:00    43
     1月 01, 20:00    33
```

| 1月 02, 00:00 | 31 |

数据图结果如图 6-13 所示。

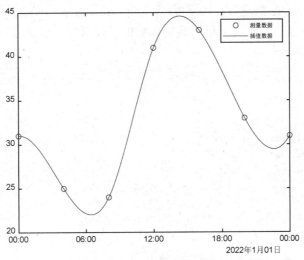

图 6-13　温度的时间戳插值结果（数据图结果）

【例 6-12】已知样本点 x = [1 2 3 4 5]，样本点对应的样本值 v = [12 16 31 10 6]。请使用 'pchip' 方法计算 x_i= [0 0.5 1.5 5.5 6]处的样本值，并与'linear'、'extrap'方法进行对比。

【解】建立一个 M 文件：

```
x = [1 2 3 4 5];
y = [12 16 31 10 6];
xi = [0 0.5 1.5 5.5 6];
yi1 = interp1(x,y,xq,'pchip')            %外插值
yi2 = interp1(x,y,xq,'linear')           %内插值
yi3 = interp1(x,y,xq,'linear','extrap')  %内插值和外插值结合
```

二维码 6-12

运行结果如下：

```
vq1 = 1×5
    19.3684    13.6316    13.2105    7.4800    12.5600
vq2 = 1×5
   NaN    NaN    14    NaN    NaN
vq3 = 1×5
     8    10    14    4    2
```

可见，'pchip'默认外插，但'linear'不会。'linear'对超出内插值范围的数据的计算结果为 NaN。

6.3.2　二维插值函数

interp2 函数用于二维数据的插值，其格式如下。

（1）Zq = interp2(X,Y,Z,Xq,Yq,method)：使用备选插值方法进行插值，返回双变量函数在特定查询点的插入值，结果始终穿过函数的原始采样点，X 和 Y 包含样本点的坐标，Z 包含各样本点对应的函数值，Xq 和 Yq 包含查询点的坐标。备选插值方法为'linear'、'nearest'、'cubic'、'makima' 或 'spline'。默认插值方法为 'linear'。

（2）Zq = interp2(X,Y,Z,Xq,Yq,method,extrapval)：指定标量值 extrapval，此参数会为处于样本点域范围外的所有查询点赋予该标量值。

　　如果为样本点域范围外的查询省略 extrapval 参数，则基于 method 参数，interp2 返回下列值之一：对于 'spline' 和 'makima'方法，返回外插值；对于其他内插方法，返回 NaN。

　　【例 6-13】 对 peaks 函数进行粗略采样：[X,Y]＝meshgrid(-3:3)，Z＝peaks(X,Y)。请对原采样数据进行二维插值，并绘制插值前数据和插值后数据的三维立体图。

　　【解】 建立一个 M 文件：

二维码 6-13

```
[X,Y] = meshgrid(-3:3);
Z = peaks(X,Y);
subplot(2,1,1)
surf(X,Y,Z)
title('Original Sampling');
[Xq,Yq] = meshgrid(-3:0.2:3);
Zq = peaks(Xq,Yq);
subplot(2,1,2)
surf(Xq,Yq,Zq);
title('Linear Interpolation Using Finer Grid');
```

运行结果如图 6-14 所示。

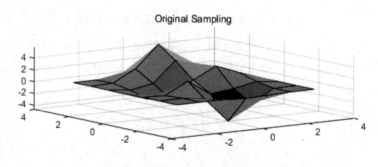

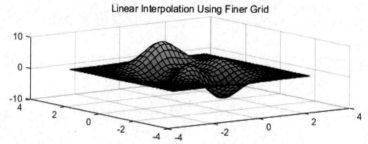

图 6-14　插值前数据和插值后数据的三维立体图

　　【例 6-14】 某实验室对一根长 10m 的钢轨进行热源的温度在 60s 内的传播测试。x 表示测量点，t 表示测量时间，w 表示测量得到的温度，数据如表 6-7 所示。

　　（1）用线性插值求出在 25s 时 3.6m 处钢轨的温度。

　　（2）用三次样条插值求出在这 60s 内每隔 20s 钢轨每隔 1m 处的温度。

表 6-7　测量点、测量时间和测量得到的温度数据

t/s	w/℃				
	x=0m	x=2.5m	x=5.0m	x=7.5m	x=10m
0	95	14	0	0	0
30	48	32	12	6	32
60	67	64	54	48	41

【解】建立一个 M 文件：

```
x=0:2.5:10;
t=0:30:60;
w=[95,14,0,0,0;48,32,12,6,32;67,64,54,48,41];
w1=interp2(x,t,w,3.6,25)
w2=interp2(x,t,w,[0:10],[0:20:60]','spline')
```

二维码 6-14

运行结果如下：

```
w1 =
   20.6400
w2 =
 列 1 至 8
   95.0000   50.5440   22.8320    7.8480    1.5760        0   -0.2720   -0.1360
   56.3333   42.1493   29.8658   19.5076   11.0996    4.6667    0.4009   -0.8373
   47.0000   47.8347   44.1351   37.5849   29.8676   22.6667   17.5396   15.5387
   67.0000   67.6000   65.6400   62.0800   57.8800   54.0000   51.1440   48.9920
 列 9 至 11
    0.1360    0.2720        0
    1.9796    9.8791   23.8889
   17.5902   24.6204   37.5556
   46.9680   44.4960   41.0000
```

【例 6-15】已知向量 x、y 和矩阵 z，分别用 3 种方法进行插值并绘制三维图。

【解】建立一个 M 文件：

```
x=1200:400:4000;
y=1200:400:3600;
z=[1230 1250 1280 1230 1040 900 500 700
   1320 1450 1420 1400 1300 700 900 850
   1390 1500 1500 1400 900 1100 1060 950
   1500 1200 1100 1350 1450 1200 1150 1010
   1500 1200 1100 1350 1600 1550 1380 1070
   1500 1550 1600 1550 1600 1600 1600 1550
   1480 1500 1550 1510 1430 1300 1200 980];
subplot(2,2,1)
mesh(x,y,z)
title('original')
xi=1200:4000;
yi=1200:3600;
zi=interp2(x,y,z,xi',yi,'linear');
subplot(2,2,2)
mesh(xi,yi,zi)
title('linear')
zi=interp2(x,y,z,xi',yi,'spline');
subplot(2,2,3)
mesh(xi,yi,zi)
title('spline')
subplot(2,2,4)
zi=interp2(x,y,z,xi',yi,'nearest');
mesh(xi,yi,zi)
title('nearest')
```

二维码 6-15

运行结果如图 6-15 所示。

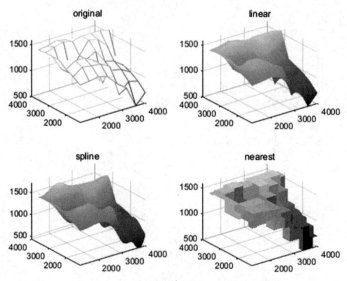

图 6-15   使用 3 种方法进行插值的结果

【例 6-16】已知 $z = (x^2 - 2x)e^{-x^2-y^2-xy}$，$x$ 在[-3,3]区间内随机取值，y 在[-2,2]区间内随机取值，用 cubic 插值法插值，并绘制插值前、后的三维图。

【解】建立一个 M 文件：

```
x=-3+6*rand(100,1);
y=-2+4*rand(100,1);
[xx,yy]=meshgrid(x,y);
zz=(xx.^2-2*xx).*exp(-xx.^2-yy.^2-xx.*yy);
subplot(2,1,1)
mesh(xx,yy,zz)
[cx,cy]=meshgrid(-3:0.01:3,-2:0.01:2);
z1=griddata(xx,yy,zz,cx,cy,'cubic');
subplot(2,1,2)
mesh(cx,cy,z1)
```

二维码 6-16

运行结果如图 6-16 所示。

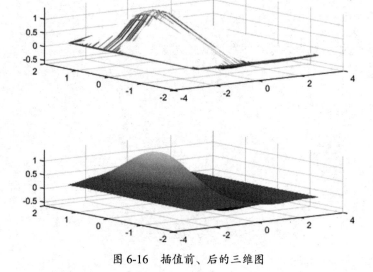

图 6-16   插值前、后的三维图

本章小结

本章对 MATLAB 数据拟合与插值进行讲解，首先介绍了 MATLAB 多项式拟合、非线性拟合，其次介绍了通过曲线拟合工具箱进行数据拟合的方法和步骤，最后对数据插值（包括一维插值函数和二维插值函数）进行了介绍。

目前，随着数据在国民生活中的重要性越来越凸显，MATLAB 数据拟合与插值成为数据处理中不可或缺的处理方法。通过本章的学习，可以培养读者对认识论、方法论和自然辩证法的思路与方法。同时，由于本章内容更具实践性和趣味性，通过学习，可以有效提高读者的学习兴趣，激发和建立其学好本门课程的信心，培养其理性思维，以及敢于质疑、善于思考的科学精神，并增强其创新意识。

习题 6

6-1. 已知热敏电阻数据（见表 6-8），求 $60℃$ 时的电阻 R。

表 6-8　热敏电阻数据

温度 t/℃	20.5	32.7	50.0	73.0	95.7
电阻 R/Ω	765	826	873	942	1032

6-2. 在某山区测得一些地点的高程如表 6-9 所示。已知平面区域 $1200\text{m} \leqslant x \leqslant 4000\text{m}$，$1200\text{m} \leqslant y \leqslant 3600\text{m}$，试绘制该山区的地貌图和等高线图，并对几种插值方法进行比较。

表 6-9　山区高程表　　　　　　单位：m

y	x							
	1200	1600	2000	2400	2800	3200	3600	4000
1200	1131	1250	1280	1230	1040	900	500	700
1600	1320	1450	1420	1400	1300	700	900	850
2000	1390	1500	1500	1400	900	1100	1060	950
2400	1500	1200	1100	1350	1450	1200	1150	1010
2800	1500	1200	1100	1550	1600	1550	1380	1070
3200	1500	1550	1600	1550	1600	1600	1600	1550
3600	1480	1500	1550	1510	1430	1300	1200	980

6-3. 假定某地某天的气温变化记录数据如表 6-10 所示，误差不超过 $0.5℃$，试找出这一天的气温变化规律，并绘制气温变化拟合曲线图。

表 6-10　气温变化记录数据

时刻/h	0	1	2	3	4	5	6	7	8	9	10	11	12	13
温度/℃	15	14	14	14	14	15	16	18	20	22	23	25	28	31
时刻/h	14	15	16	17	18	19	20	21	22	23	24	—	—	—
温度/℃	32	31	29	27	25	24	22	20	18	07	16	—	—	—

6-4. 已知数据点如表 6-11 所示，试求：

（1）工资总额与零售总额是否有关系？

（2）预测工资总额为 78 万元时的零售总额。

表6-11　工资与零售总额数据

工资总额/万元	23.8	27.6	31.6	32.4	33.7	34.9	43.2	52.8	63.8	73.4
零售总额/万元	41.4	51.8	61.7	67.9	68.7	77.5	95.9	137.4	155	175

6-5. 某测试仪器对温度的相对变化量进行自动测量，一年中每个月进行一次测量，连续测量了 5 年，所统计的数据如下：z=[0.2 0.24 0.25 0.26 0.25 0.25 0.25 0.26 0.26 0.29 0.25 0.29;0.27 0.31 0.3 0.3 0.26 0.28 0.29 0.26 0.26 0.26 0.26 0.29;0.41 0.41 0.37 0.37 0.38 0.35 0.34 0.35 0.35 0.34 0.35 0.35;0.41 0.42 0.42 0.41 0.4 0.39 0.39 0.38 0.36 0.36 0.36 0.36;0.3 0.36 0.4 0.43 0.45 0.45 0.51 0.42 0.4 0.37 0.37 0.37]。

请利用插值法对此数据进行处理后绘制出温度相对变化量的三维曲面图，并与根据这些测量数据绘制的三维曲面图在一个图形窗口中进行显示对比。

6-6. 已知观测数据点如表 6-12 所示，试分别用 1 次、2 次、3 次多项式拟合数据，并绘制曲线图，与原数据进行比较。

表6-12　观测数据点

x	0	0.1	0.2	0.3	0.4	0.5	0.6	0.7	0.8	0.9	1
y	3.1	3.27	3.81	4.5	5.18	6	7.05	8.56	9.69	11.25	13.17

6-7. 已知 $z = \dfrac{\sin(\sqrt{x^2 + y^2})}{\sqrt{x^2 + y^2}}$，$x$ 和 y 在 (-8,8) 区间内随机取值，试用插值法对其三维曲面图进行优化，使其数据充分、曲面图光滑。

6-8. 轮船的甲板呈近似半椭圆面形，为了得到甲板的面积，首先测量得到横向最大距离相间 8.534m；然后等间距地测得纵向高度，自左向右分别为 0.914，5.060，7.772，8.717，9.083，9.144，9.083，8.992，8.687，7.376、2.073（单位：m）。请根据已知数据绘制甲板图形并观察绘制出的图形，利用你能想到的方法对图形进行完善，使其更接近甲板的真实形状。

6-9. 在某山区（平面区域为 $0 \leqslant x \leqslant 2800$，$0 \leqslant y \leqslant 2400$，单位为 m）测得一些地点的海拔高度，如表 6-13 所示，请绘制该山区的地貌图和等高线图。

单位：m
表6-13　山区海拔高度

y	x							
	0	400	800	1200	1600	2000	2400	2800
0	1430	1450	1470	1320	1280	1200	1080	940
400	1450	1480	1500	1550	1510	1430	1300	1200
800	1460	1500	1550	1600	1550	1600	1600	1600
1200	1370	1500	1200	1100	1550	1600	1550	1380
1600	1270	1500	1200	1100	1350	1450	1200	1150
2000	1230	1390	1500	1500	1400	900	1100	1060
2400	1180	1320	1450	1420	1400	1300	700	900

6-10. 建立两个绘图窗口，一个窗口显示多峰函数的三维曲面图，将另一个窗口分成 4 个子

窗口，分别用 4 种插值方法绘制多峰函数（多峰函数为 peaks）的三维曲面图。对所有的图标注坐标轴和标题。

6-11. 某钢厂产量如表 6-14 所示，请利用三次样条插值的方法计算 2018 年该厂的产量，并画出曲线，已知数据用"*"表示，并添加标题"产量曲线图"。

表 6-14　某钢厂产量

年份	1999	2001	2003	2005	2007	2009	2011	2013	2015	2017	2019
产量/×10⁷kg	75.995	91.972	105.711	123.203	131.669	150.697	179.323	203.212	226.505	249.633	256.344

6-12. 某种合金中的主要成分为 A、B 两种金属，经过试验发现这两种金属成分之和 x 与合金的膨胀系数 y 有如表 6-15 所示的关系，绘制原始数据散点图，观察后建立描述这种关系的数学表达式，并预测在 $x=46$ 时 y 的值。

表 6-15　膨胀系数表

x	37	37.5	38	38.5	39	39.5	40	40.5	41	41.5	42	42.5	43
y	3.4	3	3	2.27	2.1	1.83	1.53	1.7	1.8	1.9	2.35	2.54	2.9

6-13. 某人在短时间内喝下两瓶啤酒后，间隔一定的时间测量其血液中的酒精含量 y（mg/100mL），得到的数据如表 6-16 所示。通过建立微分方程模型得到短时间内喝酒后血液中酒精含量与时间的关系为 $y = C_1(e^{-C_2 t} - e^{-C_3 t})$，根据实验数据，利用非线性拟合函数 lsqcurvefit 确定关系式中的参数 C_1、C_2 和 C_3。

表 6-16　血液中的酒精含量

时间 t / h	0.25	0.5	0.75	1	1.5	2	2.5	3	3.5	4	4.5	5
酒精含量 y	30	68	75	82	82	77	68	68	58	51	50	41
时间 t / h	6	7	8	9	10	11	12	13	14	15	16	—
酒精含量 y	38	35	28	25	18	15	12	10	7	7	4	—

第 7 章

MATLAB 程序设计

前面各章节所介绍的数值计算、符号计算、图形绘制都是通过命令行窗口的交互式命令来实现的。这种在 MATLAB 命令行窗口中所做的运算简单方便，适合比较简单、输入比较方便、处理的问题步骤比较少的情况，适用于初学者。实际工程问题的建模、仿真和计算要复杂得多，如果要处理的问题需要很长的程序或需要反复执行，那么这样的方式就显得烦琐和效率低下了。对 MATLAB 精通者而言，可以利用 MATLAB 程序设计进一步提高 MATLAB设计效率，求解复杂性更高或特殊的计算问题。

7.1 M 文件

MATLAB 提供了所谓的 M-file 的方式，可让用户将指令及算式写成程序，存储成扩展名为.m 的文件格式，称为文本文件或 M 文件。例如，对于 test.m，其中的 test 是文件名称，.m是扩展名。MATLAB 提供了很多工具箱，工具箱里的函数就是一个一个的 M 文件。正是有了这些工具箱函数，MATLAB 才可以广泛应用于各个科学领域。

M 文件可分为脚本（Script）文件和函数（Function）文件。

脚本文件没有输入参数和输出参数，运行脚本文件实际上就是顺序执行脚本文件中的控制流，适合小规模的运算。脚本文件能对 MATLAB 工作区中的数据进行处理，文件中所有语句的执行结果也完全返回工作区。脚本文件中的变量为全局变量。

函数文件是另一种格式的 M 文件，是 MATLAB 程序设计的主流。函数文件是由 function引导且可以带输入参数和输出参数的 M 文件。用户可以自己创建函数、调用函数，就像MATLAB 内嵌函数一样使用，函数中的变量一般是局部变量，也可以声明为全局变量。函数文件必须由其他 M 文件来调用执行。

脚本文件和函数文件的区别如表 7-1 所示。

表 7-1　脚本文件和函数文件的区别

内　　容	脚　本　文　件	函　数　文　件
输入、输出	无输入参数、不返回输出参数	可以带输入参数，也可以返回输出参数
变量	只操作工作区变量（全局变量）	可操作工作区变量（全局变量）和局部变量
调用方式	直接运行	必须以函数调用方式运行

7.1.1　M 文本编辑器

M 文本编辑器是 MATLAB 自带的用于编写 M 文本的编辑器。用户可以通过在 MATLAB 默认用户界面单击"新建脚本"按钮打开 M 文件编辑器；也可以通过在 MATLAB 默认用户界面的"新建"下拉菜单中选择"脚本"或"函数"命令的方式打开 M 文本编辑器，如图 7-1 所示。

图 7-1　打开 M 文本编辑器的方式

M 文本编辑器界面如图 7-2 所示。

图 7-2　M 文本编辑器界面

7.1.2　脚本文件

脚本文件即脚本式 M 文件，是一个 MATLAB 命令集合，相当于批处理文件。脚本文件在 M 文本编辑器中编辑，单击菜单栏中的"保存"和"运行"按钮，可以对编辑完成的脚本文件进行保存与运行。图 7-3 是一个简单的脚本文件。

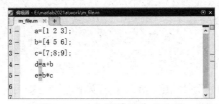

图 7-3　一个简单的脚本文件

编辑完成后，单击"保存"按钮，将文件保存成名为 m_file.m 的 M 文件，运行后在命令行窗口中返回结果，工作区中存储变量 a、b、c、d、e。脚本文件示例运行结果如图 7-4 所示。

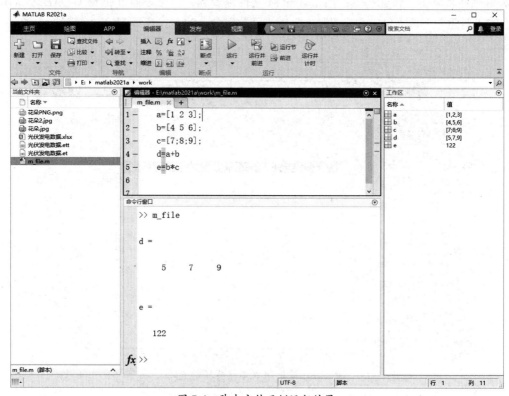

图 7-4   脚本文件示例运行结果

脚本文件的编写需要注意以下几点。

（1）以 clear、clear all、close all 等语句开始，清除工作区中原有的变量和图形，以避免其他已执行的程序残留数据对本程序的影响。

（2）注释以%开始，对于注释的内容，MATLAB 只显示，不执行。

（3）程序中必须用半角英文字母和符号，只有引号内的内容和%后的内容可用汉字。

（4）文件名长度不要超过 8 个字符，更不允许用汉字。

（5）文件应存储在搜索路径下的子目录中，否则 MATLAB 会找不到文件，从而报错。

【例 7-1】以下的 huitu1.m 是一个简易绘图脚本文件，作为使用 M 文件的示例。

【解】打开 M 文本编辑器，编写脚本文件：

```
% m-file, huitu1.m
% Simple plot for illustration of using m-file.
% 简易绘图脚本文件，作为使用 M 文件的示例
x=linspace(0,2*pi,20); y=sin(x);
plot(x,y,'r+')
xlabel('x-value')
ylabel('y-value')
title('2D plot')
```

二维码 7-1

编辑完成后，保存并命名为 huitu1.m。单击菜单栏中的"运行"按钮或在命令行窗口中键入 huitu1，即可执行已创建的 huitu1.m 文件，运行结果如图 7-5 所示。

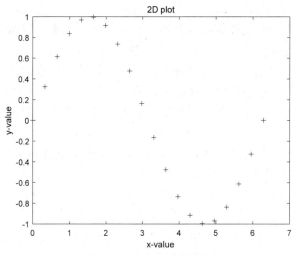

图 7-5　例 7-1 的运行结果

【例 7-2】打开 M 文本编辑器，编写程序计算球的体积。

【解】编写程序如下：

```
% m-file, huitu2.m
% 计算一个球的体积
r = input('Type radius:');
area=pi*r^2;
volume=(4/3)*pi*r^3;
fprintf('The radius is %12.5f\n',r)
fprintf('The area of a circle is %12.5f\n',area)
fprintf('The volume of a sphere is %12.5f\n',volume)
```

二维码 7-2

程序中的 input 是交互式输入命令，意思为等待用户输入后运行后面的语句。例如，运行上面的程序后，在命令行窗口中会出现以下结果：

```
>> example7_2
Type radius:
```

同时，光标闪烁，等待用户输入半径的值。若输入 3 并按 Enter 键，则将继续运行其后的语句，并返回结果：

```
The radius is        3.00000
The area of a circle is     28.27433
The volume of a sphere is    113.09734
```

7.1.3　函数文件

函数文件具有更高的编程灵活性，可以创建接受输入并返回输出的函数。函数文件的创建与脚本文件类似，首先创建一个函数文件，文件名要与主函数名一致；然后在文件中编写函数，以 function 引导。函数文件中必须包含一个主函数，也可以包含子函数、内嵌函数等。函数文件比脚本文件要复杂一些，脚本文件只将命令语句组合在一起，不需要自带参数，也不一定要返回结果；而函数文件一般都要自带参数，并且有返回结果。MATLAB 的函数是由 function 语句引导的，其基本格式如下：

```
function[输出形参]=函数名(输入形参)
```

例如：

```
function [x ,y]=test(t)
```

其中，function 表明当前文件是函数文件；x、y 是输出形参，表示函数文件执行后返回两个变量 x 和 y；test 是函数名；t 是输入形参，表示输入变量是 t。

输入变量列表：函数文件有输入形参和输出形参，以输入变量列表和返回变量列表的形式存在。形参的个数在声明函数时就确定了，输入形参以圆括号()表示，输出形参以方括号[]表示（注：输出形参为一个时可以不用[]）；而且每个形参的位置都是对应的，当没有输入形参或输出形参时，就不用写了，相当于 C 语言中的 void。

另外，在调用函数时，有时需要传入和传出参数，参数的位置必须与形参的位置相对应，这点与 C 语言中形参的使用几乎一样。

函数文件不可以直接运行，必须用户调用才可以运行。用户调用时的格式如下：

```
[输出实参] = 函数名(输入实参)
```

【注意】 这里的参数不同于上面声明函数时的参数，声明函数是形参，调用函数是实参，实参必须有确定的值。实参个数必须与形参个数相同。

【例 7-3】 编写程序，求矩阵中各列元素的平均值，若为行向量，则所求为各元素的平均值。

【解】 新建函数文件，打开 M 文本编辑器，先编写函数文件：

二维码 7-3

```
% 编写函数文件
function y=mean(x)
[m,n]=size(x);
if m==1
        m=n;
end
y=sum(x)/m;
```

函数文件编写完成后，保存为 mean.m。然后新建脚本文件，并编写脚本文件，调用函数文件求平均值：

```
% 编写脚本文件，调用函数文件求平均值
clear all
x=input('输入矩阵：')
y=mean(x)
```

程序文件编写完成后，保存为 test_mean.m。在执行程序时，只需在命令行窗口的命令行提示符后键入程序文件名 test_mean，按 Enter 键后，MATLAB 等待用户输入需要求平均值的矩阵，待用户输入矩阵后，按 Enter 键可得到结果：

```
>> test_mean
输入矩阵：[1 2 3;3 4 5]
x =
        1    2    3
        3    4    5
y =
        2    3    4
```

7.1.4 函数的分类

MATLAB 共有 5 种函数类型，分别为主函数、子函数、嵌套函数、私有函数和重载函数。

1．主函数

通常，M 文件中的第 1 个函数为主函数，主函数后可以是任意数量的子函数。主函数可以被该文件之外的其他函数调用，其调用是通过存储该函数的 M 文件的文件名进行的。

2．子函数

M 文件中可以包含多个函数，除主函数之外的其他函数称为子函数。子函数只能被主函数或该文件内的其他子函数调用。每个子函数都以函数定义语句开始，直至下一个函数的定义或文件的结尾。各个子函数以任意顺序出现，但主函数必须最先出现。

【例 7-4】编写含主函数和子函数的 M 文件，实现求平均值和中位数。

【解】先编写求平均值和中位数的主函数，再编写求平均值的子函数和求中位数的子函数。

```
function [avg, med] = newstats(u)        % 主函数
% 求平均值和中位数
n = length(u);
avg = mean1(u, n);
med = median(u, n);
function a = mean1(v, n)                  % 子函数
% 求平均值
a = sum(v)/n;
function m = median(v, n)                 % 子函数
% 求中位数
w = sort(v);
if rem(n, 2) == 1
    m = w((n+1) / 2);
else
    m = (w(n/2) + w(n/2+1)) / 2;
end
```

编写完成后，保存并命名该文件为 newstats.m。调用函数 newstats，求平均值和中位数：

```
>> [avg, med] = newstats([1 3 6 5 2 1]) % 调用函数 newstats
avg =
     3
med =
    2.5000
```

二维码 7-4

3．嵌套函数

函数体内可以定义其他函数，这种内部函数称为嵌套函数。当 M 文件存在一个或多个嵌套函数时，其中的所有函数必须都以 end 结束。嵌套函数的语法如下：

```
function x = A(p1, p2)
...
    function y = B(p3)
    ...
    end
...
end
```

每个函数可以嵌套多个函数，通常分为平级嵌套结构和多层嵌套结构。例如，对于平级嵌套结构，函数 A 嵌套了函数 B 和函数 C 的语法如下：

```
function x = A(p1, p2)
...
      function y = B(p3)    ┐
      ...                   ├ 函数 B          ┐
      end                   ┘                 │
      function z = C(p4)    ┐                 ├ 函数 A 嵌套了函数 B 和函数 C
      ...                   ├ 函数 C          │
      end                   ┘                 ┘
...
end
```

对于多层嵌套结构，函数 A 嵌套了函数 B、函数 B 嵌套了函数 C 的语法如下：

```
function x = A(p1, p2)
...
      function y = B(p3)
      ...
         function z = C(p4)  ┐
         ...                 ├ 函数 C    ┐ 函数 B        ┐ 函数 A
         end                 ┘          │ 嵌套了函数 C   │ 嵌套了函数 B
      ...                               │               │
      end                               ┘               ┘
...
end
```

嵌套函数可以被下列函数调用。

（1）该嵌套函数的上一层函数。

（2）同一母函数下的同级嵌套函数。

（3）任一低级别的函数。

例如：

```
function A(x, y)          % 主函数                      ┐
B(x, y);                                               │
D(y);                                                  │
      function B(x, y)    % 函数 B 嵌套在函数 A 中      ┐│
      C(x);                                            ││
      D(y);                                            ││
         function C(x)    % 函数 C 嵌套在函数 B 中  ┐ 函数 B│
         D(x);                                     ├函数C   ││ 函数 A
         end                                       ┘        ││
      end                                                   ││
      function D(x)       % 函数 D 嵌套在函数 A 中          ││
       E(x);                                               ││
         function E(x)    % 函数 E 嵌套在函数 D 中  ┐        ││
         ...                                       ├函数E 函数D│
         end                                       ┘        ││
      end                                                   ││
end                                                         ┘
```

【提问】函数 A 可以调用函数___和函数___，但不能调用函数___和函数___；函数 B 可以调用函数___和函数___；函数 C 可以调用函数___和函数___；函数 D 可以调用函数___和函数___。

4．私有函数

私有函数是指位于 private 目录下的 M 文件函数。私有函数的构造与普通 M 文件函数完全相同，但它只能被 private 目录的上一级目录下的函数文件调用，而不能被其他目录下的函数文件、脚本文件调用，也不能被上一级目录下的脚本文件调用。

5．重载函数

函数重载允许多个函数使用相同的函数名、不同的输入变量数据类型。在调用函数时，系统根据函数输入变量的数据类型选择对应的函数。

7.2　局部变量和全局变量

根据作用域的不同，可以将 MATLAB 程序中的变量分为局部变量和全局变量。局部变量是在函数中使用的变量，只能在该函数的范围内使用；而全局变量则是在脚本文件中定义的或在基本工作区中定义的变量。

函数文件不能直接访问 MATLAB 基本工作区中的全局变量，只能读取通过参数传递的变量和那些定义为全局变量的工作区变量。如果在函数内访问全局变量，则必须在函数内用 global 命令定义，只有这样定义的全局变量才可以在函数内被调用。但为了保证函数的独立性，一般情况下不使用全局变量。

下面举一个例子，说明局部变量、全局变量与函数文件、脚本文件的关系。

【例 7-5】局部变量和全局变量与函数文件和脚本文件的关系。

【解】首先创建函数文件，程序如下：

```
% 该程序用于创建函数文件，并检验它的变量是全局变量还是局部变量
function hanshu7_5(x)
y1=5*x
y2=x^2
```

将函数保存，命名为 hanshu7_5.m。然后创建脚本文件，程序如下：

```
% 该程序用于创建脚本文件，并检验它的变量是全局变量还是局部变量
y1=100
y2=200
```

二维码 7-5

将此文件命名为 mingling.m。先运行脚本文件 mingling.m，可得以下结果：

```
% 在命令行窗口中输入 mingling，按 Enter 键后运行
>> mingling
y1 =
     100
y2 =
     200
```

再在命令行窗口的命令行提示符后键入 hanshu7_5(2)，运行函数文件 hanshu7_5.m，可得以下结果：

```
% 调用函数文件 hanshu7_5，输入变量为 2
>> hanshu7_5(2)
y1 =
     10
y2 =
```

4

这时，观察工作区，可以看到里面只有两个变量 y1 和 y2，其值分别为 100 和 200，如图 7-6 所示。

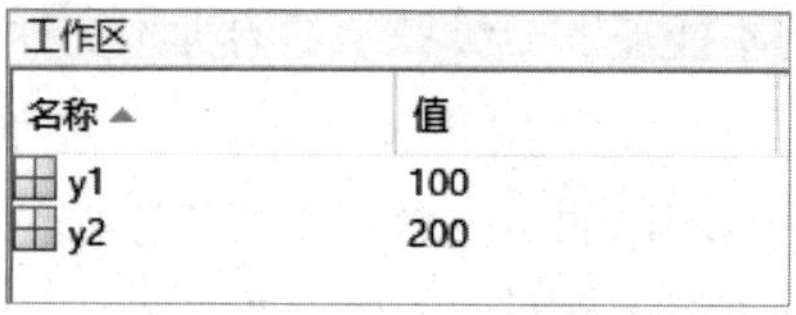

图 7-6　工作区变量列表

为了检验这两个文件的运行结果是全局变量还是局部变量，继续在命令行窗口的命令行提示符后键入：

```
>> y1,y2
y1 =
      100
y2 =
      200
```

【提问】分别运行函数文件和脚本文件，观察工作区中的变量，请问其变量的值是哪个文件运行后返回的结果？函数文件是否改变原始脚本文件的执行结果？脚本文件的变量和函数文件的变量分别是全局变量还是局部变量？

7.3　数学运算符

MATLAB 的数学运算有加、减、乘、除等。表 7-2 列举了常用简单数学运算的运算符。

表 7-2　常用简单数学运算的运算符

符　号	作　用
+	加法（Addition）
+	一元加（Unary Plus）
−	减法（Subtraction）
−	一元减（Unary Minus）
.*	元素乘法（Element-Wise Multiplication）
*	矩阵乘法（Matrix Multiplication）
./	元素右除法（Element-Wise Right Division）
/	矩阵右除（Matrix Right Division）
.\	元素左除法（Element-Wise Left Division）
\	矩阵左除（Matrix Left Division）
.^	元素乘方（Element-Wise Power）
^	矩阵乘方（Matrix Power）
.'	转置（Transpose）
'	复共轭转置（Complex Conjugate Transpose）

7.4　关系运算与逻辑运算

关系运算与逻辑运算是程序设计中进行流程控制必不可少的环节。通过关系运算和逻辑运算能够控制程序流程，完成相应的程序功能。

7.4.1　关系运算

关系运算是用来判断运算对象之间关系的运算，一共有 6 种，运算符分别为 "=="（等于）、"~="（不等于）、">"（大于）、">="（大于或等于）、"<"（小于）和 "<="（小于或等于）。

关系运算的结果只有两种可能，即 0 或 1。其中，0 表示该关系式为假，即该关系式不成立；1 表示该关系式为真，即该关系式成立。关系运算常用于程序流程控制的 if 语句，进行程序流程的控制。

MATLAB 中的关系运算都适用于数组和矩阵，它对数组或矩阵的各个元素进行运算，因此两个相比较的矩阵必须有相同的阶数，输出的结果也是同阶矩阵，且此矩阵的元素非 0 则 1。

7.4.2　逻辑运算

逻辑运算的逻辑量只能取 0 和 1 两个值，0 表示逻辑运算结果为假，1 表示逻辑运算结果为真。逻辑量的基本运算为 "与（&）""或（|）""非（~）" 3 种。两个逻辑量经这 3 种逻辑运算后的输出仍然是逻辑量 0 或 1。

除了上述 3 种逻辑量的基本运算，还有存在短路的 "与（&&）" 和存在短路的 "或（||）"。短路的意思为：若 "左式&&右式" 中的左式为假，则结果为假，不再计算右式；若 "左式||右式" 中的左式为真，则结果为真，不再计算右式。合理使用逻辑运算可以在一定程度上提高编程效率，若程序简单，对效率要求不高，则建议使用基本逻辑运算，以免出现不必要的错误。表 7-3 列举了逻辑运算符及其含义。

表 7-3　逻辑运算符及其含义

符　　号	含　　义
&	逻辑与
		逻辑或
&&	逻辑与（存在短路）
||	逻辑或（存在短路）
~	逻辑非

所有的算法语言中都有逻辑运算。MATLAB 的特点是能够将逻辑运算运用到数组运算中，得出同阶的 0、1 数组。

7.5　运算优先级

MATLAB 可以构建使用数学运算符、关系运算符和逻辑运算符的任意组合的表达式。

运算优先级别用来确定 MATLAB 计算表达式时的运算顺序。处于同一运算优先级别的运算符具有相同的运算优先级，将从左至右依次进行计算。表 7-4 显示了 MATLAB 运算符的优先级规则，顺序从上往下依次为最高优先级别到最低优先级别。

表 7-4　MATLAB 运算符的优先级规则

序　号	符号及含义
1	圆括号()
2	转置（.'）、幂（.^）、复共轭转置（'）、矩阵幂（^）
3	带一元减法（.^-）、一元加法（.^+）或逻辑求反（.^~）的幂，以及带一元减法（^-）、一元加法（^+）或逻辑求反（^~）的矩阵幂
4	一元加法（+）、一元减法（-）、逻辑求反（~）
5	乘法（.*）、右除（./）、左除（.\）、矩阵乘法（*）、矩阵右除（/）、矩阵左除（\）
6	加法（+）、减法（-）
7	冒号运算符（:）
8	小于（<）、小于或等于（<=）、大于（>）、大于或等于（>=）、等于（==）、不等于（~=）
9	按元素 AND　（&）
10	按元素 OR　（|）
11	短路 AND（&&）
12	短路 OR　（||）

【注意】

（1）尽管大多数运算符都从左至右运行，但.^-、^+、^~ 和 .^~按从右至左的顺序运行。例如，对于.^-，先运行"^-"，再运行"."。建议使用括号显式指定包含这些运算符组合的语句的期望优先级。

（2）MATLAB 始终将&运算符的优先级指定为高于|运算符。尽管 MATLAB 通常按从左到右的顺序计算表达式，但表达式 a|b&c 按 a|(b&c)的形式计算。对于包含&和|组合的语句，比较好的做法是使用括号显式指定期望的语句优先级。该优先级规则同样适用于&&和||运算符。

7.6　程序设计

程序设计是给出解决特定问题的程序的过程，是软件构造活动中的重要组成部分。程序设计往往以某种程序设计语言为工具，给出这种语言下的程序。程序设计过程应当包括分析、设计、编码、测试、排错等不同阶段。

MATLAB 程序设计即以 MATLAB 程序设计语言为工具设计程序。程序由表达式和语句构成。通常，计算机程序都是从前往后逐条执行的，但有时也会根据实际情况而中途改变执行顺序，称为流程控制。

通常，一个大型 MATLAB 程序由一个主函数和若干子函数组成。编写大型 MATLAB 程序最好的方法是将它以好的设计分化为"小块"（通常采用函数的方式）。这种方式通过减少为了理解代码的作用而必须阅读的代码数量，使程序的可读性、易于理解性和可测试性得到了增强。通常，对于超过编辑器两屏幕长度的代码，都应该考虑分化。设计规划很好的函数也使得代码在其他应用中的可用性增强。

7.6.1　表达式、语句及程序结构

1．表达式

所谓表达式，就是指通过一个式子表达可被求值的代码。在 MATLAB 中，常量、变量、函数调用，以及按 MATLAB 语法规则用运算符把运算对象连接起来的式子都是合法的表达式。表达式是从数学、计算的视角来看待问题的，它关注的是算法的效率（空间和时间复杂度），可以理解为运算符和运算对象的组合。例如：

$$算术表达式 = 算术运算符 + 运算对象$$

$$赋值表达式 = 赋值运算符 + 运算对象$$

$$复合赋值表达式 = 复合赋值运算符 + 运算对象$$

$$自增、自减表达式 = 自增、自减运算符 + 运算对象$$

$$逗号表达式 = 逗号运算符 + 运算对象$$

$$关系表达式 = 关系运算符 + 运算对象$$

$$逻辑表达式 = 逻辑运算符 + 运算对象$$

$$条件表达式 = 条件运算符 + 运算对象$$

2．语句

语句就是一条完整的指令，即对计算机的命令。语句是从计算机执行的视角来看待问题的，这个视角关注的是代码的逻辑和架构。语句可以包含关键字、运算符、变量、常量及表达式。语句一般可分为声明式语句、赋值语句和执行式语句。可以认为任何表达式都是一个语句，但语句不一定都是表达式。语句可以是简单语句或复合语句，如表达式为简单语句、流程控制语句为复合语句。

3．程序结构

MATALB 的程序结构通常分为顺序结构、条件结构和循环结构。顺序结构是程序按照从上到下的顺序执行的程序结构；条件结构是程序按照某个条件执行的程序结构，其程序出口只有一个；循环结构是程序重复执行一段代码（重复代码块）的程序结构。通过对程序结构进行合理的选择，能够控制程序流程，设计更科学、可读性更强、结构更合理、运算速度更快的程序。

顺序结构的程序设计是最简单的，只要按照解决问题的顺序写出相应的语句就行，其执行顺序是自上而下、依次执行的，一般涉及数据输入、数据计算或处理、数据输出等内容；条件结构的程序设计需要条件语句来控制程序流程；而循环结构则需要用到循环语句。

7.6.2　if 语句

if 语句在条件为 true 时执行，其语法如下：

```
if 表达式 1
        程序模块 1
elseif 表达式 2
        程序模块 2
else
        程序模块 3
end
```

说明：计算表达式并在表达式为 true 时执行一组语句。当表达式的结果非空且仅包含非零元素（逻辑值或实数值）时，该表达式为 true，否则为 false。elseif 和 else 模块是可选的，其对应的语句只有在 if…end 块中前面的表达式为 false 时才会执行。if 块可以包含多个 elseif 块。

if 语句根据程序需要分为 3 种形式：if-end 语句、if-else-end 语句和 if-elseif-else-end 语句。

（1）if-end 语句。

在执行 if-end 语句时，计算机先检验 if 后的表达式 1，如果为 true，就执行 if 后的语句组（程序模块 1）；如果为 false，就跳过 if 后的语句组（程序模块 1），直接执行 end 后的后续语句。

（2）if-else-end 语句。

在执行 if-else-end 语句时，计算机先检验 if 后的表达式 1，如果为 true，就执行 if 后的语句组（程序模块 1）；如果为 false，就执行 else 后的语句组（程序模块 3），最后执行 end 后的后续语句。

（3）if-elseif-else-end 语句。

前两种形式的 if 语句都是两分支的程序结构，而 if-elseif-else-end 语句则是可以进行三分支的程序结构。在执行 if-elseif-else-end 语句时，计算机先检验 if 后的表达式 1，如果为 true，就执行 if 后的语句组（程序模块 1）。如果为 false，就再做一次检验，检验 elseif 后的表达式 2，如果为 true，就执行 elseif 后的语句组（程序模块 2）；如果为 false，就执行 else 后的语句组（程序模块 3）。最后执行 end 后的后续语句。

【例 7-6】生成一个随机数。

（1）若随机数是偶数，则显示"此随机数是偶数，除以 2 后的数为："，并将其除以 2。

（2）如果随机数小于 30，就显示"small"；如果小于 80 且大于 30，就显示"medium"；如果大于 80，就显示"large"。

【解】编写程序如下：

```
% 生成一个随机数
a = rand(100, 1);
% 若是偶数，则除以 2
if rem(a, 2) == 0
        disp('此随机数是偶数，除以 2 后的数为： ')
        b = a/2
end
if a < 30
        disp('small')
elseif (a < 80)&(a > 30)
        disp('medium')
else
        disp('large')
end
```

二维码 7-6

7.6.3 switch 语句

switch 语句从多组语句中根据表达式进行选择，执行多组语句中的一组，其语法如下：

```
switch switch_expression
```

```
        case case_expression_1
            程序模块 1
        case case_expression_2
            程序模块 2
            ...
        otherwise
            程序模块 n
    end
```

说明：计算表达式 switch_expression 和 case_expression，并选择执行多组语句中的一组。每个选项为一个 case。

switch 块会测试每个 case，直至一个 case 的表达式为 true。case 在以下情况下为 true：①对于数字，case_expression == switch_expression；②对于字符向量，strcmp(case_expression, switch_expression) == 1；③对于支持 eq 函数的对象，case_expression == switch_expression。重载的 eq 函数的输出必须为逻辑值或可转换为逻辑值。

当 case 表达式为 true 时，MATLAB 首先执行对应的语句，然后退出 switch 块。

switch_expression 的值必须为标量或字符向量。case_expression 的值必须为标量、字符向量，或者由标量或字符向量组成的元胞数组。

otherwise 块是可选的，只有在没有 case 为 true 时，MATLAB 才会执行其中的语句。

当用户希望针对一组已知值测试其相等性时，可使用 switch 语句。

【例 7-7】使用 switch 语句检测当天为一周中第几个工作日。

【解】编写程序如下：

```
clear all,clc
[dayNum, dayString] = weekday(date, 'long', 'en_US');    %调用 weekday 函数
switch dayString
    case 'Monday'
        disp('Start of the work week')
    case 'Tuesday'
        disp('Day 2')
    case 'Wednesday'
        disp('Day 3')
    case 'Thursday'
        disp('Day 4')
    case 'Friday'
        disp('Last day of the work week')
    otherwise
        disp('Weekend!')
end
```

对于 if 语句和 switch 语句，MATLAB 首先执行与第 1 个 true 条件相对应的代码，然后退出该代码块。if 语句和 switch 语句都需要 end 关键字作为结束标志。

一般而言，如果具有多个可能的离散已知值，那么读取 switch 语句比读取 if 语句容易。但是，无法测试 switch 和 case 值之间的不相等性。例如，无法使用 switch 语句实现以下类型的条件：

```
yourNumber = input('Enter a number: ');
if yourNumber < 0
        disp('负数')
elseif yourNumber > 0
```

```
        disp('正数')
    else
        disp('零')
    end
```

7.6.4　while 语句

对于 while 语句，只要条件仍然为 true 就进行循环。while 语句的结构形式为 while-end，语法如下：

```
while 表达式
        程序模块
    end
```

在执行 while 语句时，计算机先检验 while 后的表达式，如果为 true，就执行 while 后的语句组（程序模块）；程序执行到 end 后，会跳回 while 的入口，再次检验表达式，如果还为 true，就再次执行 while 后的语句组（程序模块），周而复始，直到表达式为 false，跳出循环，直接执行 end 后的语句。while 语句因为是循环地执行某个语句组（程序模块）的，所以又称为循环语句。

【例 7-8】计算使 factorial(n)为 10 位数的第一个整数 n。

【解】编写脚本文件如下：

```
n = 1;
nFactorial = 1;
while nFactorial < 1e10
    n = n + 1;
    nFactorial = nFactorial * n;
end
nFactorial
```

二维码 7-8

保存该文件，运行后，命令行窗口的结果如下：

```
>> Factorial
nFactorial =
   8.7178e+10
```

可以使用 break 语句以编程方式退出循环，也可以使用 continue 语句跳入循环的下一次迭代。

7.6.5　break 语句和 continue 语句

break 语句用于终止执行循环，即不执行循环中在 break 语句之后显示的语句，完全退出循环。若为嵌套循环，则 break 语句仅从它所发生的循环中退出，控制传递给该循环的 end 之后的语句。要跳过当前循环中的其余指令，并开始下一次迭代，需要使用 continue 语句。

break 语句和 continue 语句的区别在于，break 语句完全退出循环；continue 语句仅退出当次循环，继续进行下一次循环，而非完全退出整个循环。

【例 7-9】计算 magic 函数的帮助中的行数（空行之前的所有注释行）。

【解】编写脚本文件如下：

二维码 7-9

```
fid = fopen('magic.m','r');   % 以读方式打开文件 magic.m
count = 0;
while ~feof(fid)              % while ~feof 表示若未读到文件末尾，则继续循环
    line = fgetl(fid);       % 从文件中读取一行数据，并去掉行末的换行符
```

```
    if isempty(line)                    % 判断 line 是否为空
        break
    elseif ~strncmp(line,'%',1)         %比较 line 与字符'%', 若不相同, 则跳入下一次循环
        continue
end
fid = fopen('magic.m','r');             % 以读方式打开文件 magic.m
count = count + 1;
end
fprintf('%d lines in MAGIC help\n',count);
fclose(fid);
```

【注意】如果意外创建了一个无限循环（永远不会自行结束的循环），那么按 Ctrl+C 组合键可停止执行循环。

7.6.6　for 语句

for 语句循环特定的次数，并通过递增的索引变量跟踪每次迭代。for 语句的语法如下：

```
for index = values
    程序模块
end
```

【注意】values 为下列形式之一。

（1）初值:终值：变量从初值至终值按 1 递增，重复执行程序模块直到 index 大于终值。

（2）初值:步长:终值：变量从初值至终值按步长递增，重复执行程序模块直到 index 大于终值。每次迭代时按步长对 index 进行递增，或者在步长是负数时对 index 进行递减。

在执行 for 语句时，计算机先为 index 赋初值，然后执行程序模块，同时对 index 加增量后与终值比较，如果不大于终值，则跳回 for 语句的入口，再次执行程序模块，同时 index 值继续加增量后与终值比较，如果不大于终值，就继续执行程序模块，如此周而复始，直到 index 值大于终值，跳出循环，执行 end 后的语句。

【例 7-10】预分配一个含有 10 个元素的一维数组，并计算其中 5 个元素的值。

【解】编写脚本文件如下：

```
x = ones(1,10);
for i = 2:6
    x(i) = 2 * x(i - 1);
end
```

二维码 7-10

【提问】试分析例 7-10 的计算结果，并运行以上程序，对比分析结果。

MATLAB 循环变量的循环路径在进入 for 语句时就决定了，会确定初值、步长和终值，以后每次循环都加上步长，直至到达终值。

【例 7-11】编写 M 文件，绘制下列分段函数所表示的曲线：

$$y = \begin{cases} 2x & -1 < x < 0 \\ e^x & 0 \leq x < 0.9 \\ x^2 & 0.9 \leq x < 2 \end{cases}$$

【解】打开 M 文本编辑器，写入如下程序：

```
x= -1:0.01:2;
n=length(x);
for i=1:n
```

二维码 7-11

```
    if x(i)>=-1&x(i)<=0
        y(i)=2*x(i);
    elseif x(i)<=0.9&x(i)>0
        y(i)=3*x(i)^2;
    else x(i)<=2&x(i)>0.9
        y(i)=exp(x(i));
    end
end
plot(x,y)
title('分段函数曲线')
xlabel('x')
ylabel('y')
grid on
```

执行上述程序后，可得到如图 7-7 所示的结果。

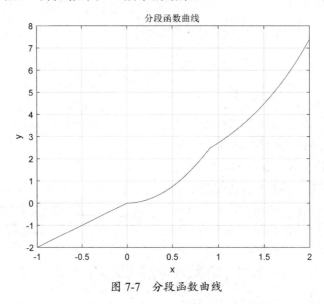

图 7-7　分段函数曲线

通过例 7-11 可知，for 语句和 if 语句在程序中可以嵌套使用，以达到用编程处理实际问题的目的。

【例 7-12】某商场对顾客所购买的商品实行打折销售，标准如下（单位为元）：

price<200	没有折扣
200≤price<500	3%折扣
500≤price<1000	5%折扣
1000≤price<2500	8%折扣
2500≤price<5000	10%折扣
5000≤price	14%折扣

现在要求编程实现输入所售商品的价格，求其实际销售价格。

【解】编程实现如下：

二维码 7-12

```
price = input('请输入商品价格:');
switch fix(price/100)
    case{0,1}                    %价格小于200
        rate = 0;
    case{2,3,4}
```

```
        rate = 3/100;                      %价格大于或等于 200 但小于 500
    case num2cell(5:9)
        rate = 5/100;                      %价格大于或等于 500 但小于 1000
    case num2cell(10:24)
        rate = 8/100;                      %价格大于或等于 1000 但小于 2500
    case num2cell(25:49)
        rate = 10/100;                     %价格大于或等于 2500 但小于 5000
    otherwise
        rate = 14/100;                     %价格大于或等于 5000
end
price = price*(1-rate)                     %输出商品实际销售价格
```

在学习 MATLAB 编程的过程中，需要进行大量的练习，编写足够多的程序，以期达到真正掌握 MATLAB 语言编程技巧的目的。

7.7　MATLAB 编程及调试

MATLAB 程序文件的编写即编程。当编写的 MATLAB 程序在运行时发生错误或结果与事实不符时，需要对程序进行调试。

7.7.1　程序文件的创建和编辑

MATLAB 程序文件有脚本文件、实时脚本文件、函数文件等。脚本文件和函数文件为文本文件，即 M 文件；实时脚本文件可通过 MATLAB R2021a 默认用户界面的菜单栏创建。如图 7-8 所示，通过菜单栏中的"新建脚本"和"新建实时脚本"按钮可创建对应的程序文件。

用户也可通过单击"新建"下拉按钮，在下拉菜单中选择"脚本""实时脚本""函数"命令等方式打开编辑器，创建相应的程序文件，如图 7-9 所示。

图 7-8　通过菜单栏创建脚本文件和实时脚本文件　　图 7-9　通过下拉菜单中的命令创建程序文件

程序文件应在其相应的编辑器中编辑，脚本文件、实时脚本文件和函数文件的编辑方法如下。

1．脚本文件

在 M 文本编辑器中编辑脚本文件（见图 7-10）就像在命令行窗口中编辑代码一样。

2．实时脚本文件

实时编辑器可创建集代码、结果和格式化文本为一体的可执行实时脚本文件。相较于脚本文件的编辑，实时编辑器可以将代码划分成可单独运行的可管理片段。实时编辑器将代码、结果和格式化文本保存在一个可执行文件中，文件扩展名为.mlx。实时编辑器如图 7-11 所示。

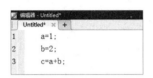

图 7-10　在 M 文本编辑器中编辑脚本文件

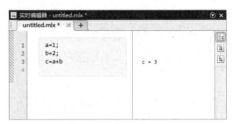

图 7-11　实时编辑器

3．函数文件

函数文件与脚本文件均属于文本文件，因此，函数文件也是在 M 文本编辑器中进行编辑的。函数文件包括 MATLAB 内含的众多 function 程序包，以及用户自定义的 function 程序包，扩展名为.m。选择"新建"下拉菜单中的"函数"命令，即可打开新的 M 文本编辑器，从而创建新的函数文件。新建函数文件如图 7-12 所示。

```
function [outputArg1,outputArg2] = untitled(inputArg1,inputArg2)
%UNTITLED 此处显示有关此函数的摘要
%    此处显示详细说明
outputArg1 = inputArg1;
outputArg2 = inputArg2;
end
```

图 7-12　新建函数文件

7.7.2　函数的调用

MATLAB 程序由函数组成。函数的调用发生在大多数 MATLAB 程序运行过程中，函数的调用分直接调用和间接调用两种。其中，直接调用又可分为两种情况：①主函数调用子函数；②一个函数调用另一个函数。间接调用通过函数句柄实现。

（1）主函数调用子函数。

主函数调用子函数是通过在一个 M 文件中进行编程实现的。先新建一个函数文件 Fsum，Fsum 即主函数；然后在主函数下方添加一个子函数 count，并在主函数 Fsum 中调用子函数 count。这种方式的函数调用发生在一个 M 文件中，即主函数和子函数同处于一个文件中。

【例 7-13】 创建函数文件，编写程序，保存成函数名为 Fsum 的函数文件。

【解】 编写函数文件 Fsum：

```
% 主函数
function [ sum ] = Fsum()
i=10;
sum=count(i);
```

二维码 7-13

```
end
% 子函数
function [sum] = count(i)
sum=0;
for k=1:i
    sum=sum+i;
end
end
```

主函数调用子函数的运行结果如图 7-13 所示。

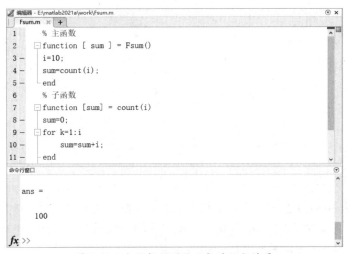

图 7-13　主函数调用子函数的运行结果

（2）一个函数调用另一个函数。

一个函数调用另一个函数是分别对主函数和子函数建立不同的 M 文件，用主函数调用子函数实现的直接调用方式。先新建两个函数，一个为 Fsum1 函数，另一个为 Count 函数；然后在 Fsum1 函数中调用 Count 函数。这种方式的调用发生在两个函数之间，但需要注意的是，在两个 M 文件中，一个是主函数，另一个是子函数。主函数只有一个，子函数可以有多个。

【例 7-14】创建两个函数，并实现函数调用。

【解】先创建 Fsum1 函数：

```
% 创建 Fsum1 函数（主函数）
function [ sum ] = Fsum1()
i=10;
sum=Count(i);
end
```

二维码 7-14

再创建 Count 函数：

```
% 创建 Count 函数（子函数）
function [sum] = Count(i)
sum=0;
for k=1:i
    sum=sum+i;
end
```

存储 Fsum1 函数和 Count 函数后，在命令行提示符后键入 Fsum1()，按 Enter 键可得计算结果：

```
>> Fsum1()
```

```
ans =
    100
```

函数的执行也可以通过在主函数中单击菜单栏中的"运行"图标进行。一个函数调用另一个函数的运行结果如图 7-14 所示。

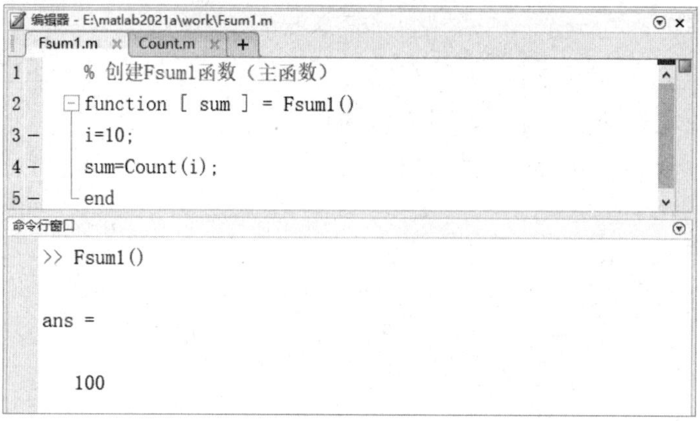

图 7-14　一个函数调用另一个函数的运行结果

7.7.3　函数句柄

函数句柄（Function Handle）是 MATLAB 中一类特殊的数据结构，其作用是将一个函数封装成一个变量，使其能够像其他变量一样在程序的不同部分传递，因此可以将句柄看作一种特殊的变量。存放函数句柄的变量即句柄变量，在 MATLAB 中，可以通过函数句柄间接调用函数。

1. 函数句柄的创建和调用

创建函数句柄需要用到操作符"@"。对 MATLAB 库函数提供的各种 M 文件中的函数，以及用户自定义的函数，都可以创建句柄，通过函数句柄实现对这些函数的间接调用。在 MATLAB 中，函数句柄的数据类型为 function_handle。函数句柄的创建方式有 3 种：直接创建函数句柄、利用 str2func 函数创建函数句柄、匿名函数方式创建函数句柄。

（1）直接创建函数句柄。

函数句柄可以通过在操作符@后面加上函数命令来创建，其语法格式如下：

```
句柄变量名=@函数名
```

（2）利用 str2func 函数创建函数句柄。

函数句柄可以通过 str2func 函数来创建，其语法格式如下：

```
句柄变量名=str2func('函数名')
```

需要注意的是，在利用 str2func 函数创建函数句柄时，其参数为用单引号引起来的函数名，数据类型为字符串。

（3）匿名函数方式创建函数句柄。

匿名函数是函数句柄的一种特殊用法，这里所得到的函数句柄变量不指向特定的函数（不指向函数文件中的函数名），而指向一个函数表达式（具体表达式），其语法格式如下：

```
句柄变量名=@(输入参数列表)运算表达式
```

MATLAB 中函数句柄的调用和普通函数的调用没有任何区别，其语法格式如下：

```
句柄变量名(函数参数列表)
```

下面展示几种创建函数句柄的方式，并通过函数句柄调用 sin(pi)：

```
% 函数句柄的创建
% 方式 1：直接加@
% 语法：句柄变量名=@函数名
fun1 = @sin;
%----------------------
% 方式 2：str2func 函数
% 语法：str2fun('函数名')
fun2 = str2func('cos');
%----------------------
% 方式 3：匿名函数
% 语法：句柄变量名=@(参数列表)运算表达式
fun3 = @(x, y)x.^2 + y.^2;
%----------------------
% 函数句柄的调用
fun1(pi);
```

2. 将函数句柄作为函数参数

函数对象的经典应用情境之一就是排序（Sorting），即为一列未知类型的数组提供自定义的排序规则。

【例 7-15】编写一个函数 super_sort，其接收两个参数，第一个参数为待排序的数组，第二个参数是一个对原始数据的变换函数。super_sort 能够对原始数据按照变换后的结果进行排序，并返回排好序的原始数据。

【解】先编写函数文件 super_sort，具有数组排序功能：

```
%创建函数文件 super_sort
function sorted = super_sort(arr, fh)
transformed = fh(arr);              % 对原始数组进行变换
[~, index] = sort(transformed);     % 获得排序后的原始数组的位置索引
sorted = arr(index);                % 返回排序后的原始数组
end
```

二维码 7-15

super_sort 函数的形参 fh 为函数句柄，编写脚本文件 arr_sort，调用函数 super_sort，进行排序并显示：

```
% 调用函数 super_sort
arr = round(randn(4, 1) * 10);      % 定义原始数组
arr_abs = super_sort(arr, @abs);    % 将 arr 按照其绝对值大小排序
arr_sin = super_sort(arr, @sin);    % 将 arr 按照 sinx 的结果排序
disp('The arr_abs is')
fprintf('%8.5f\0\0',arr_abs')
fprintf('\n')
disp('The arr_sin is')
fprintf('%8.5f\0\0',arr_sin')
fprintf('\n')
```

运行脚本文件 arr_sort，按照绝对值大小和 sinx 的结果排序，可得结果如下：

```
>> arr_sort
The arr_abs is
-3.00000   5.00000  -8.00000  -14.00000
The arr_sin is
-14.00000  -8.00000   5.00000  -3.00000
```

3．利用函数句柄绘图

借助函数句柄，可以方便地绘制出各类函数的图像，这类绘图函数往往以 ez 开头，如 ezplot、ezsurf、ezmesh 等。

【例 7-16】 利用函数句柄绘制函数 $\sin x$ 在 $[0,2\pi]$ 上的曲线。

【解】 编程如下：

```
ezplot(@sin, [0, 2*pi]);      % 用 ezplot 绘制函数 sinx 在[0,2π]上的曲线
grid on
```

二维码 7-16

程序运行结果如图 7-15 所示。

【例 7-17】 利用 x 和 y 上的参数方程画心形曲线。

【解】 编程如下：

```
xfun = @(t)3*(2*cos(t)-cos(2*t));
yfun = @(t)3*(2*sin(t)-sin(2*t));
ezplot(xfun, yfun);
grid on
```

二维码 7-17

运行结果如图 7-16 所示。

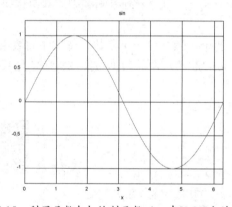

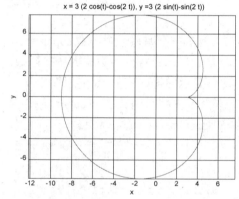

图 7-15　利用函数句柄绘制函数 $\sin x$ 在 $[0,2\pi]$ 上的曲线　　图 7-16　利用函数句柄绘制心形曲线

【例 7-18】 利用 ezsurf 函数及函数句柄绘制 x^2+y^2 在 $-2<x<2$，$-2<y<2$ 范围内的曲面图。

【解】 编程如下：

```
fun3 = @(x,y)x.^2+y.^2;
ezsurf(fun3, [-2, 2, -2, 2]);
```

二维码 7-18

运行结果如图 7-17 所示。

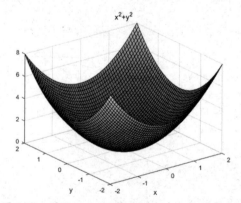

图 7-17　利用 ezsurf 函数及函数句柄绘制曲面图

4．利用函数句柄进行图像处理

MATLAB 提供了 colfilt 这一函数，能将图像分成独立的子块（局部处理），或者相互交叠的窗口（可实现二维卷积及中值滤波），并利用传入的函数句柄对各个子块进行处理。

函数原型为 B = colfilt(A,[M N],BLOCK_TYPE,FUN)，其中，B 是输出图像；A 是输入图像；[M N]是图像块或窗口的长和宽；BLOCK_TYPE 决定进行块处理还是滑动窗口处理；FUN 是处理用的函数句柄，只接收一个矩阵参数，这个矩阵的每一列都是拉长为列向量的子图像。FUN 一次可能要处理多个子图像。

下面的代码实现利用 colfilt 函数对图像进行 5×5 的中值滤波，以及局部阈值化：

```
% 在 BLOCK_TYPE=sliding 时进行滑动窗口处理
% f 的返回值必须是一个元素个数与输入矩阵的列数相等的行向量
% 行向量中每个元素将作为对应窗口中心元素的输出值
I = imread('tire.tif');
f = @(mat)median(im2double(mat));
I2 = colfilt(I, [5 5], 'sliding', f);
% 在 BLOCK_TYPE=distinct 时进行子图像块的处理
% f 的返回值必须是与输入矩阵尺寸相同的矩阵
% 返回值中的每一列都将被复原成输出图像中的对应子块
% 这里直接将 MATLAB 自动分配的多个连续子图像作为一个阈值化区域
% 其实，各个区域虽然连续，但大小是不相等的
thre = @(mat)im2bw(mat, graythresh(mat));
I3 = colfilt(I, [50 50], 'distinct', thre);
%绘制图像
subplot(1,3,1);
imshow(im2double(I));
xlabel('原始图像')
subplot(1,3,2);
imshow(I2);
xlabel('中值滤波图像')
subplot(1,3,3);
imshow(I3);
xlabel('局部阈值化图像')
```

二维码
图像滤波

运行程序，结果如图 7-18 所示。

原始图像　　　　　　　　　中值滤波图像　　　　　　　　局部阈值化图像

图 7-18　利用函数句柄进行图像处理

5．组合匿名函数实现更复杂的函数句柄

由于匿名函数只能包含单行的表达式，所以它只能完成简单的运算。但是如果把多个匿名函数结合起来，就能实现更强大的功能。

当函数 sort 作用于矩阵时，将各列分别排序，如果要提取排序后的第 k 行，那么使用单个匿名函数会遇到麻烦，因为@(mat)sort(mat)(k, :)这样的语法在 MATLAB 中是错误的。此

时，通过组合匿名函数就能解决这一问题。例如：

```
extract_row = @(mat, k)mat(k, :);
order = @(mat, k)extract_row(sort(mat), k);
```

6．句柄处理函数

常见的句柄处理函数有 4 个，如表 7-5 所示。

表 7-5　常见的句柄处理函数

函　　数	说　　明
functions	返回一个句柄的详细信息
str2func	将一个函数名作为字符串传递给此函数，创建该函数的函数句柄
func2str	从函数句柄中提取函数名，内置函数或 M 文件函数句柄返回函数的名称，匿名函数返回其表达式
stuctfun	将句柄结构体数组的每个句柄函数依次作用于数组，返回每个句柄函数作用于数组的值

以下逐一给出示例。先在命令行提示符后创建函数句柄 sqr：

```
>> sqr = @(x) x.^2
sqr =
  包含以下值的 function_handle:
@(x)x.^2
```

再使用句柄处理函数 function 查看句柄的详细信息：

```
>> functions(sqr)
ans =
  包含以下字段的 struct:
        function: '@(x)x.^2'
            type: 'anonymous'
            file: ''
       workspace: {[1×1 struct]}
    within_file_path: ''
```

将函数的函数名 sqr 作为字符串传递给函数，创建函数 sqr 的函数句柄：

```
>> fh2 = str2func('sqr')
fh2 =
  包含以下值的 function handle:
    @sqr
```

从函数句柄 fh2 中提取其函数名并返回：

```
>> func2str(fh2)
ans =
    'sqr'
```

从匿名函数句柄 sqr 中提取函数名，返回其表达式：

```
>> func2str(sqr)
ans =
    '@(x)x.^2'
```

将句柄结构体数组的每个句柄函数依次作用于数组，返回每个句柄函数作用于数组的值：

```
>> S.a = @sin; S.b = @cos; S.c = @tan;
>> structfun(@(x)x(linspace(1, 4, 3)), S, 'UniformOutput', false)
ans =
  包含以下字段的 struct:
```

```
        a: [0.8415 0.5985 -0.7568]
        b: [0.5403 -0.8011 -0.6536]
        c: [1.5574 -0.7470 1.1578]
```

7.7.4　程序调试

程序调试（Debug）的基本任务就是找到并去除程序中的错误。程序中的错误大致可以分为如下 3 类。

（1）语法错误：由于程序员的疏忽、输入不正确等原因造成的代码违背程序语言规则的错误。

（2）运行错误：由于对所求解问题的理解存在差异导致程序流程出错或对程序本身的特性认识有误而造成的程序执行结果错误。

（3）数据错误：对于 M 函数文件，运行错误往往很难查找，因为一旦停止运行，中间变量就会被删除，从而导致最后数据错误。

MATLAB 的程序调试有两种方法：直接调试法和工具调试法。

1．直接调试法

直接调试法一般适用于较小规模的程序调试，方法如下。

（1）通过分析，将重点怀疑语句后的分号删除，将结果显示出来，与预期值比较，从而判断程序执行到该处时发生了错误。

（2）在适当的位置添加输出变量值的语句。

（3）在程序的适当位置添加 keyboard 命令。程序执行到该处时暂停，并显示命令行提示符，用户可以查看或变更工作区中显示的各个变量的值。在命令行提示符后输入 return 指令，可以继续执行原始文件。

（4）可以利用注释符号%屏蔽函数声明行，并定义输入变量的值，以 M 脚本文件的方式执行程序，可以方便地查看中间变量，从而有利于找出错误。

2．工具调试法

对于复杂的大规模 MATLAB 程序，一般使用工具调试法进行调试。

（1）调试工具。

MATLAB 提供了大量的调试函数供用户使用，这些函数可以通过 help 指令获得。在 MATLAB 命令行窗口输入如下指令，用户便可获得这些函数：

```
>> help debug
```

调试函数的作用如表 7-6 所示。

表 7-6　调试函数的作用

名　　称	作　　用
dbstop	设置断点
dbclear	清除断点
dbcont	重新执行
dbdown	下移本地工作区内容
dbmex	使 MEX 文件调试有效
dbstack	列出函数调用关系
dbstatus	列出所有断点

续表

名　称	作　用
dbstep	单步或多步执行
dbtype	列出 M 文件
dbup	上移本地工作区内容
dbquit	退出调试模式

在 MATLAB 中，这些调试函数都有相应的图形化调试工具，使得程序的调试更加方便、快捷。这些图形化调试工具在 MATLAB 编辑器/调试器的 "debug" 和 "Breakpoints" 菜单中。

（2）调试方法。

对于简单的 MATLAB 程序中出现的语法错误，可以采用直接调试法，即直接运行该 M 文件，MATLAB 将找出语法错误的类型和出现的地方，根据 MATLAB 的反馈信息对语法错误进行修改。当 M 文件很大或 M 文件中含有复杂的嵌套时，需要使用 MATLAB 编辑器/调试器对程序进行调试，即使用 MATLAB 提供的大量调试函数，以及与之相对应的图形化调试工具。下面通过一个判断 1999 年至 2020 年间的闰年年份的示例来介绍 MATLAB 编辑器/调试器的使用方法。

【例 7-19】编写程序，输出 1999 年至 2020 年间的闰年年份。

【解】输入如下函数代码：

```
%程序的作用是判断 1999 年至 2020 年间的闰年年份
%本程序没有输入/输出变量
%函数的调用格式为 Leapyear，输出结果为 1999 年至 2020 年间的闰年年份
function Leapyear            %定义函数 Leapyear
for year=1999:2020           %定义循环区间
  sign=1;
  a = rem(year,100);         %求 year 除以 100 后的余数
  b = rem(year,4);           %求 year 除以 4 后的余数
  c = rem(year,400);         %求 year 除以 400 后的余数
if a==0                      %以下根据 a、b、c 是否为 0 对标志变量 sign 进行处理
   signsign=sign-1;
end
if b==0
   signsign=sign+1;
end
if c==0
   signsign=sign+1;
end
if sign==1
   fprintf('%4d \n',year)
end
end
```

二维码 7-19-1

保存文件，并运行：

```
>> Leapyear
1999
2000
2001
2002
2003
2004
```

```
2005
2006
2007
2008
2009
2010
2011
2012
2013
2014
2015
2016
2017
2018
2019
2020
```

显然，1999 年至 2020 年间不可能每年都是闰年，由此判断程序存在错误。分析原因，可能是由于在处理年份是否是 100 的倍数时，变量 sign 存在逻辑错误造成的。于是设置断点，调试程序。

断点为 MATLAB 程序执行时人为设置的中断点，程序运行至断点时便自动停止，等待用户的下一步操作。设置断点只需单击程序左侧的 "—" 符号，使得 "—" 变成红色的圆点（当存在语法错误时，圆点颜色为灰色）即可。

在调试程序时，应在可能存在逻辑错误或需要显示相关代码执行数据附近设置断点。例如，本例在第 12、15、18、21 和 22 行设置断点，如图 7-19 所示。如果用户需要去除断点，则可以再次单击红色圆点，也可以单击工具栏中的工具去除所有断点。

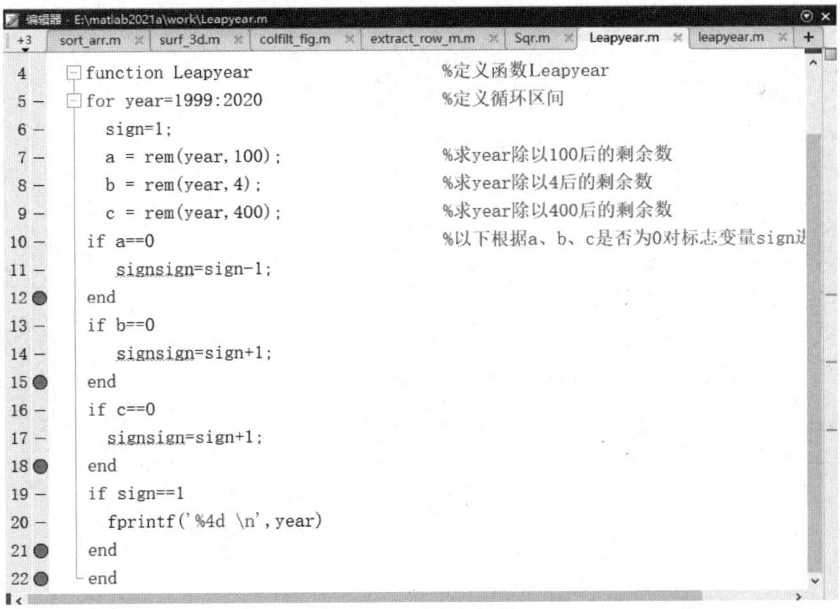

图 7-19　设置断点

设置断点后，按 F5 键或单击编辑器工具栏中的 "运行" 按钮执行程序，这时，其他调试按钮将被激活。程序运行至第一个断点时暂停，在断点右侧出现向右指向的绿色箭头，如图 7-20 所示。

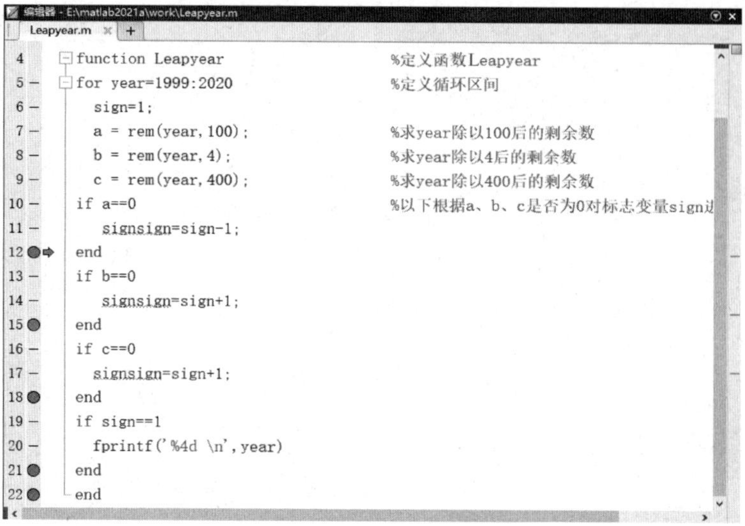

图 7-20　断点暂停示意图

可以按 F10 键或单击编辑器工具栏中相应的单步执行图形按钮，此时，程序将一步一步地按照用户的需求向下执行。可以将光标停留在某个变量上，MATLAB 将会自动显示该变量的当前值，也可以在 MATLAB 的工作区中直接查看所有中间变量的当前值。

通过查看中间变量可知，在任何情况下，sign 的值都是 1，此时调整代码程序如下：

```
%程序为判断1999年至2020年间的闰年年份
%本程序没有输入/输出变量
%函数的调用格式为Leapyear，输出结果为1999年至2020年间的闰年年份
function Leapyear
for year=1999:2020
    sign=0;
    a = rem(year,400);
    b = rem(year,4);
    c = rem(year,100);
if a ==0
    sign=sign+1;
end
if b==0
    sign=sign+1;
end
if c==0
    sign=sign-1;
end
if sign==1
    fprintf('%4d \n',year)
end
end
```

二维码 7-19-2

运行结果如下：

```
2000
2004
2008
2012
2016
2020
```

本章小结

本章对 MATLAB 程序设计进行了讲解，根据 MATLAB 程序设计的特点，首先，介绍了 M 文本编辑器，以及脚本文件和函数文件的编写规范；其次，介绍了流程控制中必不可少的关系运算与逻辑运算，在此基础上，重点介绍了 MATLAB 程序设计的程序控制语句，如 if 语句、switch 语句、while 语句和 for 语句等；最后，为了保障和验证 MATLAB 程序的正确性，介绍了 MATLAB 调试方法。

通过本章的学习，可以培养读者对 MATLAB 的基本编程能力，了解 MATLAB 这门编程语言兼具工具性和科学性，为读者在后续专业课的学习上奠定良好的编程基础，提高读者的专业自信。

习题 7

7-1. 用 input 编写程序：任意输入两个矩阵 A 和 B，并计算 A+B，A−B，A*B，A/B，A^2 的值。

7-2. 用 input 函数编写脚本文件，计算函数 $f(x,y)=(x^2+y^2)e^{-(x^2+y^2)}$ 对应的 $f(-2,3)$、$f(3,4)$ 和 $f(5,3)$ 的值。

7-3. 自定义区间编写脚本文件，绘制函数 $f(x,y)=(x^2+y^2)e^{-(x^2+y^2)}$ 的三维曲面图。

7-4. 利用函数文件实现直角坐标(x,y)与极坐标(r,θ)之间的转换，并编写脚本文件验证该函数文件编写是否成功。

7-5. 编写 M 文件，实现用 input 输入一个正整数，如果是偶数，就输出该数是一个偶数；否则，就输出该数是一个奇数。例如，输入 2，显示 "2 是一个偶数"。

7-6. 读入任一成绩单的总成绩，统计成绩情况：不及格、及格、中等、良好及优秀的人数，并画出统计图。

7-7. 列出所有的水仙花数，水仙花数是一个 3 位数，其各位数字的立方和等于该数本身，如 $153=1^3+5^3+3^3$。

7-8. 编写函数文件求 n 的阶乘，并验证。

7-9. 编写一段程序，能够把输入的摄氏温度转换成华氏温度，也能把华氏温度转换成摄氏温度。

7-10. 任意给定一向量 A，按其元素值的不同显示不同的信息。举例来说，当 A=[−1,1,0,2+i] 时，程序代码应显示矩阵本身，并根据元素判断显示出以下内容。

（1）−1 是负数，1 是正数，0 是零，2+i 是复数。

（2）用下列表达式来测试所编写的程序：A=rand(5,1)+(rand(5,1)>0.7)*i。

7-11. 通过脚本文件绘制下列分段函数所表示的曲面：

$$p(x_1,x_2)=\begin{cases} 0.5457e^{-0.75x_2^2-3.75x_1^2-1.5x_1} & x_1+x_2>1 \\ 0.757e^{-x_2^2-6x_1^2} & -1<x_1+x_2\leqslant 1 \\ 0.5457e^{-0.75x_2^2-3.75x_1^2-1.5x_1} & x_1+x_2\leqslant -1 \end{cases}$$

第 8 章

MATLAB App 设计

App 是自包含式 MATLAB 程序，可为 MATLAB 代码提供一个简单的点选式接口。MATLAB 可以使用其 App 设计工具以交互方式开发 App，也可以使用 MATLAB 函数以编程方式开发 App。

App 设计工具是交互式开发环境，用于设计 App 布局并对其行为进行编程。它提供 MATLAB 编辑器的完整集成版本和大量交互式 UI 组件。它还提供网格布局管理器来组织用户界面，并提供自动调整布局选项来使用户设计的 App 检测和响应屏幕大小的变化。它允许直接使用 App 设计工具条将 App 打包为安装程序文件来分发 App，也可以通过创建独立的桌面 App 或 Web App 来分发 App（需要 MATLAB Compiler）。

8.1 App 开发工具简介

用户界面（User Interface，UI，也称用户接口）是指系统与用户进行交互和信息交换的媒介，实现信息的内部形式与人类可接受形式之间的转换，包括图形用户界面（Graphical User Interface，GUI）与人机交互。人们日常生活中涉及 UI 的例子很多，如计算机桌面、手机界面、应用程序界面、键盘和鼠标等。其中，GUI 是一个整合了窗口、图标、按钮、菜单和文本等的 UI，是用户与计算机，以及程序与计算机进行通信和信息交换的方法。总之，GUI 就是用户使用鼠标、键盘等输入设备操纵界面上的图标或菜单，用以选择命令、调用文件、启动程序或其他工程任务，从而实现信息获取、资源调用、控制运作的一个可视化的图形软件操作界面。

起初，MATLAB 提供了两种创建 GUI 的方法：一种是通过 GUIDE 或 App Designer 开发 GUI，GUIDE 和 App Designer 很相似，都是 GUI 的开发环境，可以将基础控件拖入界面中实现 GUI 的界面设计；另一种是通过编程的方法开发 GUI，可以定义 figure（GUIDE 中）或 uifigure（App Designer 中）窗口函数并完成诸如位置、名称、颜色、调用函数等控件属性的设置。

2016 年，MathWorks 公司从 MATLAB R2016a 版本开始正式推出 App Designer，用于替代 GUIDE。在 2016~2019 版本中，App Designer 与 GUIDE 都是并存的状态，这期间，App Designer 一直在不断地更新和补全。直至 MATLAB 2019b 版本，GUIDE 正式退出舞台，仅保留了 App Designer。总体来说，随着 App Designer 的更新和发展，其界面设计会更现代，功能会更完善，旧版 GUIDE 和新版 App Designer 开发的 GUI 也会被更多地称为应用（Application，App）。

　　不论是 App Designer 还是 GUIDE，它们的本质都是一样的，都是 GUI 的一种开发环境，是一种用户交互界面设计器，可以理解为一个产品或一个工具。虽然 App Designer 和 GUIDE 的本质是一样的，但在 MATLAB 中，两者还是有很大的区别的，它们的区别主要是其使用的技术不同，GUIDE 的基础是 Java Swing，甲骨文已经不再对 Java Swing 持续开发，虽然短期内使用没有问题，但是从长远来看，它将不会得到新的扩展，也不再允许为用户提供基于 Web 的工作流；而 App Designer 则是建立在基于 Web 技术（JavaScript、HTML 和 CSS）之上的新一代 UI 开发平台，提供了一个可以灵活适应用户需求的界面设计平台，并允许应用程序在 Web 上运行，用户可以保持现有的基于 Java 的应用程序运行，并在合适的时候选择新的平台。

　　因此，相比于 GUIDE，App Designer 有以下几个比较突出的优点。

　　（1）采用了现代且友好的界面，用户更容易自己进行学习和探索。

　　（2）增加了与工业应用相关的控件，如仪表盘（Gauge）、旋钮（Knob）、开关（Switch）、指示灯（Lamp）等。

　　（3）自动生成的代码使用了面向对象的语法。

　　（4）采用 HTML 组件，既可以共享应用程序以在 MATLAB 中使用，又可以共享为独立的桌面或 Web 应用程序。

　　本书中所有的内容及程序均基于 MATLAB R2021a 版本，因此，本章主要介绍 App Designer 开发环境下的 App 设计。

8.2　App Designer

　　下面基于 MATLAB R2021a 版本对 App Designer 开发环境进行简单介绍。

8.2.1　启动 App Designer

　　启动 App Designer 有两种方法，如图 8-1 所示。

图 8-1　App Designer 的两种启动方法

具体操作如下。

（1）在菜单栏中选择"主页"选项卡后，单击工具栏中的"新建"下拉按钮，在其下拉菜单中选择"App"命令，即可进入 App 设计工具首页。

（2）在 MATLAB 的命令行窗口中输入 appdesigner 命令后按 Enter 键即可进入 App 设计工具首页。

进入 App 设计工具首页后，即启动了 App Designer。App 设计工具首页（App Designer 的起始界面）如图 8-2 所示。

（1）可以选择打开自己的 App 文件（.mlapp 格式），以及浏览最近使用的 App。

（2）可以选择"快速入门""GUIDE 迁移策略""在 App 设计工具中显示图形""发行说明"选项卡，这里主要对 App Designer 进行介绍。

（3）新建 App。通常选择新建空白 App 即可。

（4）App Designer 示例可以帮助用户自学相关组件的最基本应用。

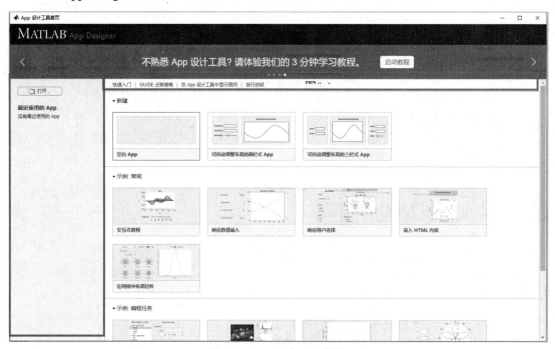

图 8-2　App 设计工具首页

8.2.2　App Designer 开发环境

单击图 8-2 中的空白 App 模板后即可进入 App Designer 设计界面，如图 8-3 所示。可以看到，该设计界面主要由 3 部分组成：左边是组件库，右边是组件浏览器和属性检查器，中间是视图设计器。

组件库共有 4 类组件，这些组件是构成 App 界面的基本元素，提供了构建应用程序用户界面的组件模板，如坐标区、按钮、仪表盘等，用户可以拖动组件至设计视图的画布中进行布局设计。

组件浏览器用于编辑组件的属性及查看界面的组织架构，属性检查器用于查看和设置组件的外观特性。单击任意组件后均会显示检查器，可以在这里直接编辑该组件的属性，也可以在代码视图内编辑。（注意：一些功能只能通过代码实现。）

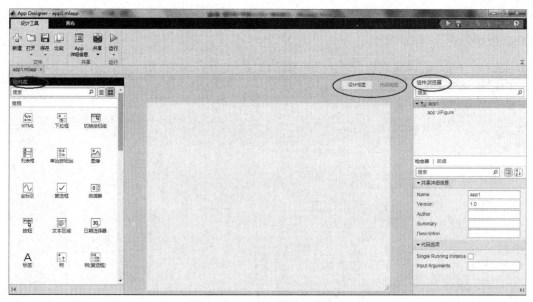

图 8-3　App Designer 设计界面

视图设计器有两种视图，一种是设计视图，另一种是代码视图。单击相应的视图按钮即可实现两种视图之间的切换。选择不同的视图，视图窗口的内容也不同。

1. 设计视图

设计视图用于编辑用户界面。当选择设计视图时，视图设计器窗口左边的组件库与右边的组件浏览器和属性检查器保持不变，中间区域是用户界面设计区，称为画布，如图 8-4 所示。

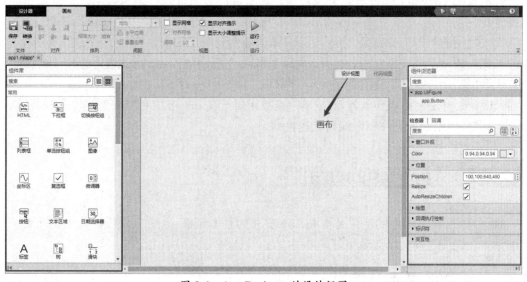

图 8-4　App Designer 的设计视图

设计视图菜单栏分别是"设计器"和"画布"选项卡。"设计器"选项卡中的工具栏按钮主要实现新建、保存、App 打包共享等功能；而"画布"选项卡中的工具栏按钮主要用来修改用户界面的布局，包括组件的对齐、排列、尺寸调整、间距调整、网格显示等功能。

2. 代码视图

代码视图用于编辑、调试和分析代码。在选择代码视图时，设计代码器窗口左边为代码浏览器和 App 的布局面板,右边仍为组件浏览器和属性检查器,中间区域为代码编辑区,如图 8-5 所示。

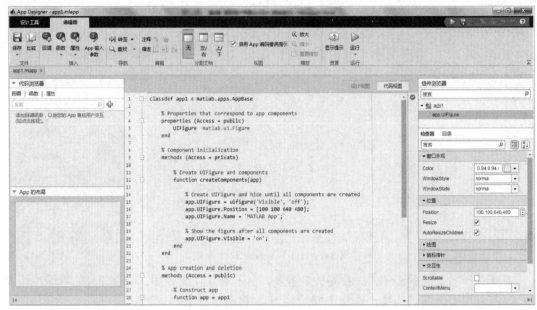

图 8-5　App Designer 的代码视图

代码浏览器用于查看和增删图形窗口与控件对象的回调、自定义函数及应用程序的属性,回调定义对象怎样处理信息并响应某事件,属性用于存储回调和自定义函数共享的数据。代码视图中的属性检查器用于查看和设置组件的值、值域、是否可见、是否可用等控制属性。

代码视图的菜单栏分别是"设计工具"和"编辑器"选项卡。其中,"设计工具"选项卡中的工具栏按钮主要实现新建、保存、App 打包共享等功能;而"编辑器"选项卡的工具栏中有 9 组按钮,其中最主要的是"插入""导航""编辑"3 个组,"插入"组按钮用于在代码中插入回调、自定义函数和属性,"导航"组按钮用于在.mlapp 文件中快速定位和查找内容,"编辑"组按钮用于增删注释、编辑代码格式。

8.3　App Designer 组件

前面提到,组件库中的组件是构成 App 界面的基本元素,App 开发设计者不仅需要了解各组件的功能,还需要掌握各组件的使用方法。

8.3.1　组件的种类及作用

在 MATLAB R2021a 中,App Designer 将组件按功能分成 4 类,下面分别进行介绍。

1. 常用组件

常用组件包括坐标区、按钮、列表框、滑块等组件。GUIDE 中的"可编辑文本"控件在 App 组件库中被分成了可以用于输入数值和文本的两种编辑字段的组件。App Designer 常用组件如表 8-1 所示。

表 8-1　App Designer 常用组件

组件名称	属性名称	图标样式	功能描述
HTML	HTML		显示简单标记或嵌入式 HTML 文件
下拉框	DropDown		从列表中选择一个选项
切换按钮组	ToggleButtonGroup		从一组切换按钮中选择一个选项
列表框	ListBox		从列表中选择一个或多个选项
单选按钮组	RadioButtonGroup		从一组单选按钮中选择一个选项
图像	Image		显示图像或徽标
坐标区	UIAxes		显示数据的可视化图形效果
复选框	CheckBox		从两个选项中选择一个状态
微调器	Spinner		输入数值数据并使用递增或递减按钮调整值
按钮	Button		按下时执行命令
文本区域	TextArea		输入多行文本
日期选择器	DatePicker		按指定格式选择和显示日期
标签	Label		显示组件的说明文本
树	Tree		显示分层项目列表
树（复选框）	CheckBoxTree		显示复选框项目的层次列表
滑块	Slider		在指定范围内调整值
状态按钮	StateButton		在两个状态之间切换
编辑字段（数值）	NumericEditField		输入数值数据
编辑字段（文字）	TextEditField		输入文本数据
表	Table		显示表格数据
超链接	Hyperlink		打开网页或执行 MATLAB 代码

2．容器组件

容器组件用于将界面上的元素按功能进行分组，包括网格布局、面板、选项卡组组件。App Designer 容器组件如表 8-2 所示。

表 8-2　App Designer 容器组件

组 件 名 称	属 性 名 称	图 标 样 式	功 能 描 述
网格布局	GridLayout		按指定的缩放行为基于网格排列组件
面板	Panel		组件分组
选项卡组	TabGroup		使用不同的选项卡分组管理组件

3．图窗工具组件

图窗工具组件用于建立用户界面的菜单，包括上下文菜单、工具栏、菜单栏组件。App Designer 图窗工具组件如表 8-3 所示。

表 8-3　App Designer 图窗工具组件

组 件 名 称	属 性 名 称	图 标 样 式	功 能 描 述
上下文菜单	ContextMenu		右击关联组件时显示上下文菜单
工具栏	Toolbar		在 App 顶部分组和显示工具
菜单栏	Menu		按功能分组显示应用程序命令及选项

4．仪器组件

仪器组件用于模拟实际电子设备的操作平台和操作方法，如仪表、旋钮、开关等。App Designer 仪器组件如表 8-4 所示。

表 8-4　App Designer 仪器组件

组 件 名 称	属 性 名 称	图 标 样 式	功 能 描 述
90°仪表	NinetyDegreeGauge		使用 90°径向刻度显示值
仪表	Gauge		使用径向刻度显示值
信号灯	Lamp		亮起以指示状态
分挡旋钮	DiscreteKnob		在若干不同状态之间调整值
半圆形仪表	SemicircularGauge		使用 180°径向刻度显示值
开关	Switch		在两个互斥状态之间切换
拨动开关	ToggleSwitch		在两个互斥状态之间切换
旋钮	Knob		在指定范围内调整值

组 件 名 称	属 性 名 称	图 标 样 式	功 能 描 述
线性仪表	LinearGauge		使用线性刻度显示值
跷板开关	RockerSwitch		在两个互斥状态之间切换

组件可以在设计视图中用组件库中的组件来生成，也可以在代码中调用 App 组件函数（如 uiaxes 函数、uibutton 函数等）来创建。App Designer 中组件所属的图形窗口是用 uifigure 函数来创建的。

8.3.2　组件的属性

每个组件都有其属性。App Designer 中组件的常见属性如下。

1. 常规属性

（1）Enable：用于控制组件是否可用。

（2）Style：组件类型。

（3）Tag：组件表示，用户定义。

（4）TooltipString：当将光标置于组件上时，会显示提示信息。

（5）UserData：用户指定数据。

（6）Position：用于定义组件在界面中的位置和大小，属性值是一个四元向量[x,y,w,h]。其中，x 和 y 分别为组件左下角相对于父对象的 x、y 坐标，w 和 h 分别为组件的宽度和高度。

（7）Units：设置组件的位置和大小的单位。

（8）有关字体的属性：有 FontAngle、FontName、FontSize 等。

2. 当前状态属性

（1）Value：用于获取和设置组件的当前值。对于不同类型的组件，其意义和可取值是不同的。需要注意以下几点。

① 对于数值编辑字段、滑块、微调器、仪表、旋钮对象，Value 属性值是数；对于文本编辑字段、分段旋钮对象，Value 属性值是字符串。

② 对于下拉框、列表框对象，Value 属性值是选中的列表项的值。

③ 对于复选框、单选按钮、状态按钮对象，当对象处于选中状态时，Value 属性值是 true；当对象处于未选中状态时，Value 属性值是 false。

④ 对于开关对象，当对象位于"On"挡位时，Value 属性值是字符串'On'；当对象位于"Off"挡位时，Value 属性值是字符串'Off'。

（2）ListboxTop：在列表框中显示的最顶层字符串的索引。

（3）Max：最大值。

（4）Min：最小值。

（5）Limits：用于获取和设置滑块、微调器、仪表、旋钮等组件的值域，属性值是一个二元向量[Lmin,Lmax]，Lmin 用于指定组件的最小值，Lmax 用于指定组件的最大值。

3. 外观属性

（1）BackgroundColor：使用[R G B]或颜色定义组件背景颜色。

（2）CData：在组件上显示真彩色图像，使用矩阵表示。

（3）ForegroundColor：文本颜色。

（4）String：组件上的文本，以及列表框和弹出菜单的选项。

（5）Visible：控件对象是否可见。

4．与回调函数相关的属性

（1）BusyAction：处理回调函数的中断。其中，Cancel 表示取消中断事件，Queue 表示排队（默认设置）。

（2）ButtonDownFcn：按钮按下时的处理函数。

（3）CallBack：回调函数，是连接程序界面与程序代码的关键属性。该属性应该是一个可以求值的字符串，在组件被选中和改变时，系统将自动对其字符串进行求值。

（4）CreateFcn：生成对象过程中执行的回调函数。

（5）DeleteFcn：删除对象过程中执行的回调函数。

（6）Interruptible：指定当前的回调函数在执行时是否允许中断而执行其他函数。

8.4 App Designer 代码结构

使用 App Designer 制作 App，主要涉及两部分：一部分是界面设计，另一部分是代码编辑。这两部分分别在设计视图和代码视图中实现并完成。前面已经大致介绍了界面设计的相关知识，本节从代码结构着手介绍代码编辑的相关知识。

8.4.1 类的定义

类是面向对象语言的程序设计中的概念，是面向对象编程的基础。

类的内部封装了属性和方法，用于操作自身的成员。类是对某种对象的定义，具有行为，用来描述一个对象能够做什么及做的方法，是可以对这个对象进行操作的程序和过程。它包含有关对象行为方式的信息，包括对象的名称、属性、方法和事件。

也就是说，类的构成包括成员属性和成员方法（数据成员和成员函数）。数据成员对应类的属性，类的数据成员也是一种数据类型，并不需要分配内存；而成员函数则用于操作类的各项属性，是一个类具有的特有的操作。

用 App Designer 设计的 App 采用的是面向对象设计模式，声明对象、定义函数、设置属性和共享数据都封装在一个类中，一个.mlapp 文件就是一个类的定义。也就是说，界面的设计布局和功能的实现代码都存放在同一个.mlapp 文件中。因此，数据变成了对象的属性（Properties），函数变成了对象的方法（Methods）。

1．App 类的基本结构

App 类的基本结构如下：

```
>> A0=A(1)
A0 =
     1
classdef  类名 < matlab.apps.AppBase
    properties (Access = public)
        …
    end
```

```
    methods (Access = private)
        function 函数1 (app,event)
            …
    end
        function 函数2 (app)
            …
    end
    end
    end
```

其中，classdef 是类的关键字；类名的命名规则与变量的命名规则相同；后面的 "<" 引导的一串字符，表示该类继承于 MATLAB 的 apps 类的子类 AppBase；properties 是属性的关键字，properties…end 程序段是属性的定义，主要包含属性声明代码；methods 是方法的关键字，methods…end 程序段是方法的定义，由若干函数组成。

当用户新建一个空白 App 时，空白 App 的代码视图会根据类的基本结构自动生成代码文件，控制并决定 App 对用户操作的响应。空白 App 的代码视图中的代码框架如下：

```
classdef app1 < matlab.apps.AppBase
    % Properties that correspond to app components
    properties (Access = public)
        UIFigure matlab.ui.Figure
    end
    % Component initialization
    methods (Access = private)
        % Create UIFigure and components
        function createComponents(app)
            % Create UIFigure and hide until all components are created
            app.UIFigure = uifigure('Visible', 'off');
            app.UIFigure.Position = [100 100 640 480];
            app.UIFigure.Name = 'MATLAB App';
            % Show the figure after all components are created
            app.UIFigure.Visible = 'on';
        end
    end
classdef app1 < matlab.apps.AppBase
% Properties that correspond to app components
properties (Access = public)
        UIFigure matlab.ui.Figure
    end
    % Component initialization
    methods (Access = private)
        % Create UIFigure and components
        function createComponents(app)
            % Create UIFigure and hide until all components are created
            app.UIFigure = uifigure('Visible', 'off');
            app.UIFigure.Position = [100 100 640 480];
            app.UIFigure.Name = 'MATLAB App';
            % Show the figure after all components are created
            app.UIFigure.Visible = 'on';
        end
    end
    % App creation and deletion
```

```
    methods (Access = public)
        % Construct app
        function app = app1
            % Create UIFigure and components
            createComponents(app)
            % Register the app with App Designer
            registerApp(app, app.UIFigure)
            if nargout == 0
                clear app
            end
        end
        % Code that executes before app deletion
        function delete(app)
            % Delete UIFigure when app is deleted
            delete(app.UIFigure)
        end
    end
end
```

这个代码文件是 App 的基本代码框架，是在新建 App 时由 App Designer 自动生成的，用户只需在代码框架中创建属性、自定义函数、自定义属性或添加回调函数，并在回调函数下编写功能代码，就可以完成对组件操作时的响应，实现 App 的相应功能。

值得注意的是，代码视图中只有回调函数、自定义函数与自定义属性是可以编辑的。也就是说，只有自行添加的代码是可以编辑的，其余自动生成的代码是不可以编辑的。

2．访问权限

存取数据和调用函数称为访问成员。对成员的访问有两种权限限定，即私有（private）和公共（public）。私有成员只允许在本界面中访问，而公共成员则可用于与 App 的其他类共享数据。

在.mlapp 文件中，属性的声明、界面的启动函数、建立界面组件的函数及其他回调函数默认都是私有的。

8.4.2　代码结构

一个简单的 App 通常可将代码分为 4 部分：属性的声明、回调函数/自定义函数的编辑、对象的构建、App 的创建。

1．属性的声明

在 App Designer 中，一个 App 就是一个类，App 中的所有对象及私有/公共属性均被称为类的属性，属性需要声明。属性的声明格式如下：

```
properties
    Name  Type
end
```

其中，Name 是属性名称，Type 是属性类型。若在声明属性时不指定属性类型，则属性类型与赋值类型保持一致。

（1）对象的声明。

声明名称为 Button 的 UI Button 对象（App Designer 会自动生成对象的声明代码，无须用户自己编写）：

```
properties (Access = public)
    Button matlab.ui.Control.Button
end
```

UI Button 对象的名称为 Button，UI Button 对象的类型为 matlab.ui.Control.Button。在画布上添加对象后，可切换至代码视图查看该对象的类型。

（2）字符变量的声明。

声明名称为 Value 的 double 类型变量：

```
properties
    Value  Type
end
```

如果此时 Type 为 double，则 Value 仅接受 double 类型的赋值，若对 Value 赋予其他类型的值，则 MATLAB 将提示错误。

2．回调函数/自定义函数的编辑

对象的回调函数和用户的自定义函数都需要自行编写，它们是整个 App 的关键所在，决定着 App 的具体功能是否能实现。

回调函数指定各对象的功能，与对象相关；自定义函数一般与对象无关，可在其他位置调用。

回调函数的代码格式如下：

```
methods (Access = public)
function  ObjName(app,event)        % ObjName 是对象名称
…                                    % 本段代码为回调函数
end
end
```

自定义函数的代码格式如下：

```
methods (Access = public)
function  myself=func(app)
…                                    % 本段代码为自定义函数
end
end
```

【注意】private 表示函数仅能在 App 内部被调用，public 表示函数可以在不同 App 之间被调用。

3．对象的构建

createComponents 函数用于构建对象。该函数是 App 类中的 private 方法，仅能在类的内部被调用。该函数用于进行对象的生成、确定对象的位置、初始化值等。

4．App 的创建和关闭

创建 App 的关键函数是 registerApp。该函数继承自 App 的基类 matlab.apps.AppBase，主要为 App 的 UIFigure 添加动态属性，并将属性指向 App。若要关闭 App，则需要用到另一个重要的函数，即析构函数 delete（可单独使用 delete 函数实现）。在执行关闭 App 操作，即关闭 UIFigure 时，用户可单击 App 关闭按钮，触发 delete 函数。

8.5 回调函数

在 C、C++等语言中，回调（Callback）函数就是一个通过函数指针调用的函数。如果把函数的指针（地址）作为参数传递给另一个函数，那么当这个指针被用来调用其所指向的函数时，就说这是回调函数。回调函数不是由该函数的实现方直接调用的，而是在特定的事件或条件发生时，由另外一方调用的，用于对该事件或条件做出响应。

App 中的回调函数同样可以理解为控件收到用户的操作时调用的特定函数。每个回调函数都是一个子函数，每个图形对象的类型不同，回调函数也不同。换言之，就是当执行一种操作时，程序做出相应的反应。因此，回调函数是使 App 图形界面实现其功能的关键所在。

1. 回调函数名及其参数

App Designer 会自动给回调函数命名，当在设计视图中添加一个组件时，就根据该组件的 Text 属性确定了回调函数的名称。例如，当按钮 UI Button 被添加时，其 Text 属性是 Button，因此就命名了一个 Buttonpushed(app, event)回调函数，当保存文件时，该文件将其作为子函数保存起来。如果修改了 Text 属性，则回调函数名也会随之改变。通常可以根据组件的功能修改其 Text 属性，从而使组件及回调函数的名称更易于辨识。

在一般情况下，组件的回调函数有两个参数，分别是 app 和 event。参数 app 存储了界面中各个组件的数据，用于访问 App 中的所有对象及其属性；而参数 event 则存储事件数据，用于指明用户与对象的交互信息。其他函数大多只有一个参数——app。

2. 回调函数表

为了方便用户查询及添加合适的回调函数，下面列出各组件的常用回调函数，如表 8-5 所示。

表 8-5　各组件的常用回调函数

组件名称	属性名称	回调函数	使用场景
HTML	HTML	DataChangedFcn	HTML 数据变化时执行某种操作
下拉框	DropDown	ValueChangedFcn	选择不同选项执行不同的操作
		DropDownOpeningFcn	展开下拉窗口前执行某种操作
切换按钮组	ToggleButtonGroup	SelectionChangedFcn	选择不同选项执行不同的操作
		SizeChangedFcn	组件大小改变时执行某种操作
		ButtonDownFcn	单击时执行某种操作
列表框	ListBox	ValueChangedFcn	选择不同选项执行不同的操作
单选按钮组	RadioButtonGroup	SelectionChangedFcn	选择不同选项执行不同的操作
		SizeChangedFcn	组件大小改变时执行某种操作
		ButtonDownFcn	单击时执行某种操作
图像	Image	ImageClickedFcn	单击图像后执行某种操作
坐标区	UIAxes	ButtonDownFcn	单击时执行某种操作
		—（表示不需要回调函数）	数据图形化显示
复选框	CheckBox	ValueChangedFcn	按是否勾选执行不同的操作
微调器	Spinner	ValueChangedFcn	值改变后执行某种操作
		ValueChangingFcn	值改变时执行某种操作

续表

组 件 名 称	属 性 名 称	回 调 函 数	使 用 场 景
按钮	Button	ButtonPushed	按下按钮后执行某种操作
文本区域	TextArea	ValueChangedFcn	输入文本后执行某种操作
日期选择器	DatePicker	ValueChangedFcn	日期改变时执行某种操作
标签	Label	—	说明或备注时使用
树	Tree	SelectionChangedFcn	选择不同选项执行不同的操作
		NodeExpandedFcn	节点展开时执行某种操作
		NodeCollapsedFcn	节点折叠时执行某种操作
		NodeTextChangedFcn	修改节点名称时执行某种操作
树（复选框）	CheckBoxTree	CheckedNodesChangedFcn	勾选不同节点执行不同的操作
		SelectionChangedFcn	选择不同选项执行不同的操作
		NodeExpandedFcn	节点展开时执行某种操作
		NodeCollapsedFcn	节点折叠时执行某种操作
		NodeTextChangedFcn	修改节点名称时执行某种操作
滑块	Slider	ValueChangedFcn	值改变后执行某种操作
		ValueChangingFcn	值改变时执行某种操作
状态按钮	StateButton	ValueChangedFcn	状态改变时执行某种操作
编辑字段（数值）	NumericEditField	ValueChangedFcn	数字改变后执行某种操作
编辑字段（文字）	TextEditField	ValueChangedFcn	文本改变后执行某种操作
		ValueChangingFcn	文本改变时执行某种操作
表	Table	CellEditFcn	编辑表格内容时执行某种操作
		CellSelection	选中表格时执行某种操作
		DisplayDataChangedFcn	显示数据后执行某种操作
超链接	Hyperlink	HyperlinkClickedFcn	输入超链接后执行某种操作
网格布局	GridLayout	—	—
选项卡组	TabGroup	SelectionChangedFcn	选择不同选项卡执行不同的操作
		ButtonDownFcn	单击时执行某种操作
面板	Panel	SizeChangedFcn	组件大小改变时执行某种操作
		ButtonDownFcn	单击时执行某种操作
上下文菜单	ContextMenu	ContextMenuOpeningFcn	单击关联组件时执行某种操作
工具栏	Toolbar	ClickedFcn	单击后执行某种操作
菜单栏	Menu	CloseRequest Fcn	关闭请求时执行某种操作
		ButtonDownFcn	单击时执行某种操作
		Keyboard 回调	与键盘操作相关的回调函数
		Window 回调	与窗口操作相关的回调函数
90°仪表	NinetyDegreeGauge	—	刻度显示
仪表	Gauge	—	刻度显示
信号灯	Lamp	—	状态指示
分档旋钮	DiscreteKnob	ValueChangedFcn	值改变后执行某种操作
半圆形仪表	SemicircularGaue	—	刻度显示
开关	Switch	ValueChangedFcn	开关状态变化后执行某种操作
拨动开关	ToggleSwitch	ValueChangedFcn	开关状态变化后执行某种操作

续表

组 件 名 称	属 性 名 称	回 调 函 数	使 用 场 景
旋钮	Knob	ValueChangedFcn	值改变后执行某种操作
		ValueChangingFcn	值改变时执行某种操作
线性仪表	LinearGauge	—	刻度显示
跷板开关	RockerSwitch	ValueChangedFcn	开关状态变化后执行某种操作

8.6　对象属性

对象的实质就是一组属性的集合，每个对象的属性不尽相同。

属性是 App Designer 共享数据的最佳方式，可供所有函数和回调函数访问。

在之前的访问权限中提过，属性有两种，一种是私有属性（Private Property），另一种是公共属性（Public Property）。当需要传递某个中间值给多个回调函数使用时，一般采用私有/公共属性来保存该中间值（属性的实质就是变量）。私有属性仅能在创建它的 App 中传递，而公共属性则可以跨 App 传递。

App 在运行时，通常需要在某个对象的回调函数中获取另一个对象的值，该值就是对象的属性值。在编辑过程中，App 使用句柄访问对象的属性，访问格式如下：

```
name=app.UIObject.Name
```

在 MATLAB 命令行窗口中输入某一对象的名称即可查看该对象的所有属性及其对应的值。

例如，查看按钮 UI Button 的属性与属性值，在命令行窗口输入如下内容：

```
>> uibutton              %所有字母均小写
```

此时，MATLAB 将返回按钮 UI Button 的属性与属性值：

```
ans =
  Button (Button) - 属性:
            Text: 'Button'
            Icon: ''
   ButtonPushedFcn: ''
        Position: [100 100 100 22]
显示 所有属性
      BackgroundColor: [0.9600 0.9600 0.9600]
        BeingDeleted: off
          BusyAction: 'queue'
     ButtonPushedFcn: ''
        ContextMenu: [0×0 GraphicsPlaceholder]
          CreateFcn: ''
          DeleteFcn: ''
            Enable: on
          FontAngle: 'normal'
          FontColor: [0 0 0]
          FontName: 'Helvetica'
          FontSize: 12
         FontWeight: 'normal'
      HandleVisibility: 'on'
HorizontalAlignment: 'center'
              Icon: ''
```

```
        IconAlignment: 'left'
       InnerPosition: [100 100 100 22]
       Interruptible: on
              Layout: [0×0 matlab.ui.layout.LayoutOptions]
       OuterPosition: [100 100 100 22]
              Parent: [1×1 Figure]
            Position: [100 100 100 22]
                 Tag: ''
                Text: 'Button'
             Tooltip: ''
                Type: 'uibutton'
            UserData: []
   VerticalAlignment: 'center'
             Visible: on
            WordWrap: off
```

若需要在某个对象的回调函数中获取另一个对象的属性值，则可采用以下命令：

```
Value=app.Component.Property;% 获取对象 Component 的 Property 参数值，并将其赋给 Value
```

其中，**Component** 为对象名，**Property** 为属性名。例如，将按钮 UI Button 的 Visible 属性值保存在 mydata 中可以使用以下命令：

```
mydata=app.Button.Visible ;        % 获取按钮 Button 是否可见
```

查看结果：

```
mydata='on'                        % 结果为 on，按钮可见
```

若需要在某个对象的回调函数中对另一个对象的属性赋值，则可采用以下命令：

```
[x,fval]=quadprog(H,f,A,b,[],[],lb,[])
app.Component.Property= Value      % 将 Value 的值赋给对象 Component 的 Property 参数
```

8.7 App 设计实例

根据前面所学的知识，本节主要进行实践操作。在 MATLAB 中使用 App Designer 设计 App 的一般步骤如下。

（1）使用 App Designer 创建一个 App 的初始界面，即在设计视图的画布上布置菜单栏和工具栏等组件。

（2）使用设计视图右侧的属性检查器对组件属性进行设置，其中最重要的属性是 Tag，它将作为该组件的标识出现在对象浏览器、对象视图及程序代码中。

（3）使用代码视图编辑器在自动生成的代码框架中编写组件回调函数、使用到的子函数等，设计出具有一定功能的图形用户界面。

（4）使用.mlapp 中的设计视图和代码视图的调试方法得到正常运行的 App。

8.7.1 App 设计实例 1

编写你的第 1 个 App，向世界说一声 "Hello World!" 吧。

步骤 1：打开 MATLAB 并启动 App Designer，新建一个 App 应用，重命名并保存在合适的位置。本例保存在 "D:\matlab2021a\bin\hello world" 文件夹中，同时将默认 App 的名称

"app1.mlapp" 重命名为 "HelloWorld.mlapp"。

步骤 2：在空白画布中添加一个 Button 按钮，如图 8-6 所示。

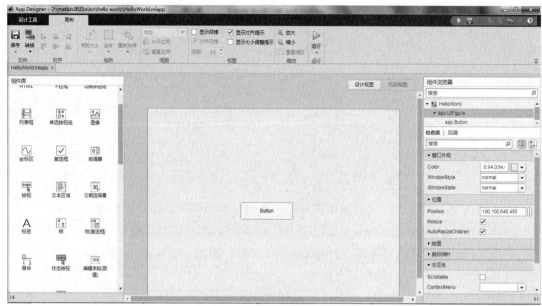

图 8-6 添加 Button 按钮

步骤 3：右击该 Button 按钮，在弹出的快捷菜单中选择 "回调" → "转至 ButtonPushed 回调" 选项，如图 8-7 所示。此时会直接跳转至代码视图中的回调函数 ButtonPushed(app, event) 下，如图 8-8 所示。

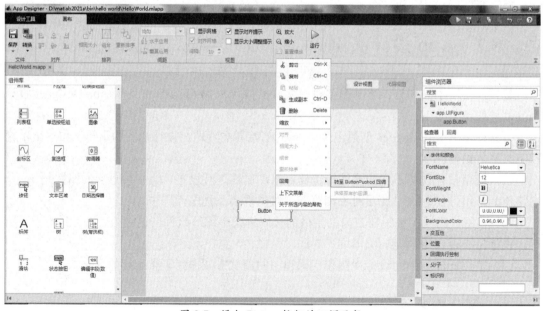

图 8-7 添加 Button 按钮的回调函数

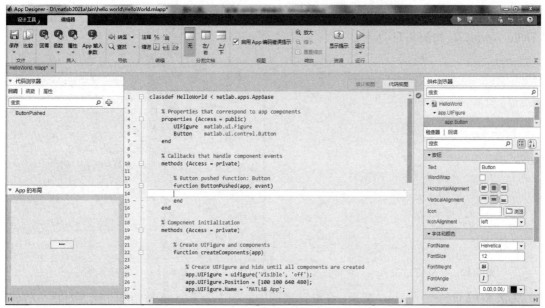

图 8-8　代码视图中的回调函数

步骤 4：在如图 8-8 所示的代码视图中的回调函数 ButtonPushed(app, event)下的空白行，即光标闪烁处添加以下程序代码：

```
msgbox('Hello World!')
```

在回调函数下，根据需要的功能设置函数以实现相应的功能。这里需要弹出消息对话框并显示"Hello World!"，使用创建消息对话框函数 msgbox，如图 8-9 所示。

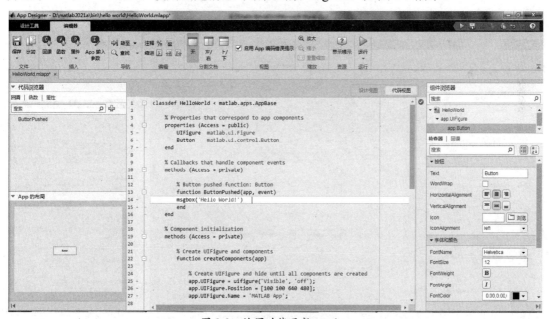

图 8-9　编写功能函数 msgbox

步骤 5：单击"运行"按钮或按 F5 快捷键，保存并运行新建的 App（HelloWorld.mlapp），此时会弹出"MATLAB App"对话框，如图 8-10 所示。

步骤 6：在弹出的"MATLAB App"对话框中单击 Button 按钮，弹出消息对话框，显示"Hello World!"，如图 8-11 所示。

图 8-10　"MATLAB App"对话框

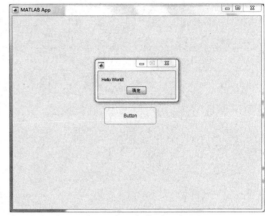

图 8-11　消息对话框

【例 8-1】设计一个 App，要求：在设计视图中添加 3 个 Button 按钮和 1 个坐标区（Axes）对象，并为这 4 个对象添加回调函数。其中，3 个 Button 按钮分别实现 sin 函数在坐标区的波形绘制和清除，以及当前视图窗口的关闭；坐标区仅用于显示 sin 函数波形。

【解】步骤 1：打开 MATLAB 并启动 App Designer，新建一个 App 应用，重命名并保存在合适的位置。本例保存在 C:\Users\user\Desktops 中（电脑桌面上），同时将默认 App 的名称"app1.mlapp"重命名为"ZHENGXIAN.mlapp"。

步骤 2：在空白画布中添加 4 个组件，分别为 3 个 Button 按钮和 1 个坐标区，如图 8-12 所示。

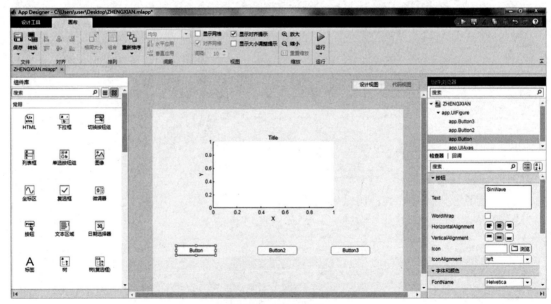

图 8-12　添加组件

步骤 3：在右侧的属性检查器的 Text 属性中修改各组件的标签名称，3 个 Button 按钮的名称分别为 SinWave、Delete 和 Quit，1 个坐标区为 Wave，如图 8-13 所示。

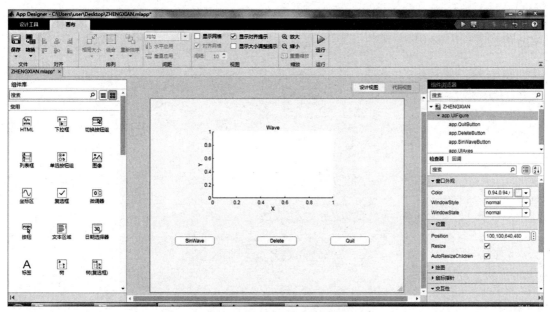

图 8-13 修改组件的标签名称

步骤 4：在设计视图中分别右击 3 种组件（或在代码视图的组件浏览器的组件列表中分别右击组件，在弹出的快捷菜单中选择"回调"选项，并添加相应的回调函数，分别是 SinWaveButtonPushed(app, event)、DeleteButtonPushed(app, event) 和 QuitButtonPushed(app, event)。

【注意】只为 3 个 Button 按钮添加回调函数，因为 App 运行后，仅对这 3 个对象进行点击操作。

步骤 5：添加完回调函数后，跳转至组件的回调函数下，即可编写相应的功能代码。在本例中，为 SinWaveButtonPushed(app, event) 回调函数添加的代码如下：

```
x=-5:0.1:5;
y=sin(x);
plot(app.UIAxes,x,y,'r-');
```

为 DeleteButtonPushed(app, event) 回调函数添加的代码如下：

```
cla(app.UIAxes);
```

为 QuitButtonPushed(app, event) 回调函数添加的代码如下：

```
delete(app);
```

添加完成后的效果如图 8-14 所示。

步骤 6：单击"运行"按钮或按 F5 快捷键，保存并运行新建的 App（ZHENGXIAN.mlapp），此时会弹出"MATLAB App"对话框，如图 8-15 所示。

步骤 7：在弹出的"MATLAB App"对话框中单击"SinWave"按钮时，Wave 坐标区会显示正弦波形（正弦波参数可自定义），如图 8-16 所示。

当单击"Delete"按钮时，Wave 坐标区会清除正弦波形；当单击"Quit"按钮时，会退出当前"MATLAB App"对话框。

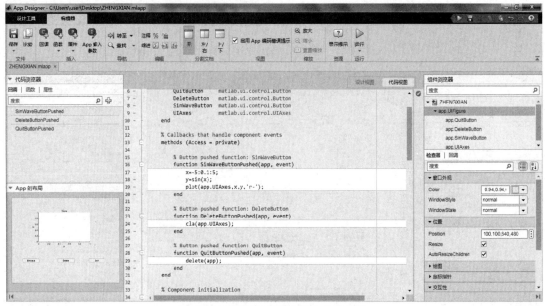

图 8-14   编写各回调函数的功能代码

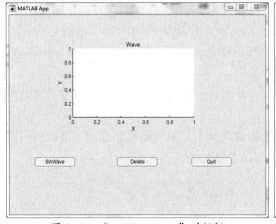

图 8-15   "MATLAB App" 对话框

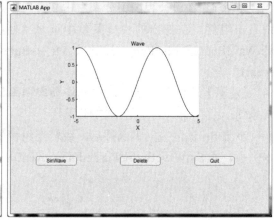

图 8-16   单击 "SinWave" 按钮后显示正弦波形

8.7.2   App 设计实例 2

1. 电路原理

Buck 斩波电路原理图如图 8-17 所示，其中，V 为全控型器件 IGBT，D 为续流二极管。当 V 处于通态时，电源 U_i 向负载 R 供电，$U_D=U_i$ ；当 V 处于断态时，负载电流经续流二极管 D 续流至一个周期 T 结束，电压 U_D 近似为 0，至此一个通断周期结束。

负载电压的平均值为

$$U_o = \frac{T_{on}}{T_{on}+T_{off}} U_i = \frac{T_{on}}{T} U_i = \alpha U_i$$

式中，T_{on} 为 V 处于通态的时间；T_{off} 为 V 处于断态的时间；T 为开关周期；α 为导通占空比。由此可知，输出到负载的电压平均值 U_o 最高为 U_i，若减小导通占空比 α，则 U_o 随之降低，由于输出电压低于输入电压，故称该电路为降压斩波电路。

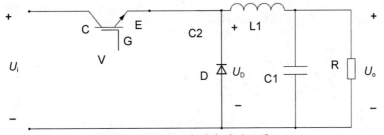

图 8-17　Buck 斩波电路原理图

2．Simulink 模型搭建

根据 Buck 斩波电路原理图，在 Simulink 中搭建仿真模型，如图 8-18 所示。

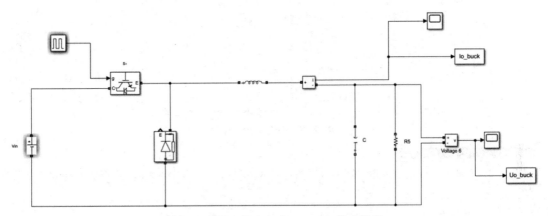

图 8-18　Buck 斩波电路 Simulink 仿真模型

图 8-18 中各元器件的参数设置如下。

（1）IGBT 参数设置为 Ron=1e−3 Ω，Rs=1e5 Ω，Cs=inf F。

（2）Diode 参数设置为 Ron=0.001 Ω，Vf=0.8 V，Rs=500 Ω，Cs=250e−9 F。

（3）L 参数设置为 Inductance=2e−3 H。

（4）C 参数设置为 Capacitance=100e−6 F。

（5）R 参数设置为 Resistance=10 Ω。

3．Buck 斩波电路的设计

1）在空白画布中添加相关组件

（1）将界面选定在 App Designer 空白界面上，单击界面左侧组件库的"标签"（Label）图标，如图 8-19（a）所示；待光标变为十字图案时，在空白画布处单击，即可在空白界面上放置 Label 组件，如图 8-19（b）所示。

（2）将光标移至界面右侧组件浏览器的字体与颜色处，单击下拉按钮，出现调色盘后即可更改 Label 组件的颜色，如图 8-20 所示。将光标移动至 Label 组件边框处，按住鼠标左键，拖曳即可调整 Label 组件的大小。

（3）按照添加 Label 组件的方法，在空白画布中添加建立 Buck 斩波电路 App 所需的其他组件，即依次在界面左侧的组件库中选择数值、坐标区、文本、按钮等组件，并调整各个组件的相对位置，从而得到 Buck 斩波电路的前面板，如图 8-21 所示。

（a）组件库中的 Label 组件

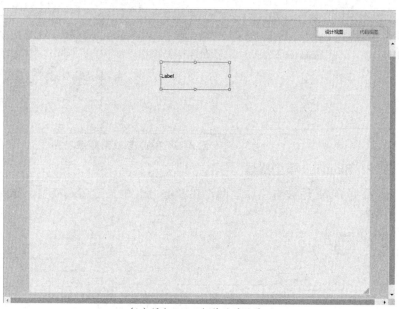

（b）添加 Label 组件后的效果

图 8-19　添加 Label 组件

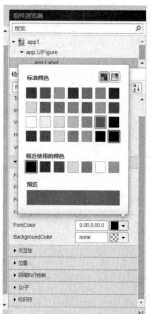

图 8-20　更改 Label 组件的颜色

图 8-21　Buck 斩波电路的前面板

2）插入回调函数

（1）插入坐标区组件回调函数。

在如图 8-21 所示的前面板布局完成界面中，将光标移至坐标区组件处并单击鼠标右键，在弹出的快捷菜单中选择"回调"→"添加 ButtonDownFcn 回调"选项，即可进入代码视图界面对应组件的回调函数编辑界面，如图 8-22 和图 8-23 所示。

除了上述方法，还可以单击画布右上角的"代码视图"按钮，直接跳转到代码视图界面，在代码视图界面的左下角可以看见前面板框架的缩略图，在此缩略图上，右击坐标区组件，调出其快捷菜单，选择"回调"→"添加 ButtonDownFcn 回调"选项，也可跳转到代码视图对应的回调函数插入位置。

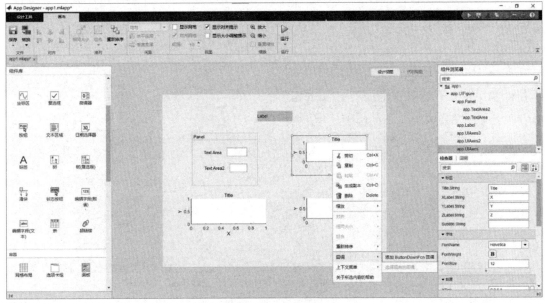

图 8-22　进行回调

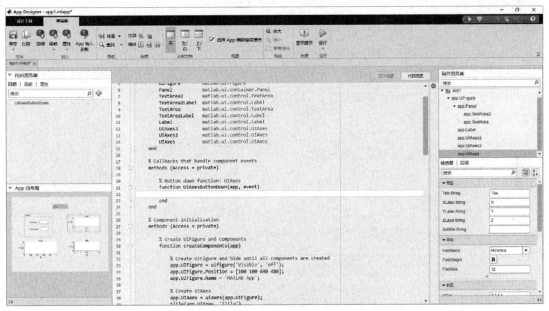

图 8-23　坐标区组件的回调函数编辑界面

　　为了使该坐标区在程序运行后能够显示电路原理图，需要在回调函数部分插入调用语句，使其能够读取相关路径下的图片，并能在坐标区中显示。调用电路原理图的核心代码界面如图 8-24 所示。

　　根据设计思路，剩余两个坐标区用于显示 Simulink 仿真波形，因此需要在回调函数部分插入调用语句，使其能够读取仿真结果，同时纵坐标轴显示输出电信号，而横坐标轴则显示时间。添加代码界面如图 8-25 所示。

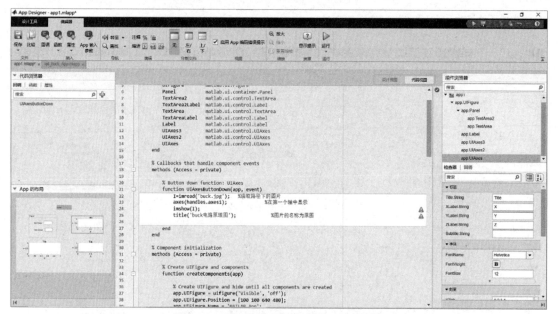

图 8-24　调用电路原理图的核心代码界面

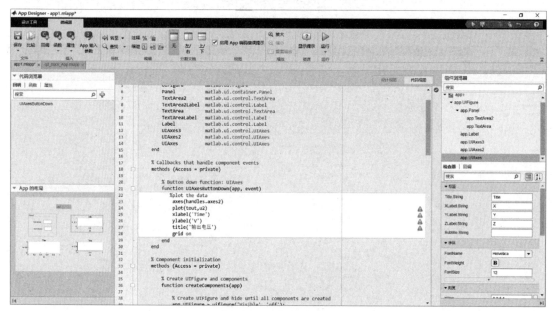

图 8-25　添加代码界面

（2）插入文本组件回调函数。

目前，前面板中还有两个空白文本组件未插入回调函数，根据设计思路，该文本区域需要写入输入电压且默认基础数值为自定义值，这就需要为其回调函数添加赋值函数，能够为未知变量赋值并声明初始电压为自定义值，其核心代码界面如图 8-26 所示。

（3）插入按钮组件回调函数。

前面板中的按钮为启动按钮，为实现该功能，需要为其回调函数添加启动语句，使其能够调用输入文本框中的内容，启动 Simulink 仿真，其核心代码界面如图 8-27 所示。

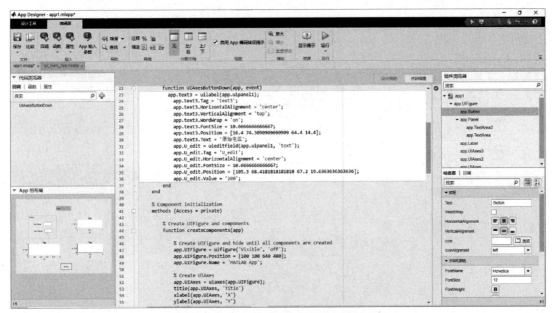

图 8-26　文本组件回调函数的核心代码界面

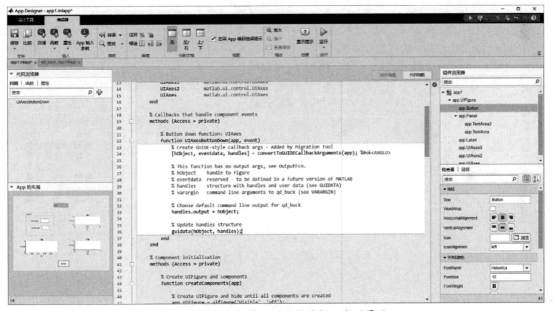

图 8-27　按钮组件回调函数的核心代码界面

3）更改组件名称并调整布局

（1）更改组件的名称和颜色。

单击代码视图界面右上角的"设计视图"按钮，跳转到前面板设计界面，先单击"按钮"图标，将其选中；然后在该界面右侧的组件浏览器的"按钮"列表框的"text"文本框中更改名称为"启动仿真"，如图 8-28 所示；最后在调色盘中更改该组件的颜色，如图 8-29 所示。

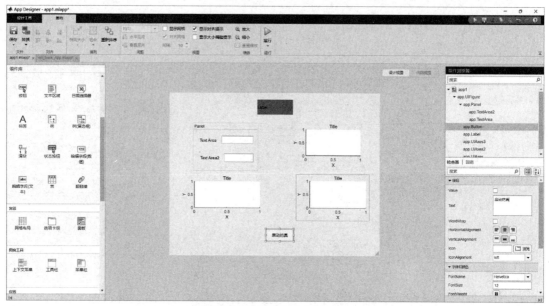

图 8-28　更改按钮组件的名称

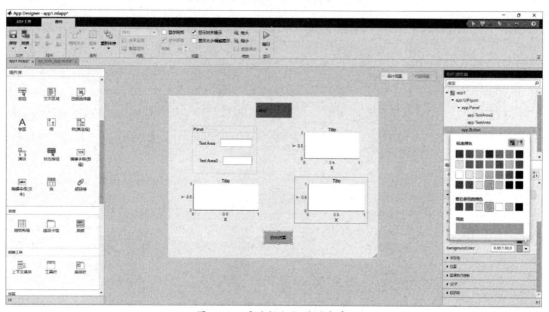

图 8-29　更改按钮组件的颜色

（2）按照上述方法更改前面板中每个组件的名称，修改结果如图 8-30 所示。

4）运行结果

在 App Designer 界面中，单击图 8-30 中的"启动仿真"按钮或按 F5 快捷键，即可保存并运行新建的 App。

（1）在运行界面写进输入电压为 200 V、导通占空比为 25%，再次单击"启动仿真"按钮，就可以得到 Buck 斩波电路的相应结果，其输出电压为 50 V，如图 8-31 所示。

（2）更改输入电压为 200 V、导通占空比为 50%，再次单击"启动仿真"按钮后得到输出电压为 100 V，如图 8-32 所示。

（3）当输入电压为 200 V、导通占空比为 75%时，其输出电压为 150 V，如图 8-33 所示。

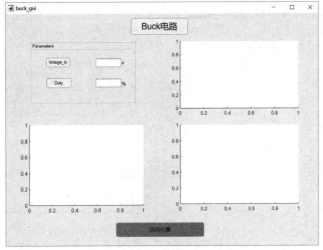

图 8-30　修改结果

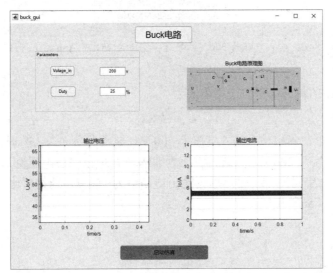

图 8-31　输入电压为 200 V、导通占空比为 25%时 App 的运行结果

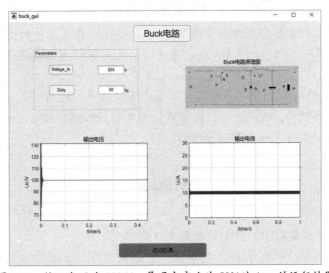

图 8-32　输入电压为 200 V、导通占空比为 50%时 App 的运行结果

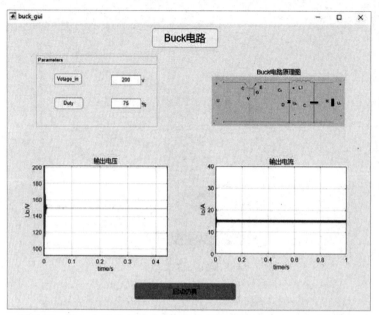

图 8-33   输入电压为 200 V、导通占空比为 75% 时 App 的运行结果

5）结果分析

Buck 斩波电路的输出电压的计算公式为

$$U_o = U_i \times D$$

根据此公式可以计算出，当输入电压为 200 V、导通占空比为 25% 时，理论输出电压值为 50 V；当输入电压为 200 V、导通占空比为 50% 时，理论输出电压值为 100 V；当输入电压为 200 V、导通占空比为 75% 时，理论输出电压值为 150 V。通过对比可以发现该 App 的运行结果与理论计算结果相同。

本章小结

本章首先介绍了 App 开发工具及其环境界面的组成；然后从 App Designer 的组件、代码结构、回调函数、对象属性几方面介绍了 App Designer 开发环境的使用，使读者对 App Designer 开发环境有一个初步的了解；最后通过两个 App 设计实例实现了对 App Designer 开发环境的具体应用。

通过对 MATLAB App 的学习，可以培养读者不畏艰辛、迎难而上、刻苦钻研、追求卓越的工作态度和拼搏精神，使读者意识到实践能力与基础知识的联系，锻炼读者的实践创新能力，从而提高其专业自豪感和职业自信心。

习题 8

8-1. 什么是 UI？什么是 GUI？两者的区别是什么？

8-2. MATLAB 提供了两种创建 GUI 的环境，分别是什么？2019 年以后仅使用哪种环境创建 GUI？

8-3. MATLAB 中创建 GUI 的方法有几种？分别是什么？

8-4. App Designer 有哪些优点？

8-5. App Designer 的设计界面主要由哪几部分组成？各部分的功能是什么？

8-6. App Designer 的组件种类有哪些？

8-7. 组件的属性有哪些？

8-8. App 代码结构分为哪几部分？它们的作用是什么？

8-9. App 中回调函数的作用是什么？

8-10. 利用图形用户界面，实现记事本"File"菜单下的"新建""打开""保存""另存为""退出"菜单项的功能。

8-11. 设计一个 App，要求在设计视图中添加 5 个按钮（Button）和 2 个坐标区（Axes）对象，并为这 7 个对象添加回调函数。其中，2 个 Button 按钮分别实现方波在坐标区 1 中的波形绘制和清除功能，另外 2 个 Button 按钮实现三角波在坐标区 2 中的波形绘制和清除功能，最后 1 个 Button 按钮实现当前视图窗口的关闭功能。

8-12. 利用 App Designer 设计一个虚拟信号发生器。

第 9 章

Simulink 工具箱

MATLAB 拥有 30 多个工具箱，并且随着 MATLAB 版本的不断更新，其工具包数目也在不断更新，功能也在不断完善。其中，Simulink 工具箱是一个用来建模、仿真和分析系统的软件包，在工科专业中得到了广泛应用。

9.1 MATLAB 工具箱分类

MATLAB 常用工具箱如表 9-1 所示。

表 9-1　MATLAB 常用工具箱

名　　称	功 能 说 明
Control System Toolbox	控制系统工具箱
Communication Toolbox	通信工具箱
Financial Toolbox	财政金融工具箱
System Identification Toolbox	系统辨识工具箱
Fuzzy Logic Toolbox	模糊逻辑工具箱
Higher-Order Spectral Analysis Toolbox	高阶谱分析工具箱
Image Processing Toolbox	图像处理工具箱
LMI Control Toolbox	线性矩阵不等式工具箱
Model predictive Control Toolbox	模型预测控制工具箱
μ-Analysis and Synthesis Toolbox	μ 分析工具箱
Neural Network Toolbox	神经网络工具箱
Optimization Toolbox	优化工具箱
Partial Differential Toolbox	偏微分方程工具箱
Robust Control Toolbox	鲁棒控制工具箱
Signal Processing Toolbox	信号处理工具箱
Spline Toolbox	样条工具箱
Statistics Toolbox	统计工具箱
Symbolic Math Toolbox	符号数学工具箱

续表

名　称	功 能 说 明
Simulink Toolbox	动态仿真工具箱
Wavele Toolbox	小波工具箱
MATLAB Main Toolbox	MATLAB 主工具箱

9.2　Simulink 工具箱的应用

Simulink 是 MathWorks 公司推出的 MATLAB 中的一种可视化仿真工具，是一个模块图环境，用于多域仿真及基于模型的设计。Simulink 中的"Simu"一词表示可用于计算机仿真，而"link"一词则表示它能进行系统连接，即把一系列模块连接起来，构成复杂的系统模型。作为 MATLAB 的一个重要组成部分，Simulink 具有上述两大功能和特色，并且能提供可视化仿真环境、快捷简便的操作方法，因而成为目前最受欢迎的仿真软件之一。

Simulink 与 MATLAB 相集成，能够在 Simulink 中将 MATLAB 算法融入模型，还能将仿真结果导出至 MATLAB 中做进一步分析。Simulink 的应用领域包括汽车、航空、工业自动化、大型建模、复杂逻辑、物理逻辑、信号处理。

9.2.1　Simulink 的启动方法

在 MATLAB 中有两种启动 Simulink 的方法，如图 9-1 所示。

方法一：在 MATLAB 命令行窗口中输入 simulink，按 Enter 键后，即弹出"Simulink Start Page"窗口。

方法二：通过单击 MATLAB 主窗口的快捷按钮打开"Simulink Start Page"窗口。

图 9-1　启动 Simulink 的两种方法

9.2.2　Simulink 界面与菜单

启动 Simulink 后，即弹出如图 9-2 所示的"Simulink Start Page"窗口，其中按钮的功能如表 9-2 所示。

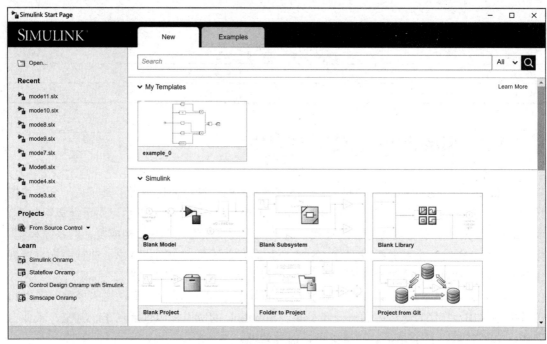

图 9-2　"Simulink Start Page"窗口

表 9-2　"Simulink Start Page"窗口中按钮的功能

按　　钮	图　　标	功　能　说　明
Blank Model	Blank Model	新建模型窗口（建模窗口）
Blank Subsystem	Blank Subsystem	新建子系统窗口
Blank Library	Blank Library	新建模块库窗口
Blank Project	Blank Project	新建工程文件

续表

按　　钮	图　　标	功 能 说 明
Folter to Project	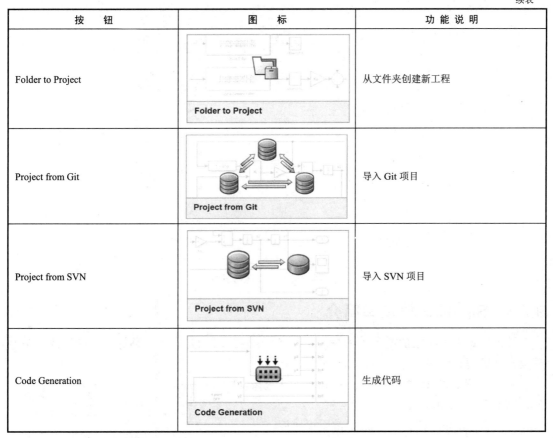 Folder to Project	从文件夹创建新工程
Project from Git	Project from Git	导入 Git 项目
Project from SVN	Project from SVN	导入 SVN 项目
Code Generation	Code Generation	生成代码

单击"Simulink Start Page"窗口中的"Blank Model"图标，创建一个新的 Simulink 建模窗口，如图 9-3 所示。

图 9-3　Simulink 建模窗口

在 Simulink 建模窗口中直接单击启动快捷按钮进行仿真。仿真开始，直至设置的仿真终止时间，仿真结束。若要在仿真过程中中止仿真，则可单击停止快捷按钮。单击工具箱快捷按钮，进入模块库工具箱窗口，如图 9-4 所示。

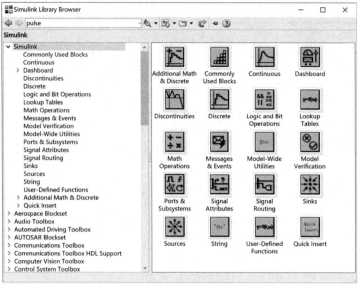

图 9-4 模块库工具箱窗口

9.2.3 Simulink 模块库简介

Simulink 模块库包括很多子模块，如图 9-5 所示，这使得用户能够针对不同行业的数学模型进行快速设计。

MATLAB R2021a 版本中的 Simulink 工具箱按功能分为以下 20 类子模块库。

（1）Commonly Used Blocks：常用模块库。

（2）Continuous：连续时间系统模块库。

（3）Dashboard：仪表盘模块库。

（4）Discontinuities：非线性系统模块库。

（5）Discrete：离散系统模块库。

（6）Logic and Bit Operations：逻辑运算和位运算模块库。

（7）Lookup Tables：查找表模块库。

（8）Math Operations：数学运算模块库。

（9）Model Verification：模型验证模块库。

（10）Model-Wide Utilities：进行模型扩充的实用模块库。

（11）Ports & Subsystems：端口和子系统模块库。

（12）Signal Attributes：信号属性模块库。

（13）Signal Routing：信号数据流模块库。

（14）Sinks：仿真接收模块库。

（15）Sources：仿真输入源模块库。

（16）String：字符串数组库。

（17）User-Defined Functions：用户自定义函数模块库。

（18）Additional Math & Discrete：附加的数学和离散模块库。

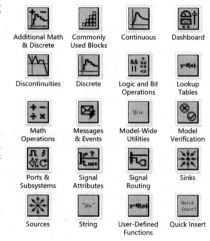

图 9-5 Simulink 模块库

（19）Quick Insert：快速插入模块库。

（20）Messages & Events：基于消息的通信建模的模块库。

每个子模块库中包含同类型的标准模型，这些模块库可直接用于建立系统的 Simulink 框图模型。常用子模块库有常用模块库、连续时间系统模块库、数学运算模块库、仿真接收模块库、仿真输入源模块库等。

1．常用模块库

常用模块库（Commonly Used Blocks）包含了 Simulink 建模与仿真所需的各类最基本和最常用的模块，如图 9-6 所示，其中各个模块的功能如表 9-3 所示。

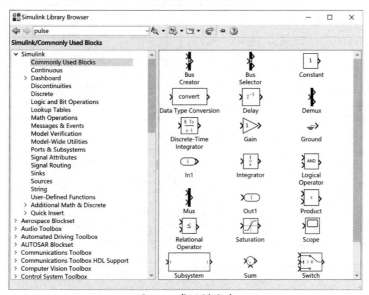

图 9-6　常用模块库

表 9-3　常用模块库各个模块的功能

名　　称	功　能　说　明
Bus Creator	信号汇总模块，将不同类型信号集结在一起
Bus Selector	信号选择模块，由总线信号中选取需要的一路或几路信号输出
Constant	常量输入模块
Data Type Conversion	数据类型转换模块
Delay	延迟模块
Demux	分路器，将一个向量信号分解为多路信号
Discrete-Time Integrator	离散时间积分模块
Gain	比例运算
Ground	接地模块，连接到没有连接的输入端
In1	子系统输入
Integrator	积分器
Logical Operator	逻辑运算符
Mux	多路复用器
Out1	输出端模块
Product	标量和非标量的乘除运算或矩阵的乘法和逆运算
Relational Operator	对输入执行指定的关系运算

名　　称	功 能 说 明
Saturation	将输入信号限制在饱和上界和下界之间
Scope	显示仿真过程中生成的信号
Subsystem	对各模块进行分组以创建模型层次结构
Sum	求和模块
Switch	开关模块
Terminator	终止未连接的输出端口
Matrix Concatenate	矩阵拼接模块

2．连续时间系统模块库

连续时间系统模块库如图 9-7 所示，主要为积分环节、传递函数、饱和积分和延迟环节等，其中常用模块的功能如表 9-4 所示。

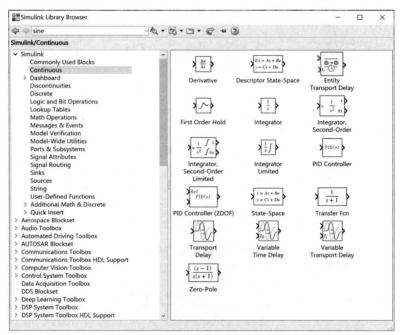

图 9-7　连续时间系统模块库

表 9-4　连续时间系统模块库中常用模块的功能

名　　称	功 能 说 明
Derivative	输入信号微分
Descriptor State-Space	状态空间描述
Entity Transport Delay	模拟状态延时
First Order Hold	一阶采样保持器
Integrator	对信号求积分
Integrator Limited	定积分
PID Controller	PID 控制器
PID Controller (2DOF)	双自由度 PID 控制器
Integrator,Second-Order	对输入信号执行二次积分
Integrator,Second-Order Limited	对输入信号执行二次有限积分

续表

名　　称	功 能 说 明
State-Space	实现线性状态空间系统
Transfer Fcn	传递函数多项式模型
Transport Delay	按给定的时间量延迟输入
Variable Time Delay	按可变时间量延迟输入
Variable Transport Delay	按可变传输延迟输入
Zero-Pole	通过零极点增益传递函数进行系统建模

3. 数学运算模块库

数学运算模块库如图 9-8 所示，主要包括绝对值计算 Abs、加减运算 Add、放大/缩小倍数运算 Gain 和乘除运算 Product 等，用户可根据模型表达式构建相应的模块，实现表达式的计算功能。数学运算模块库几乎涵盖了所有的基本运算功能，如表 9-5 所示。

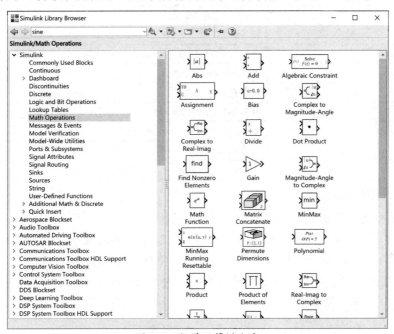

图 9-8　数学运算模块库

表 9-5　数学运算模块库各模块的功能

名　　称	功 能 说 明
Abs	绝对值或复数求模模块
Add	输入信号的加减运算
Algebraic Constraint	代数约束模块，将输入信号约束起来
Assignment	为多维输出信号的指定元素赋值
Bias	为输入添加偏差
Complex to Magnitude-Angle	计算复信号的幅值和/或相位角
Complex to Real-Imag	输出复数输入信号的实部和虚部
Divide	一个输入除以另一个输入
Dot Product	点乘运算
Find Nonzero Elements	查找数组中的非零元素

续表

名　称	功　能　说　明
Gain	将输入乘以常量
Magnitude-Angle to Complex	将幅值或相位角信号转换为复信号
Math Function	执行数学函数
MinMax	输出最小或最大输入值
MinMax Running Resettable	确定信号随时间改变的最小值或最大值
Permute Dimensions	重新排列多维数组的维度
Polynomial	多项式运算
Product	标量和非标量的乘除运算或矩阵的乘法和逆运算
Product of Elements	复制或求一个标量输入的倒数，或者缩减一个非标量输入
Real-Imag to Complex	将实部和虚部输入转换为复信号
Reshape	更改信号的维度
Rounding Function	对信号应用舍入函数
Sign	符号函数
Sine Wave Function	使用外部信号作为时间源来生成正弦波
Slider Gain	使用滑块更改标量增益
Sqrt	计算平方根、带符号的平方根或平方根的倒数
Squeeze	从多维信号中删除单一维度
Trigonometric Function	指定应用于输入信号的三角函数
Unary Minus	对输入求反
Matrix Concatenate	串联相同数据类型的输入信号以生成连续输出信号

4．仿真接收模块库

仿真接收模块库为仿真提供输出设备元件，如图 9-9 所示。其中，Display 显示输入的值，Out1 创建子系统的输出端口或外部输出端口，Scope、Floating Scope 显示仿真时产生的信号，Stop Simulation 用于当输入不等于零时停止仿真，Terminator 将未连接的输出端口作为终端，XY Graph 显示 X-Y 坐标图。表 9-6 所示为仿真接收模块库中常用模块的功能。

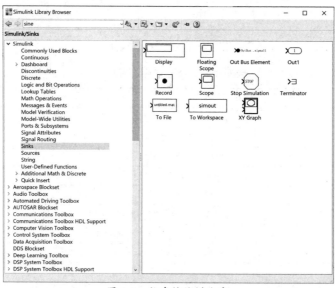

图 9-9　仿真接收模块库

表 9-6　仿真接收模块库中常用模块的功能

名　称	功 能 说 明
Display	显示输入的值
Floating Scope	显示仿真过程中生成的信号，无信号线
Out Bus Element	指定可连接到外部端口的输出
Out1	为子系统或外部输出创建输出端口
Record	将数据记录到工作区或文件中
Scope	显示仿真过程中生成的信号
Stop Simulation	当输入为非零值时，使仿真停止
Terminator	终止未连接的输出端口
To File	向文件中写入数据

5．仿真输入源模块库

仿真输入源模块库包括产生各种信号的模块，如图 9-10 所示。其中，Band-Limited White Noise 为连续时间系统引入白噪声，Chirp Signal 产生一个扫频信号，Clock 产生和显示仿真时间，Constant 产生一个常量值，Digital Clock 在特定的采样间隔内产生仿真时间，Ground 将未连接的输入端口接地等，具体如表 9-7 所示。

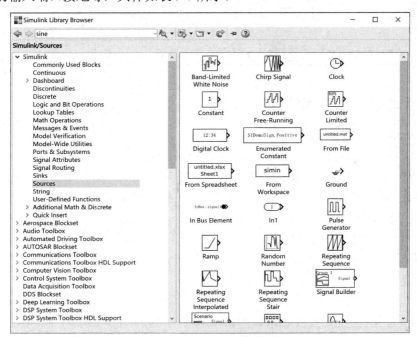

图 9-10　仿真输入源模块库

表 9-7　仿真输入源模块库中各模块的功能

名　称	功 能 说 明
Band-Limited White Noise	在连续时间系统中引入白噪声
Chirp Signal	生成频率不断升高的正弦波
Clock	显示并提供仿真时间
Constant	生成常量值
Counter Free-Running	进行累加计数，并在达到指定位数的最大值后溢出归零

续表

名 称	功 能 说 明
Counter Limited	进行累加计数，并在输出达到指定的上限后绕回到 0
Digital Clock	以指定的采样间隔输出仿真时间
Enumerated Constant	生成枚举常量值
From File	从 MAT 文件中加载数据
From Spreadsheet	从电子表格中读取数据
From Workspace	从工作区加载信号数据
Ground	将未连接的输入端口接地
In Bus Element	从外部端口选择输入
In1	为子系统或外部输入创建输入端口
Pulse Generator	按固定间隔生成方波脉冲
Ramp	生成持续上升或下降的信号
Random Number	生成正态分布的随机数
Repeating Sequence	生成任意形状的周期信号
Repeating Sequence Interpolated	输出离散时间序列并重复，从而在数据点之间插值
Repeating Sequence Stair	输出并重复离散时间序列
Signal Builder	创建和生成可交替的具有分段线性波形的信号组

9.3 Simulink 建模与仿真

9.3.1 启动模型编辑窗口进行仿真

利用 Simulink 进行系统仿真的步骤如下。

（1）启动 Simulink，打开"Simulink Start Page"窗口。

（2）双击"Blank Model"图标，建立新的模型窗口。

（3）单击模型窗口的"Library Browser"按钮，打开模块库工具箱窗口。

（4）建立 Simulink 仿真模型。

（5）设置仿真参数，并保存。

（6）进行仿真，输出仿真结果。

【例 9-1】仿真正弦函数，并观察其波形。

【解】（1）构建 Simulink 模型。

启动 Simulink，建立一个空白的模型窗口，并在"Simulink Library Browser"窗口的仿真输入源模块库和仿真接收模块库中找到相应的正弦信号发生器与示波器，将正弦信号发生器的输出端与示波器的输入端相连，如图 9-11 所示。

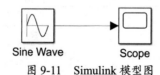

图 9-11　Simulink 模型图

（2）设置正弦信号发生器仿真参数。

正弦信号幅值为 1，具体仿真参数设置如图 9-12 所示。

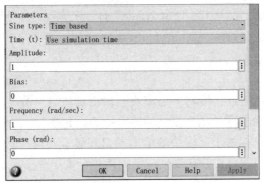

图 9-12　正弦信号发生器仿真参数设置

（3）单击 Simulink 的启动快捷按钮，运行仿真模型；双击示波器，观察仿真结果，如图 9-13 所示。

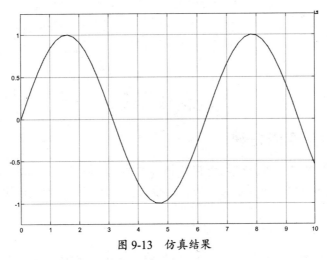

图 9-13　仿真结果

【练习】仿真余弦波形，说明仿真参数如何设置。

9.3.2　标准模块的选取

在 Simulink 模型或模块库工具箱窗口内，单击所需模块图标，模块 4 角出现黑色小方格，同时模块边框变为蓝色，表明该模块已经被选中。

9.3.3　模块的移动、复制、转向和删除

（1）在模块库中选中模块后，按住鼠标左键并移动鼠标至目标模型窗口指定位置，释放鼠标即完成模块的移动和复制。

（2）选中模块后，选取菜单中的"Format"→"Rotate 90 clockwise"命令，可使模块顺时针旋转 90°，或者按快捷键 Ctrl+R。通过模块转向，实现模块输入/输出端口的方向改变。

（3）对于模块的删除，只需选定要删除的模块，按 Delete 键即可。

9.3.4　模块的命名

若需要改变 Simulink 模块的默认命名，则只需选中模块，即可看到其默认命名文本框，单击模块名称，即可进入文字编辑状态，进行模块的命名。名称在功能模块上的位置可以旋

转 180°，可以用 "Format" 菜单中的 "Flip Name" 命令来实现，也可以直接拖曳；使用 "Hide Name" 命令可以隐藏模块名称。

9.3.5 模块的连接

模块之间的连接是指用连接线将一个模块的输出端与另一模块的输入端连接起来，也可用分支线把一个模块的输出端与几个模块的输入端连接起来。

连接线生成是指将光标置于某模块的输出端口（显示蓝色的箭头），按住鼠标左键，拖动至另一模块的输入端口即可。分支线生成是指将光标置于分支点上，按住鼠标右键，其余操作同上，如图 9-14 所示。

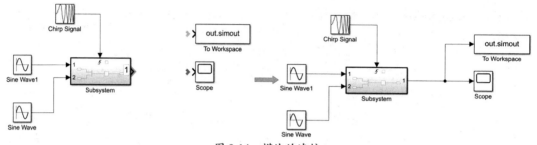

图 9-14　模块的连接

9.3.6 Simulink 连线处理

Simulink 模型的构建是通过使用连接线将各种功能模块连接完成的。用鼠标可以在功能模块的输入端与输出端之间直接连线，可以改变连接线的粗细，为连接线设定标签，也可以进行折弯、添加分支。

1. 改变粗细

连接线引出的信号可以是标量信号或向量信号。选中需要改变粗细的连接线，单击鼠标右键，在弹出的快捷菜单中选择 "Format" → "Font Style for Selection" 命令，如果信号为标量，则为细线；如果为向量，则为粗线，如图 9-15 所示。

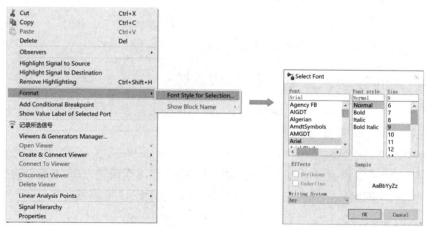

图 9-15　改变粗细

2. 设定标签

选中需要设定标签的连接线并双击，即可输入该连接线的说明标签，如图 9-16 所示。

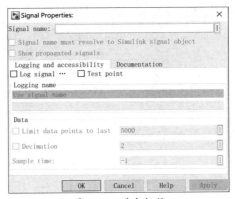

图 9-16　设定标签

3．连接线的折弯

选中需要折弯的连接线，按住 Shift 键，单击要折弯的位置，就会出现圆圈，表示折点，利用折点就可以改变连接线的形状，如图 9-17 所示。

4．添加分支

选中需要添加分支的连接线，按住鼠标右键，在需要的地方拉出分支线即可，如图 9-18 所示。

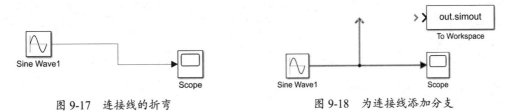

图 9-17　连接线的折弯　　　　　　　　　图 9-18　为连接线添加分支

9.3.7　模块属性的改变

右击指定模块的图标，打开模块对话框，根据对话框中提供的信息可以进行参数设置或修改。下面以 Scope 模块为例进行说明。

1．颜色设定

"Format"菜单中的"Foreground Color"命令可以改变模块的前景颜色、"Background Color"命令可以改变模块的背景颜色。右击模块，在弹出的快捷菜单中选择"Format"→"Foreground Color"→"Red"命令，将前景颜色改为红色，如图 9-19 所示（因为本书是黑白印刷，所以效果不明显）。

2．参数设定

右击指定模块的图标，在弹出的快捷菜单中选择"Block Parameters(Scope)"命令就可以进入模块的参数设定窗口，从而对模块进行参数设定，如图 9-20 所示。参数设定窗口包含了该模块基本功能的帮助信息，为获得更详尽的帮助信息，可以单击"Help"按钮。通过对模块的参数进行设定可以获得需要的功能模块。

3．属性设定

右击指定模块的图标，在弹出的快捷菜单中选择"Properties…"命令，可以对模块进行属性设定，包括 Description 属性、Priority 属性、Tag 属性，如图 9-21 所示。

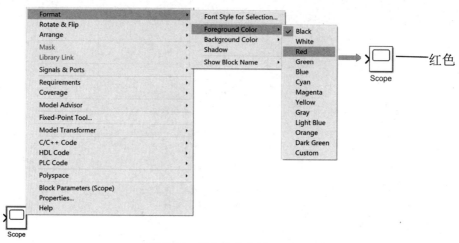

图 9-19　颜色设定示例

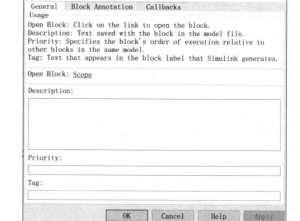

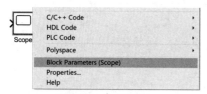

图 9-20　参数设定　　　　　　图 9-21　属性设定

在第一次保存模型时，请单击"SIMULATION"选项卡中的"Save"按钮 🖫 Save，在弹出的界面中为模型文件指定存储位置并输入模型名称后，单击"保存"按钮即可。

要保存之前保存过的模型，请执行以下操作。

（1）要替换文件内容，请在"SIMULATION"选项卡中单击"Save"按钮。

（2）要使用新名称或在新位置保存顶层模型，或者要从 MDL 格式更改为 SLX 格式，请在"Simulation"选项卡中选择"Save"→"Save As"选项。

（3）要将顶层模型保存为与早期版本兼容的格式，在"SIMULATION"选项卡中选择"Save"→"Previous Version"选项。

【注意】模型文件名必须以字母开头，可以包含字母、数字和下画线。文件名不能为语言关键字（如 if、for、end）、保留名称（如 simulink、sl、sf）、MATLAB 软件命令。

模型名称中的字符总数不能超过某个最大值，通常为 63 个字符。要确定自己的系统的文件名最大长度是否大于 63 个字符，请使用 MATLAB 中的 namelengthmax 命令。

9.3.8　仿真输入源模块库

仿真输入源模块库也称为信号源库，包含了可向仿真模型提供信号的模块。此类模块没有输入口，但至少有一个输出口。双击 图标即弹出该库的模块图，其中的每个图标都是一个信号模块，如图 9-22 所示。这些模块均可被复制到用户的模型窗口里。用户可以在模型窗口里根据自己的需要对模块的参数进行设置（但不可以在模块库里进行模块参数设置）。

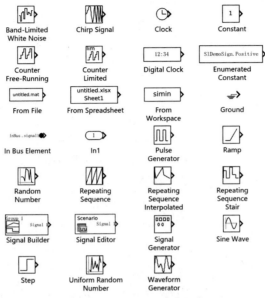

图 9-22　仿真输入源模块库

下面以具有代表性的 Sine Wave 和 Step 模块为例说明模块参数设置方法。

（1）Sine Wave：产生幅值、频率可设置的正弦波信号。

双击 图标（确认该模块已被复制到用户模型窗口中），弹出正弦波的参数设置对话框。用户可根据需要对这些参数进行设置。例如，幅值为 2、频率为 2，其波形如图 9-23 所示。

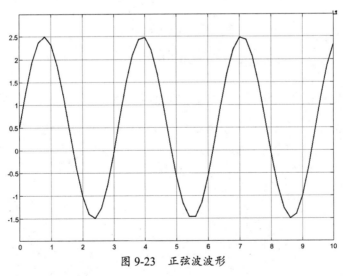

图 9-23　正弦波波形

（2）Step：产生幅值、阶跃时间可设置的阶跃信号。

双击 图标，弹出阶跃信号的参数设置对话框，用户可根据需要对这些参数进行设置。默认参数的阶跃信号波形如图 9-24 所示。

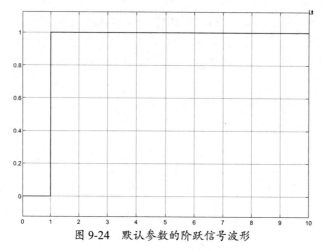

图 9-24　默认参数的阶跃信号波形

【练习】试生成一个阶跃信号，其数学表达式如下：

$$\sigma(t)=\begin{cases}0, & 0<t<2\\0.8, & t\geqslant 2\end{cases}$$

9.3.9　仿真接收模块库

双击图标即弹出仿真接收模块库，如图 9-25 所示。仿真接收模块库包含了显示和输出模块。

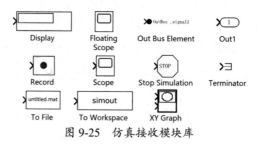

图 9-25　仿真接收模块库

（1）数字表：显示指定模块的输出数值。

（2）X-Y 绘图仪：用同一图形窗口显示 X-Y 坐标图（需要先在参数对话框中设置每个坐标的变化范围），当 X、Y 分别为正、余弦信号时，其显示图形如图 9-26 所示。

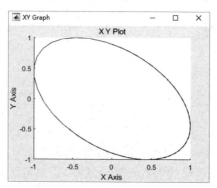

图 9-26　X-Y 绘图仪显示图形

（3）示波器 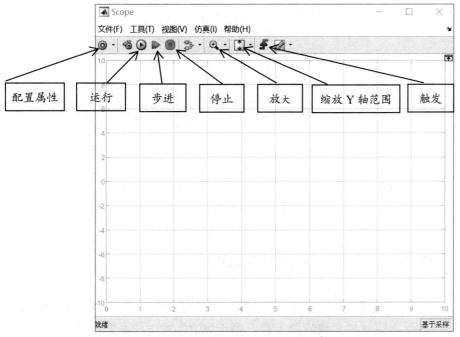：显示在仿真过程中产生的信号波形。双击该图标，弹出示波器显示窗口，如图 9-27 所示。

图 9-27 示波器显示窗口

示波器属性对话框的"常设"和"记录"选项卡分别如图 9-28 与图 9-29 所示。

图 9-28 示波器属性对话框的"常设"选项卡　　图 9-29 示波器属性对话框的"记录"选项卡

【例 9-2】示波器应用示例。Simulink 仿真模型如图 9-30 所示，其中示波器的输入为 3（纵坐标轴的个数为 3）。图 9-31 所示为该示波器显示的 3 路输入信号的波形。

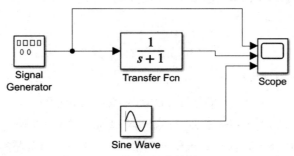

图 9-30 Simulink 仿真模型

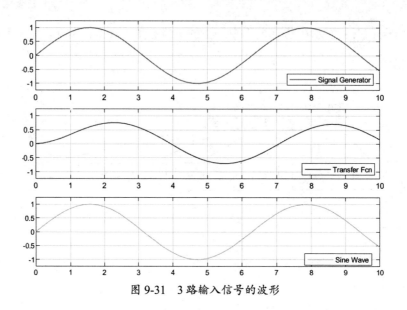

图 9-31　3 路输入信号的波形

9.4　Simulink 连续时间系统建模

所谓连续时间系统，就是指可以用微分方程来描述的系统。现实世界中的多数物理系统都是连续时间系统，分为线性和非线性两大类。用于建立连续时间系统的模块大多位于 Simulink 工具箱的 Continuous、Operations Math 及 Nonlinear 子模块库中。

9.4.1　线性连续时间系统

对于线性连续时间系统，下面用一个示例进行介绍。

【例 9-3】图 9-32 所示为 RLC 电路，已知 $R=7\Omega$，$L=0.5\text{H}$，$C=0.1\text{F}$，$U_\text{o}(t)=10\text{V}$，求电容两端的电压。

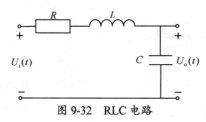

图 9-32　RLC 电路

【解】（1）建立系统的数学模型。

根据基尔霍夫定律可得

$$LC\frac{\text{d}^2u_\text{o}}{\text{d}t^2}+RC\frac{\text{d}u_\text{o}}{\text{d}t}+u_\text{o}=u_\text{i}$$

代入已知的各值，整理可得

$$U_\text{o}''=200U_\text{i}(t)-14U_\text{o}'-20U_\text{o}(t)$$

（2）利用积分模块 Integrator 建立微分方程表示的数学模型。

Integrator 模块会对其输入 x' 求积分以生成 x。此模型中所需的其他模块包含 Gain 模块和 Add 模块，如图 9-33 所示。

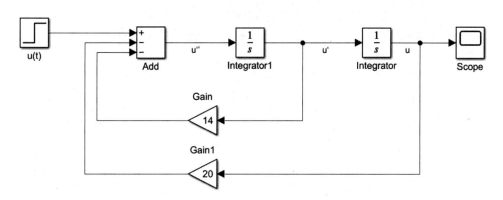

图 9-33　例 9-3 的 Simulink 模型

【注意】①输入阶跃信号参数设置如图 9-34 所示；②Add 模块参数设置如图 9-35 所示。

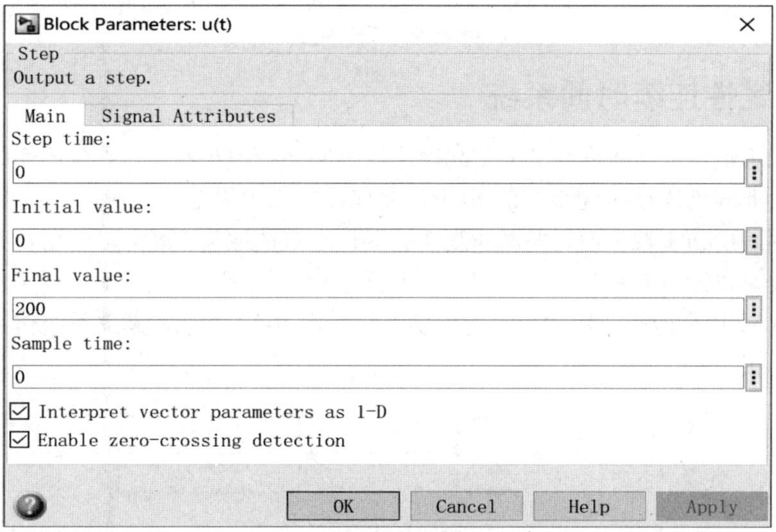

Block Parameters: u(t) ×

Step
Output a step.

Main　Signal Attributes

Step time:

0

Initial value:

0

Final value:

200

Sample time:

0

☑ Interpret vector parameters as 1-D
☑ Enable zero-crossing detection

OK　Cancel　Help　Apply

图 9-34　输入阶跃信号参数设置

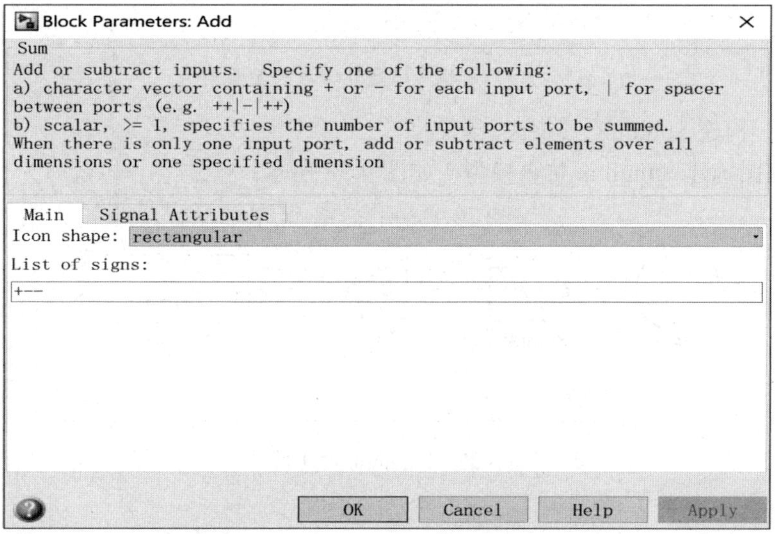

Block Parameters: Add ×

Sum
Add or subtract inputs.　Specify one of the following:
a) character vector containing + or - for each input port, | for spacer
between ports (e.g. ++|-|++)
b) scalar, >= 1, specifies the number of input ports to be summed.
When there is only one input port, add or subtract elements over all
dimensions or one specified dimension

Main　Signal Attributes
Icon shape: rectangular

List of signs:

+--

OK　Cancel　Help　Apply

图 9-35　Add 模块参数设置

（3）仿真结果如图 9-36 所示。

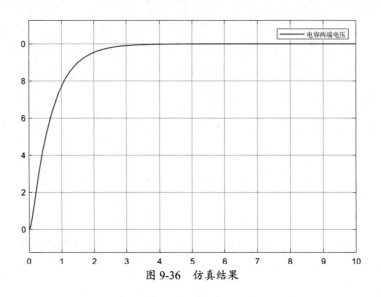

图 9-36　仿真结果

9.4.2　非线性连续时间系统

在实际工程运用中，严格意义上的线性连续时间系统很少存在，大量的系统和元器件都是非线性的。非线性连续时间系统的 Simulink 建模方法很灵活。在应用 Simulink 构建非线性连续时间系统的仿真模型时，根据非线性元器件参数的取值，既可以使用典型非线性模块直接实现，又可以通过对典型非线性模块进行适当组合实现。

【例 9-4】设具有饱和非线性特性的控制系统如图 9-37 所示，建立系统仿真模型并用示波器观测其结果。

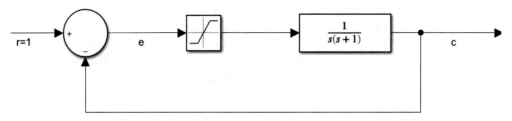

图 9-37　具有饱和非线性特性的控制系统

【解】（1）构建 Simulink 模型。

由系统框图构建 Simulink 仿真模型，如图 9-38 所示。

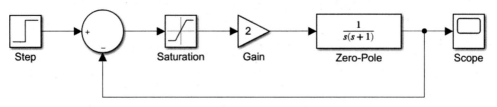

图 9-38　Simulink 仿真模型

（2）模型参数设置。

输入信号采用单位阶跃信号，设置 Step time=0，Final time=1；对于求和（Add）模块，在"List of signs"文本框中填写"+−"；饱和非线性模块设置如图 9-39 所示。

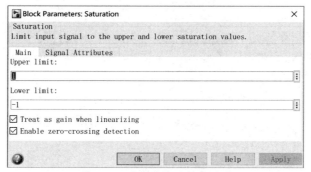

图 9-39　饱和非线性模块设置

（3）结果。

仿真结果如图 9-40 所示。

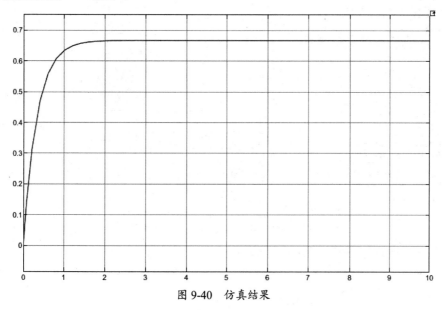

图 9-40　仿真结果

9.5　子系统及其封装

在建立的 Simulink 系统模型比较大或很复杂时，可将一些模块组合成子系统，这样可使模型得到简化，便于连线；可提高效率，便于调试；可生成层次化的模型图表，用户可采取自上而下或自下而上的设计方法。

将一个创建好的子系统封装，使之可以像一个模块一样被调用。例如，可以创建用户自定义的参数设置对话框和模块图标等，使子系统使用起来非常方便。

9.5.1　创建子系统

子系统类似于编程语言中的子函数。建立子系统有两种方法：通过子系统模块建立子系统及通过组合已存在的模块建立子系统。

1. 通过子系统模块建立子系统

在 Simulink 工具箱中，单击 Ports & Subsystems 子系统模块库，可查看不同类型的子系统模块。

下面以 PID 控制器子系统的创建为例说明子系统的创建过程。

（1）如图 9-41 所示，将 Ports & Subsystems 子系统模块库中的 Subsystem 模块复制到模型窗口中。

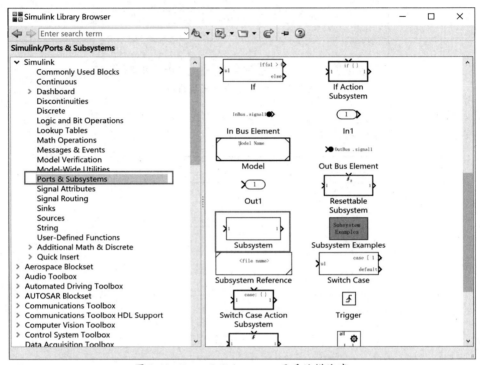

图 9-41　Ports & Subsystems 子系统模块库

（2）双击该图标即打开该子系统的编辑窗口，如图 9-42 所示。

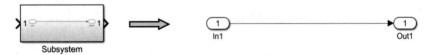

图 9-42　打开该子系统的编辑窗口

（3）将组成子系统的模块添加到子系统的编辑窗口中，如图 9-43 所示。

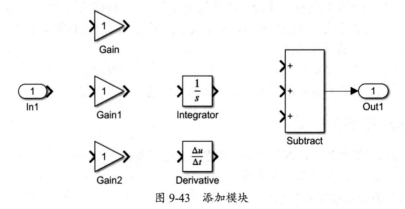

图 9-43　添加模块

（4）将模块按设计要求连接，如图 9-44 所示。

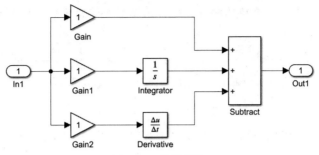

图 9-44　连接模块

（5）设置子系统各模块参数（可以是变量），修改 In1 和 Out1 模块下面的标签。

（6）关闭子系统的编辑窗口，返回模型窗口，修改子系统的标签（PID），该 PID 子系统即可作为模块在构造系统模型时使用，如图 9-45 所示。

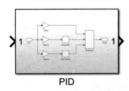

图 9-45　PID 子系统

2. 通过组合已存在的模块建立子系统

如果现有的模型已经包含了需要转化成子系统的模块，就可以通过组合这些模块的方式建立子系统，如图 9-46 所示。具体步骤如下。

（1）确定需要建立子系统的模块（被选中的均标记为蓝色）。

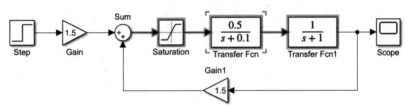

图 9-46　圈选需要建立子系统的模块

（2）右击选中的模块，在弹出的快捷菜单中选择 "Create Subsystem from Selection" 命令，如图 9-47 所示，所选定的模型组合自动转化成子系统。

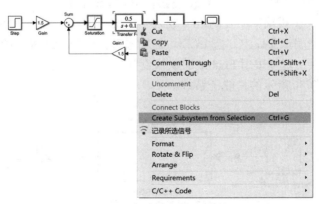

图 9-47　转化子系统模块

（3）双击自动生成的子系统的图标，打开该子系统编辑窗口，如图 9-48 所示。

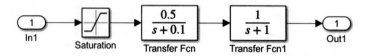

图 9-48　子系统编辑窗口

（4）关闭子系统的编辑窗口，设置子系统标签，如图 9-49 所示。

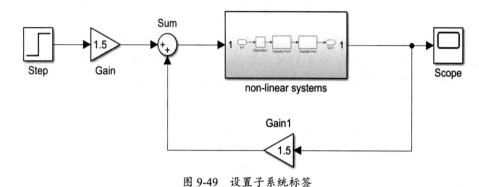

图 9-49　设置子系统标签

9.5.2　条件执行子系统

1. 使能子系统

对于使能子系统（Enabled Subsystem），当使能端控制信号为正时，系统处于"允许"状态，否则为"禁止"状态。使能控制信号可以为标量，也可以为向量，当为标量时，只要该信号大于零，子系统就开始执行；当为向量时，只要其中一个信号大于零，就可以使能子系统。

【例 9-5】建立一个用使能子系统控制正弦信号为半波整流信号的模型。模型由正弦信号 Sine Wave 为输入信号源、示波器 Scope 为接收模块，使能子系统 Enabled Subsystem 为控制模块。

【解】建立模型的步骤如下。

（1）从 Simulink 不同的子模块库中提取 3 个模块（Sine Wave、Subsystem 和 Scope）到新建模型窗口中。

（2）双击空白子系统模块 Subsystem，打开模型编辑窗口。

（3）从 Simulink 子模块库中复制 In（输入）模块、Out（输出）模块、Enable（使能）模块到子系统的模型编辑窗口中；把 In 模块的输出直接送到 Out 模块的输入端；Enable 模块无须进行任何连接；这里采用 Enable 的默认设置。

（4）建立如图 9-50 所示的使能子系统。

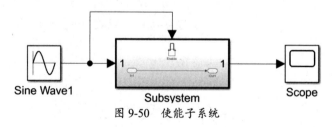

图 9-50　使能子系统

（5）运行仿真后，双击示波器模块，可以看见半波整流后的波形，如图 9-51 所示。

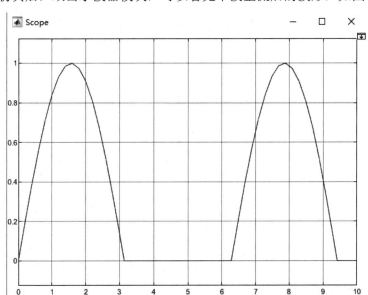

图 9-51 半波整流后的波形

对该使能子系统进行仿真，由于使能子系统的控制信号为正弦信号，所以在信号大于零时执行输出，小于零时停止，故示波器显示为半波整流信号波形。

【注意】使能子系统外部有一个使能控制信号入口。使能是指当且仅当使能输入信号为正时，该模块才能接受输入端的信号。

2．触发子系统

触发子系统只在触发事件发生的时刻执行。所谓触发事件，就是指触发子系统的控制信号，一个触发子系统只能有一个控制信号，在 Simulink 中称为触发输入。

触发事件有 4 种类型，即上升沿触发、下降沿触发、跳变触发和回调函数触发。双击触发子系统中的触发器模块（Trigger），在弹出的对话框中可选择触发类型。

【例 9-6】利用触发子系统获得零阶保持的采样信号。

【解】构造如图 9-52 所示的仿真模型。

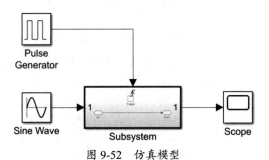

图 9-52 仿真模型

Pulse 脉冲发生器设置：Period 为 1，Pulse Width 为 50，Amplitude 为 1

Sine Wave 发生器设置：Amplitude 为 1，Frequency 为 1，Phase 为 0。

Subsystem 是触发子系统。它的结构模型中的 Trigger 取 rising 上升沿为触发方式。

运行仿真文件，输出结果，如图 9-53 所示。

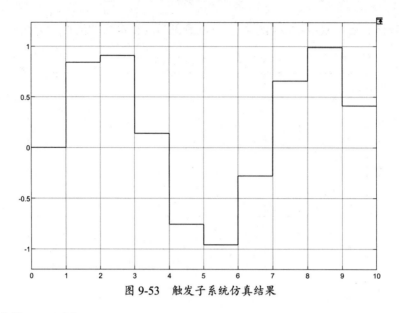

图 9-53　触发子系统仿真结果

9.5.3　封装子系统

可以为子系统定制参数设置对话框，以避免对子系统内的每个模块分别进行参数设置，因此，在子系统建立好以后，需要对其进行封装。封装子系统的基本步骤如下：①设置好子系统中各模块的参数变量；②定义提示对话框及其特性；③定义被封装子系统的描述和帮助文档；④定义产生模块图标的命令。

【例 9-7】创建一个二阶系统，并对该子系统进行封装。将阻尼系数 zeta 和无阻尼振荡频率 wn 作为二阶子系统参数。

【解】按照子系统封装的基本步骤，先创建二阶子系统模型，再封装。

（1）创建二阶子系统模型，将系统的阻尼系数用变量 zeta 表示，无阻尼振荡频率用变量 wn 表示，如图 9-54 所示。

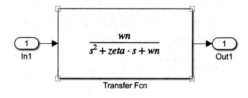

图 9-54　创建二阶子系统模型

（2）选中该子系统模型，单击鼠标右键，在弹出的快捷菜单中选择"Create Subsystem"命令，创建子系统，如图 9-55 所示。

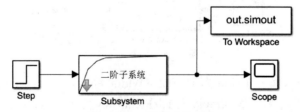

图 9-55　二阶子系统结构

（3）封装子系统。选中 Subsystem 子系统模块，单击鼠标右键，在弹出的快捷菜单中选择"Mask Subsystem"命令，出现封装编辑器窗口，如图 9-56 所示。

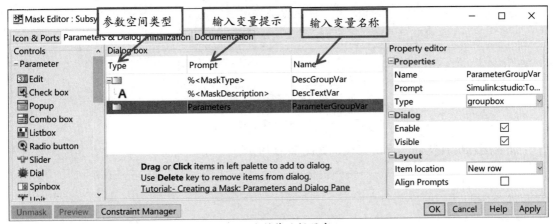

图 9-56 封装编辑器窗口

封装编辑器窗口有 4 个选项卡："Icon & Ports"（图标）、"Parameters & Dialog"（参数）、"Initialization"（初始化）、"Documentation"（文档）。其中，"Parameters & Dialog"选项卡用来设置参数变量及其类型，其中的 Prompt 为输入变量提示，Name 为输入变量名称，Type 为参数空间类型。"Parameters & Dialog"选项卡中部分选项的功能如表 9-8 所示。

表 9-8　"Parameters & Dialog"选项卡中部分选项的功能

图　标	功　能	描　　述
3Ⅰ	Edit	允许在一定区域输入参数的值
☑	Check box	允许在 Check box 的选中与不选中之间做出选择
▤	Popup	允许在一系列的可能值之中做出选择

（4）单击"Edit"按钮，添加二阶子系统参数：阻尼系数和无阻尼振荡频率。设置变量属性，如图 9-57 所示，单击"OK"按钮，完成参数设置。

图 9-57　二阶子系统参数设置

（5）双击封装后的子系统图标，即弹出如图 9-58 所示的子系统的参数设置对话框。本例中的阻尼系数为 0.707，无阻尼振荡频率为 1。

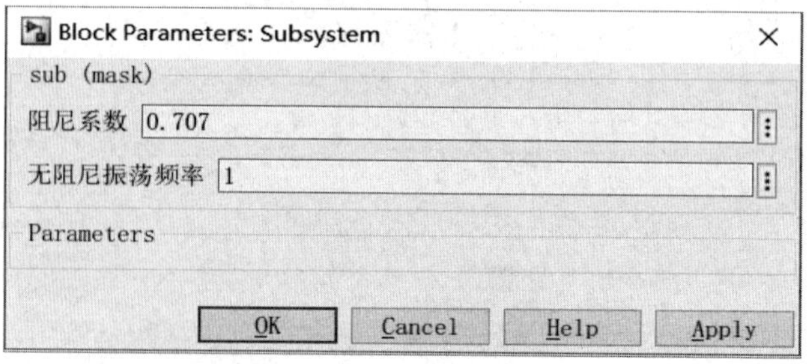

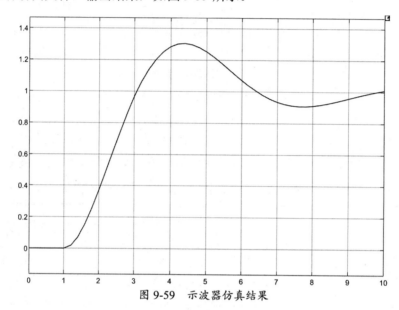

图 9-58　子系统的参数设置对话框

（6）运行仿真文件，输出结果，如图 9-59 所示。

图 9-59　示波器仿真结果

9.6　离散时间系统和混合系统

对于一个系统，若其输入信号与输出信号都是离散时间信号，则称为离散时间系统，如数字计算机。在工程应用中，常将离散时间系统与连续时间系统混合使用，即实际应用中一个系统的一部分可能是连续信号，另一部分可能是数字信号，称该系统为混合系统，如工业控制系统。

9.6.1　若干基本模块

离散时间系统的基本模块有很多，常见模块如下。

1. Discrete Transfer Fcn 模块

对于 Discrete Transfer Fcn 模块，通常由拉普拉斯变换得到相应的传递函数，并经过 Z 变换得到离散系统传递函数，具体如下：

$$H(z) = \frac{\text{num}(z)}{\text{den}(z)} = \frac{a_n z^n + a_{n-1} z^{n-1} + \cdots + a_0 z^0}{b_m z^m + b_{m-1} z^{m-1} + \cdots + b_0 z^0}$$

式中，num(z)为离散时间系统传递函数的分子系数；den(z)为离散时间系统传递函数的分母系数。

Discrete Transfer Fcn 模块的属性如图 9-60 所示。

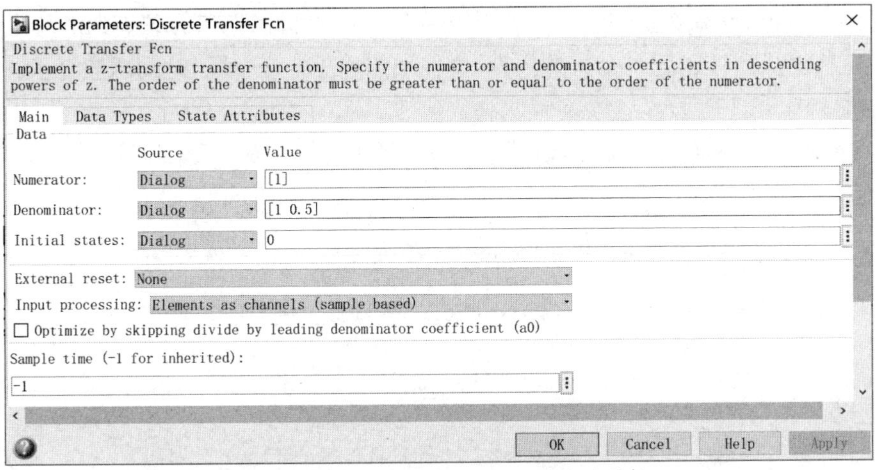

图 9-60 Discrete Transfer Fcn 模块的属性

在图 9-60 中，Numerator 表示系统分子系数矢量，系统默认值为[1]；Denominator 表示系统分母系数矢量，系统默认值为[1 0.5]；Initial states 表示系统初始状态矩阵，系统默认值为 0；Sample time(-1 for inherited)表示系统采样时间继承输入信号的采样时间，系统默认值为-1。

2. Discrete Filter 模块

Discrete Filter 模块可实现无限冲激响应（IIR）和有限冲激响应（FIR）滤波器，用户可用 Numerator 和 Denominator 参数指定的升幂为矢量的分子与分母多项式的系数。分母的阶次大于或等于分子的阶次。

Discrete Filter 模块提供了自动控制中用 z 描述离散时间系统的方法。在信号处理中，Discrete Filter 模块提供了延迟算子多项式以描述数字滤波器。Discrete Filter 模块的属性如图 9-61 所示。

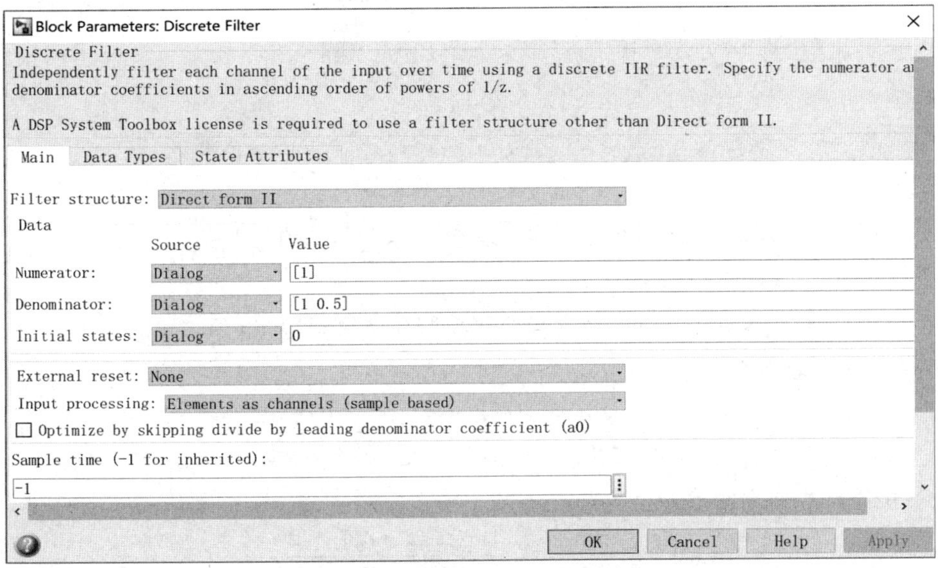

图 9-61 Discrete Filter 模块的属性

图 9-61 中各参数的含义同前。

3. Unit Delay 模块

Unit Delay 模块将输入矢量延迟，并保持在同一个采样周期里。若模块的输入为矢量，则系统所有输出量均被延迟一个采样周期，本模块相当于一个 z^{-1} 的时间离散算子。Unit Delay 模块的属性如图 9-62 所示。

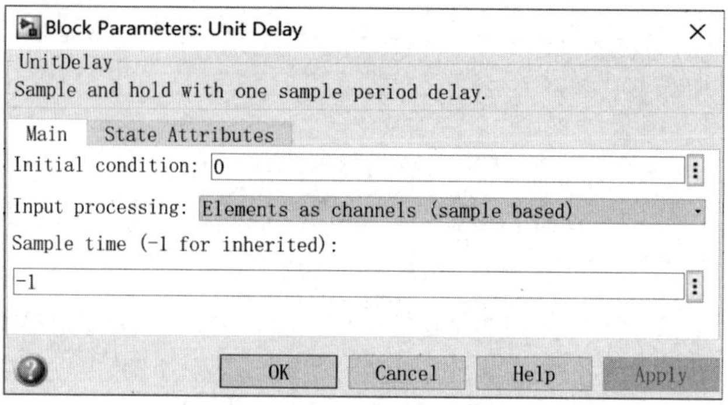

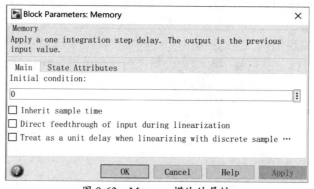

图 9-62   Unit Delay 模块的属性

在图 9-62 中，Initial condition 表示在模块未被定义时，模块的第一个仿真周期按照正常非延迟状态输出，系统默认值为 0；Input processing 表示基于采样的元素通道；Sample time(-1 for inherited) 的含义同前。

4. Memory 模块

Memory 模块把输入的值延迟一个时间单位，到下一个时间值输出，相当于对前一个输入进行采样、保持。Memory 模块的属性如图 9-63 所示。

图 9-63   Memory 模块的属性

在图 9-63 中，Initial condition 表示初始条件，系统默认值为 0。

5. Discrete Zero-Pole 模块

对于 Discrete Zero-Pole 模块，通常由拉普拉斯变换得到相应的传递函数，并经过 Z 变换得到离散时间系统传递函数，具体如下：

$$H(z) = \frac{\text{num}(z)}{\text{den}(z)} = \frac{a_n z^n + a_{n-1} z^{n-1} + \cdots + a_0 z^0}{b_m z^m + b_{m-1} z^{m-1} + \cdots + b_0 z^0}$$

转化为离散零极点传递函数为

$$H(z) = K \frac{\boldsymbol{Z}(z)}{\boldsymbol{P}(z)} = K \frac{(z - Z_1)(z - Z_2) \cdots (z - Z_n)}{(z - Z_1)(z - Z_2) \cdots (z - Z_m)}$$

式中，Z 表示零点矢量；P 表示极点矢量；K 表示系统增益。系统要求 $m \geqslant n$，若极点和零点是复数，则它们必须是复共轭对。Discrete Zero-Pole 模块的属性如图 9-64 所示。

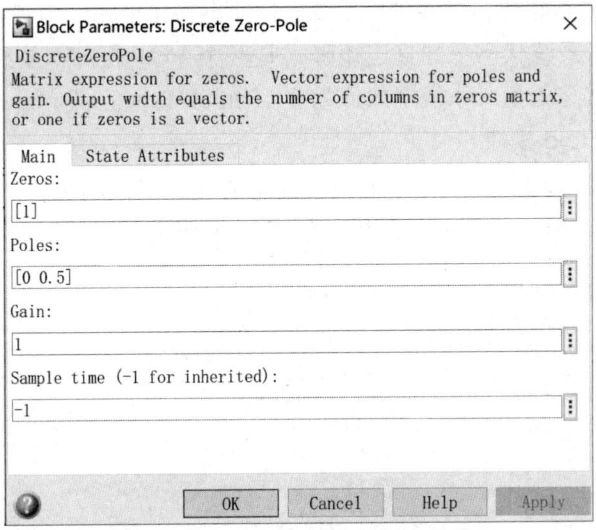

图 9-64 Discrete Zero-Pole 模块的属性

在图 9-64 中，Zeros 表示系统零点矩阵，系统默认值为[1]；Poles 表示系统极点矩阵，系统默认值为[0 0.5]；Gain 表示系统增益，系统默认值为 1；Sample time(-1 for inherited)的含义同前。

6．Discrete State-Space 模块

Discrete State-Space 模块可实现如下离散时间系统：

$$\begin{cases} x(n+1) = Ax(n) + Bu(n) \\ y(n) = Cx(n) + Du(n) \end{cases}$$

式中，u 为输入；x 为状态；y 为输出。Discrete State-Space 模块的属性如图 9-65 所示。

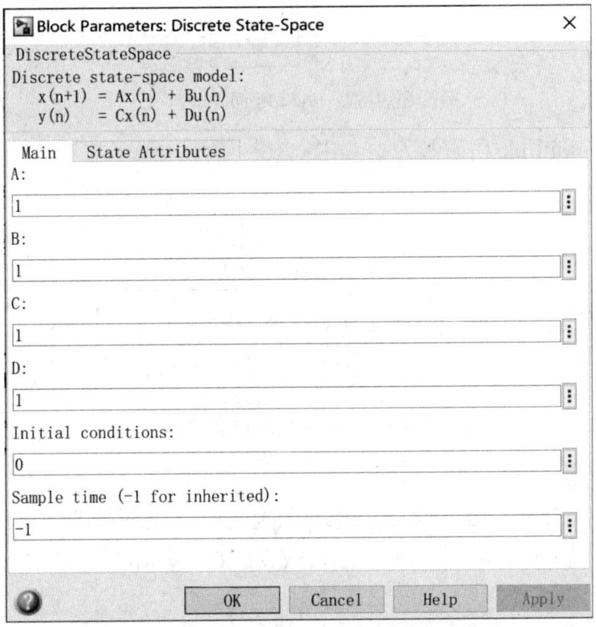

图 9-65 Discrete State-Space 模块的属性

在图 9-65 中，A 表示状态空间系统矩阵，是一个 $n \times n$ 矩阵，n 为待求状态量的个数，系统默认值为 1；B 表示系统状态空间输入矩阵，是一个 $n \times m$ 矩阵，m 为输入信号的个数，系统默认值为 1；C 表示系统状态空间输出矩阵，是一个 $r \times n$ 矩阵，r 为输出信号的个数，系统默认值为 1；D 表示系统状态空间直连矩阵，是一个 $r \times m$ 矩阵，系统默认值为 1；Initial conditions 表示初始状态矢量，系统默认值为 0；Sample time(-1 for inherited)的含义同前。

7. Zero-Order Hold 模块

Zero-Order Hold 模块即保持电路，只有一个设置采样时间的参数，表示以采样时间间隔进行数据采集。Zero-Order Hold 模块的属性如图 9-66 所示。

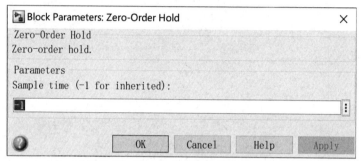

图 9-66 Zero-Order Hold 模块的属性

在图 9-66 中，Sample time(-1 for inherited)的含义同前。

【例 9-8】图 9-67 所示的离散时间系统的采样周期 $T_s=1s$，$G_h(s)$ 为零阶保持器，而 $G(s) = \dfrac{10}{s(s+5)}$，求系统的阶跃响应。

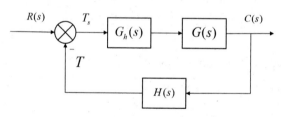

图 9-67 离散时间系统

【解】（1）建立 Simulink 仿真模型，如图 9-68 所示。

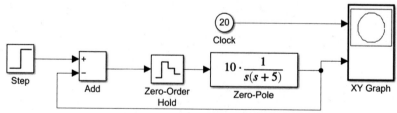

图 9-68 Simulink 仿真模型

（2）模型参数设置。

对于零阶保持器（Zero-Order Hold）模块，因为默认采样周期 $T_s=1s$，所以不需要改变。对于 XY Graph 模块，改变 X-min 为 0、X-max 为 20、Y-min 为 0、Y-max 为 2，如图 9-69 所示。

（3）仿真运行结果，即阶跃响应如图 9-70 所示。

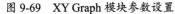

图 9-69　XY Graph 模块参数设置

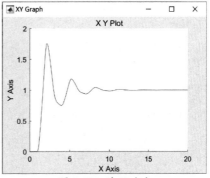

图 9-70　阶跃响应

9.6.2　多速率离散时间系统

多速率离散时间系统是以不同速率对其模块进行采样的系统。计算机就是这样的系统，其 CPU、串行/并行控制器、磁盘驱动器、输入键盘采用不同的工作速率。通信系统也是多速率离散时间系统。

【例 9-9】在多速率离散时间系统中，控制器的更新频率一般要低于对象本身的工作频率，而显示系统的更新频率总比显示器的可读速度要低得多。假设有某过程的离散方程：

$$\begin{cases} x_1(k+1) = x_1(k) + 0.1x_2(k) \\ x_2(k+1) = -0.05\sin x_1(k) + 0.094x_2(k) + u(k) \end{cases}$$

式中，$u(k)$ 是输入，该过程的采样周期为 0.1s，控制器应用采样周期为 0.25s 的比例控制器，显示系统的更新周期为 0.5s。

【解】（1）建立仿真模型，如图 9-71 所示。

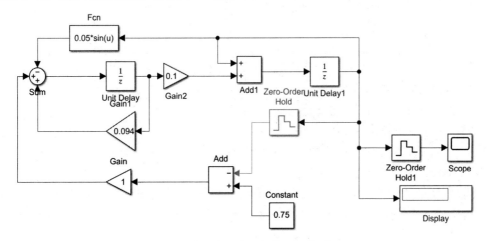

图 9-71　多速率离散时间系统仿真模型

（2）仿真结果如图 9-72 所示。

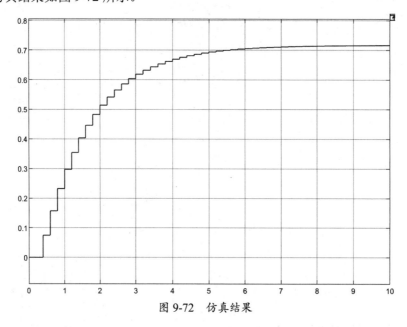

图 9-72　仿真结果

9.6.3　离散−连续混合系统

在现代控制系统中，对于离散−连续混合系统，通常被控对象是连续时间（物理）子系统，而控制器是由逻辑控制器或计算机构成的离散时间子系统。对于这种离散−连续混合系统，模型参数设置页中几乎所有的 Solver 解算方法都能采用。

【例 9-10】汽车行驶控制系统是应用很广的控制系统之一，控制的目的是对汽车的速度进行合理的控制。它是一个典型的反馈控制系统，如图 9-73 所示。该系统使用速度操纵机构的位置变化量设置汽车的指定速度；测量汽车的当前速度，求取它与指定速度的差值；由差值信号产生控制信号驱动汽车产生相应的牵引力以改变并控制汽车的速度，直到达到指定速度 60m/s。

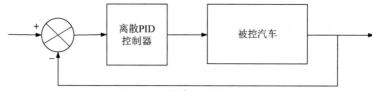

图 9-73　汽车行驶控制系统

汽车行驶控制系统包含 3 部分。

第 1 部分，速度操纵机构的位置变换器。

位置变换器是汽车行驶控制系统的输入，作用是将速度操纵机构的位置变化量转换为相应的速度。速度操纵机构的位置和设定速度间的关系为 $V_g=50x+45$，x 的取值为 0～1。

第 2 部分，离散 PID 控制器。

离散 PID 控制器是汽车行驶控制系统的核心部分，作用为根据汽车的当前速度与指定速度的差值产生相应的牵引力，其数学模型如下。

积分环节：$x(n)=x(n-1)+u(n)$。

微分环节：$d(n)=u(n)-u(n-1)$。

离散 PID 控制器输出：$y(n)=P \times u(n)+I \times x(n)+D \times d(n)$。

其中，P、I、D 分别是离散 PID 控制器的比例、积分和微分控制参数。

第 3 部分，汽车动力机构。

汽车动力机构是汽车行驶控制系统的执行机构，功能是在牵引力的作用下改变汽车的速度，使其达到指定速度。牵引力与速度之间的关系为 $F=ma+bv$。其中，v 是汽车速度，F 是汽车的牵引力，a 是加速度，m 是汽车的质量，b 是阻力因子。

【解】（1）构建如图 9-74 所示的汽车行驶控制系统 Simulink 模型。

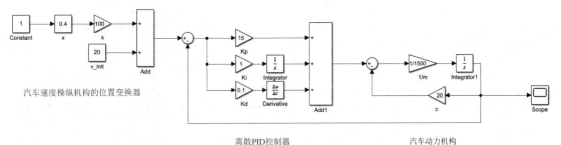

图 9-74　汽车行驶控制系统 Simulink 模型

（2）期望速度为 60m/s，仿真结果如图 9-75 所示。

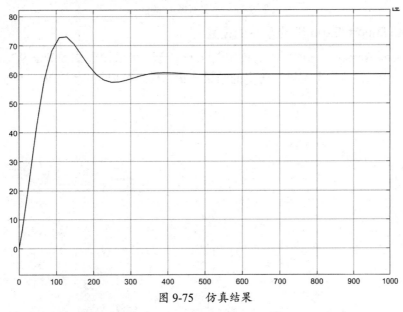

图 9-75　仿真结果

【练习】试改变离散 PID 控制器的比例、积分、微分控制参数，观察系统响应的变化情况。

9.6.4　菜单操作方式下仿真算法和参数的选择

在 Simulink 主界面中选择 "Modeling" → "Model settings" 选项，打开参数设置对话框，如图 9-76 所示。

这里主要介绍 "Solver" 选项下的设置（见图 9-76）和 "Data Import /Export" 选项下的设置。

1. "Solver" 选项下的设置

Simulation time（仿真时间）：设置仿真 Start time（开始时间）和 Stop time（终止时间），

可以直接在相应的数值框内输入数值，单位为 s。另外，用户还可以利用仿真接收模块库中的 Stop 模块来强行终止仿真。

Solver selection（仿真算法选择）：算法类型分为定步长和变步长两类。定步长支持的算法可在"Type"下拉列表的"Fixed step size"编辑框中指定步长或选择 auto（由计算机自动确定步长）。离散时间系统一般默认选择定步长算法，在实时控制中必须选用定步长算法；对于连续时间系统的仿真，一般选择 ode45 算法，步长范围使用 auto 项。

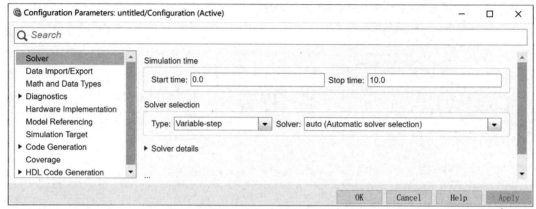

图 9-76　参数设置对话框

2．"Data Import /Export"选项下的设置

"Data Import /Export"选项下的设置如图 9-77 所示，可以设置 Simulink 从工作空间输入数据、初始化状态模块，也可以把仿真的结果、状态模块数据保存到当前工作空间中。

图 9-77　"Data Import/Export"选项下的设置

9.6.5　使用 MATLAB 命令运行仿真

在 MATLAB 命令行窗口中可直接运行一个已存在的 Simulink 模型：

```
[t,x,y]=sim('model',timespan,option,ut)
```

其中，t 为返回的仿真时间向量；x 为返回的状态矩阵；y 为返回的输出矩阵；'model'为系统 Simulink 模型文件名；timespan 为仿真时间；option 为仿真参数选择项，由 simset 设置；ut 为选择外部产生输入，ut=[T,u1,u2,…,un]。

【说明】在上述参数中，若省略 timespan、option、ut，则在框图模型的对话框"Simulation Parameters"中设置仿真参数。

9.6.6　改善仿真性能和精度

影响仿真性能和精度的因素有很多，这里给出可能降低仿真速度的一些原因，可根据自己的模型试着改变某些设置，从而改进模型的仿真性能和精度。

1．提高仿真速度

（1）模型包括一个 MATLAB Fcn 模块。当执行一个包含 MATLAB Fcn 模块的模型时，Simulink 在每个仿真时间步都要调用 MATLAB 解释器。因此应尽可能地使用 Simulink 的内置 Fcn 模块或最基本的 Math 模块。

（2）模型包含 M 文件的 S 函数。M 文件的 S 函数同样会使 Simulink 在每个仿真时间步都调用 MATLAB 解释器，替代方法是把 M 文件的 S 函数转化为 CMEX 文件的 S 函数或建立一个等价的子系统。

（3）模型包含一个存储模块。使用存储模块将导致在每个步长上变阶求解器重置回 1 阶。

（4）仿真时间步太小。解决的方法是把最大仿真步长参数设置为 Simulink 的默认值 auto。

（5）仿真的精度要求过高。一般来说，相对误差容限为 0.1%就已经够了，当模型存在取值趋向于零的状态时，仿真过程中如果绝对误差限度太小，则会使仿真在接近零的状态附近耗费过多的仿真时间。

（6）仿真时间过长。解决的方法是根据仿真情况减小仿真的时间间隔。

（7）所解决的问题是刚性 stiff 问题，却选择了非刚性 non-stiff 的求解器。解决方法是使用 ode15s 算法。

（8）模型所设置的采样时间的公约数过小。这样会使 Simulink 可以采用的基准采样时间过小，因为 Simulink 会选择足够小的仿真时间步以保证所设置的采样点都能取到。

（9）模型包含一个代数环。代数环的求解方法是在每个仿真时间步中迭代地进行计算，这样会严重降低仿真性能。

（10）不要在积分函数中引入白噪声模块。对于连续时间系统，可以使用仿真输入源模块库里的 Band-Limited White Noise 模块。

2．仿真精度的改善

检验仿真精度的方法是修改仿真的相对误差及绝对误差容限。在一个时间跨度内反复仿真，如果结果不变或变化不大，则表示该解是收敛的。如果仿真在开始时错过了模型的关键行为，那么减小初始步长可以使仿真不会忽略这些关键行为。如果结果不稳定，则可能有以下几个原因。

（1）仿真系统本身不稳定。

（2）如果使用了 ode15s 算法，那么需要把最高阶数限制到 2 或尝试使用 ode23s 算法。

（3）如果仿真的结果看起来不是很精确，那么可能是由两个原因造成的：模型有取值接近零的状态，如果模型的绝对误差容限过大，则会使仿真在接近零的区域包含的仿真时间太少，解决的方法是修改绝对误差容限参数或在积分模块的对话框中修改初始状态。如果改变绝对误差容限不能达到预期的效果，则可以修改相对误差容限，使可接受的误差减小，并减小仿真步长。

9.7 模型的调试

9.7.1 Simulink 调试器

DEBUG 模式将仿真过程变得可控，可单步或多步执行，或者全速执行到断点停下来。过程中每个采样时刻所执行的模块及方法名都可以观察到。单击 Simulink 主界面的"DEBUG"选项卡，如图 9-78 所示，启动调试器。打开要调试的模型（以一个 Simulink 搭建的循环算法为例），选择"DEBUG"→"Breakpoints List"→"Debug Model"选项，结果如图 9-79 所示。调试器部分命令的功能如表 9-9 所示。

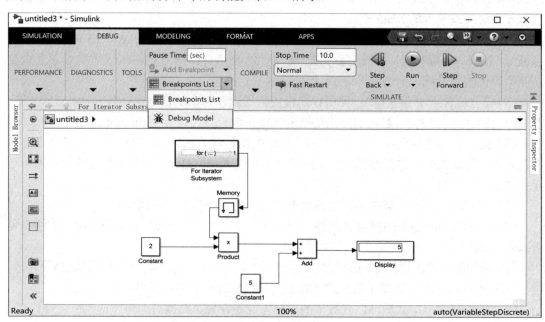

图 9-78　启动调试器

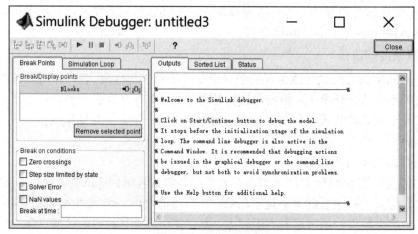

图 9-79　调试器页面

表 9-9　调试器部分命令的功能

图　　标	描　　述
	单步进入当前方法的子方法
	单步跨过当前方法
	单步跳出当前子方法
	运行至下一个采样时间的首个方法
	运行至下一个模块的方法

【例 9-11】建立如图 9-80 所示求和模型，说明利用调试器进行调试的过程。

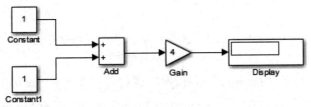

图 9-80　求和模型

【解】（1）在 Simulink 模型窗口中搭建如图 9-80 所示的模型。本例中的仿真步长为 1，仿真运行时间为 5s。运行仿真后，数字显示器显示结果为 8，如图 9-81 所示。

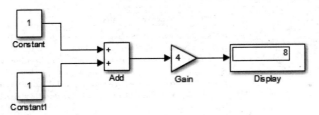

图 9-81　模型建立

（2）单击 Simulink 主界面的"DEBUG"选项卡，启动调试器。打开本例中要调试的模型，选择"DEBUG"→"Breakpoints List"→"debug model"选项，出现如图 9-82 所示的调试器初始界面。

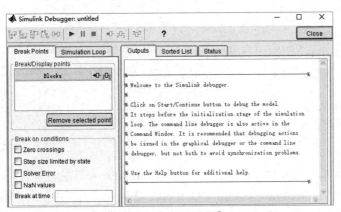

图 9-82　调试器初始界面

（3）单击"运行"按钮，"Simulation Loop"选项卡下的"simulate(untitled)"黄色高亮显示，并且 ID=0（见图 9-83）；"Outputs"选项卡下的输出如图 9-83 所示。

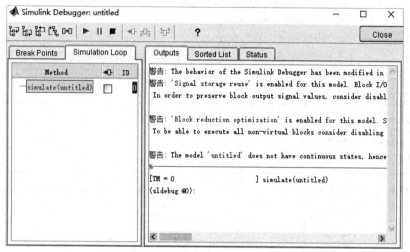

图 9-83　调试器运行后的界面

（4）单击调试器中的"stepinto"图标 ，进行单步调试分析。第 1 次单击"stepinto"图标会出现如图 9-84 所示的界面，"Simulation Loop"选项卡下的"initializationPhase"黄色高亮显示，并且 ID=1。

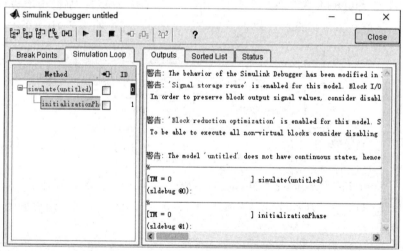

图 9-84　第 1 次单步调试时的调试器界面

"Outputs"选项卡下的输出内容如下：

```
%------------------------------------------------------------%
[TM = 0                    ] simulate(untitled)
(sldebug @0):
%------------------------------------------------------------%
[TM = 0                    ] initializationPhase
(sldebug @1):
```

其中，sldebug@X 为左栏中的 ID 号，initializationPhase 应为左栏中的 Method。

（5）不断地单击"stepinto"图标，"Outputs"选项卡下显示 0～5s 的输出（不断更新）。1～2s 的调试器界面如图 9-85 所示，调试结束后的调试器界面如图 9-86 所示。

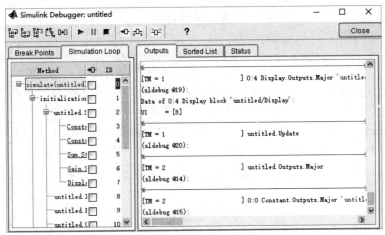

图 9-85　1～2s 的调试器界面

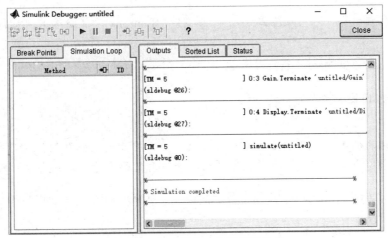

图 9-86　调试结束后的调试器界面

9.7.2　显示仿真的相关信息

（1）当利用系统自带的实例仿真时，只要把光标放在该元件或系统上即可看到该模块或元件的相关信息。

（2）新建模型并没有这个功能，因此需要用户自行设置。

设置路径：选择"Display"→"Blocks"→"Tool Tip Options"→"Parameter Names & Values"选项。

（3）Simulink 调试器工具条中的按钮用于显示模块的输入/输出信息。首先在模型窗口中选中模块；然后单击"Display current I/O of selected block"（显示模块输入/输出信息）按钮，被选中的模块在当前采样点的输入/输出和状态信息将显示在调试器界面的"Outputs"选项卡中。

9.7.3　显示模型的信息

调试器除可以显示仿真的相关信息外，还可以显示模型的相关信息。在 MATLAB 命令行窗口中，可以用命令 slist 显示系统中各模块的索引，模块的索引就是它们的执行顺序，与调试器界面的"Sorted List"选项卡中显示的内容是一样的。

本章小结

　　本章首先介绍了 Simulink 的基本概念及 Simulink 的基本操作，如 Simulink 的启动、模块的连接及参数设置等；然后通过连续时间系统和离散时间系统模块库来举例，介绍了 Simulink 常用模块的应用；最后介绍了 Simulink 中的子系统和封装。

　　利用 Simulink 建模可以分析、解决不同领域的实际问题，培养读者认识问题、分析问题、解决问题的能力；理论联系实际，引导读者形成实事求是、尊重科学、尊重学术道德的学习态度，激发读者的学习兴趣，提高对自身的要求，成为具有创新能力的技术型人才。

习题 9

9-1. 已知矩阵 $A = \begin{bmatrix} 1 & 2 \\ 3 & 4 \end{bmatrix}$，矩阵 $B = \begin{bmatrix} 2 & 3 \\ 4 & 5 \end{bmatrix}$，利用 Simulink 计算矩阵 A 与矩阵 B 的和。

9-2. 利用 Simulink 计算向量和矩阵的乘积：$\begin{bmatrix} 1 & 2 \end{bmatrix} \times \begin{bmatrix} 1 & 2 \\ 3 & 4 \end{bmatrix}$。

9-3. 利用 Simulink 求解下列微分方程：

$$X'(t) = \sin(t), \ X(0) = 0$$

9-4. 已知系统的输入为一个幅值为 3 的正弦波信号，输出为此正弦波信号与一个常数的乘积。要求建立系统模型，实现将输入信号和输出信号同时输入一个示波器中。

9-5. 利用 Simulink 仿真下列曲线（取 $\omega = 2\pi$）：$x(\omega t) = \sin(\omega t) + \dfrac{1}{3}\sin(3\omega t) + \dfrac{1}{5}\sin(5\omega t) + \dfrac{1}{7}\sin(7\omega t) + \dfrac{1}{9}\sin(9\omega t)$。

9-6. 建立如图 9-87 所示的 Simulink 仿真模型并仿真，改变 Gain 模块的增益，观察 Scope 模块显示波形的变化。

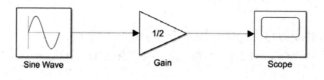

图 9-87　习题 9-6 的图

9-7. 利用 Simulink 仿真实现摄氏温度到华氏温度的转换：$T_f = \dfrac{9}{5}T_c + 32$。其中，$T_c$ 的取值为 $0 \sim 100℃$。

9-8. 现有一待显示图形函数 $f(x) = 2\sin(x)e^{-\frac{1}{2}x^2}$，请利用 Simulink 建立模型，并分别显示 $\sin x$、$e^{-\frac{1}{2}x^2}$ 和 $f(x)$ 的曲线。

9-9. 利用 Simulink 压缩子系统的方法压缩方程 $x'' + 0.4x' + 0.8x = \sin t$，系统初始条件为 $x'(0) = 0$，$x(0) = 2$。

9-10. 现有初始状态为 0 的二阶微分方程 $x'' + 0.2x' + 0.4x = 0.2u(t)$，其中，$u(t)$ 是单位阶跃函数，试利用 Simulink 建立系统模型并仿真。

思路：利用连续时间系统模块库中的积分器 Integrator 求解微分方程。

9-11. 控制系统结构图如图 9-88 所示，试建立 Simulink 模型并显示在单位阶跃信号输入下的仿真结果。

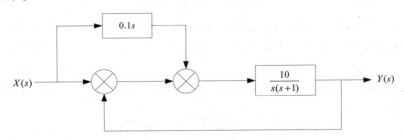

图 9-88　习题 9-11 的图

9-12. 如图 9-89 所示，利用 Simulink 实现简单物理模型"小车运动系统"的仿真。已知小车在平面上做直线运动，初始速度 $v_0 = 2\text{m/s}$，在 $t = 2.5\text{s}$ 时刻，加速度 $\alpha = 3\text{m/s}^2$。分别画出它的速度和位移对时间 t 的图形，并根据图形求出在 $t = 10\text{s}$ 时刻的位移。

图 9-89　习题 9-12 的图

9-13. 已知 $t \in [0, 1]$，利用 Simulink 求解 $\int_0^t e^{-x^2} \mathrm{d}x$，并求当 $t = 1$ 时的积分值。（注意：时间变量由 Clock 产生。）

9-14. 球体初始高度为 10m，初始速度为 15m/s，方向向上，地面是刚性的，小球是弹性的，当高度为 0 时，会发生一次碰撞，动量发生改变，每次与地面碰撞时，小球都会失去一部分动量，导致小球最终会停下来。尝试在 Simulink 中通过一个模型描述小球首次上升和下降时的位置与速度变化。

9-15. 蹦极跳系统：当人系着弹力绳从桥上跳下来时，会发生什么现象呢？蹦极跳为一个典型的连续时间系统。自由下落的物体满足牛顿运动定律：$F = ma$。假设绳子的弹性系数为 k，它的拉伸影响系统的动力响应，如果定义人站在桥上时绳子下端的初始位置为 0 位置，x 为拉伸位置，那么用 $b(x)$ 表示绳子的张力，可得 $b(x) = \begin{cases} -kx, & x > 0 \\ 0, & x \leqslant 0 \end{cases}$。设 m 是物体的质量，g 是重力加速度，a_1、a_2 是空气阻尼系数，则系统方程可表示为 $m\ddot{x} = mg + b(x) - a_1\dot{x} - a_2|\dot{x}|\dot{x}$。已知 $m = 70\text{kg}$，$g = 9.8\text{m/s}^2$，$k = 20\text{N/m}$，$a_1 = 1$，$a_2 = 1$。试建立模型，判断蹦极者在此条件下进行蹦极运动是否安全。

9-16. 分析二阶动态电路的零输入响应。典型的二阶动态电路如图 9-90 所示，其零输入响应有过阻尼、临界阻尼和欠阻尼 3 种情况，已知 $L = 0.5\text{H}$，$C = 0.02\text{F}$，R 的取值为 1，2，3，…，32（单位为 Ω），初始值 $u_C(0) = 1\text{V}$，$i_L(0) = 0$，求零输入响应对应的电压和电流，并画出波形。

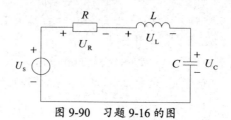

图 9-90　习题 9-16 的图

9-17. 一池中有水 2000m³，含盐 2kg，以 6m³/min 的速率向池中注入浓度为 0.5kg/m³ 的盐水，又以 4m³/min 的速率从池中流出混合后的盐水，问要使池中盐水浓度达到 0.2kg/m³，需要多长时间？

9-18. 建立如图 9-91 所示的仿真模型并仿真，改变增益，观察图形变化情况，并总结规律。

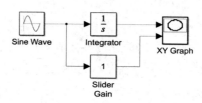

图 9-91　习题 9-18 的图

9-19. RLC 电路如图 9-90 所示，已知 $R=7\Omega$，$L=0.5H$，$C=0.1F$，$U_S(t)=10V$，求电容两端的电压。

第10章

BP 神经网络

神经网络是单个并行处理元素的集合，也是机器学习中一种常见的数学模型，通过构建类似于大脑神经突触连接的结构来进行信息处理。在自然界中，网络功能主要由神经节决定，我们可以通过改变连接点的权重来训练神经网络完成特定的功能。一般的神经网络都是可调节的，或者说是可训练的，一个特定的输入可得到要求的输出。

在应用神经网络的过程中，处理信息的单元一般分为 3 类：输入单元、输出单元和隐含单元。输入单元接受外部给的信号与数据；输出单元实现系统处理结果的输出；隐含单元处在输入单元和输出单元之间，从网络系统外部无法观测到隐含单元的结构。除上述 3 类处理信息的单元之外，神经元之间的连接强度由权值等参数决定。

如今，神经网络能够用来解决常规计算机和人类难以解决的问题，并且已经在各个领域中应用以实现各种复杂的功能。这些领域包括模式识别、鉴定、分类、语音、翻译和控制系统。本章主要通过神经网络工具箱来建立示范的神经网络系统，并应用到工程、金融和其他实际项目中。一般普遍使用有监督训练方法构建神经网络，但是也能够通过无监督训练方法或直接设计得到其他神经网络。

10.1 BP 神经网络的构建与性能评价

BP 神经网络是一种误差反向传播算法的多层前馈网络模型。目前，在实际应用中有 80%～90%的神经网络模型采用的是 BP 神经网络或它的变种。它的中间层可以为单隐含层或多隐含层。通常，信息由最后一个隐含层传递到输出层，从输出层向外界输出信息处理结果。当实际输出与期望输出不相符时，就进入误差反向传播（Back Propagation）阶段。误差通过输出层向隐含层和输入层反向回传，按梯度下降的方式修改各层的权值，并周而复始地进行这个循环（这也是神经网络学习训练的过程），直到输出层与期望输出的误差减小到目标范围内（如 0.01），或者循环次数达到了预设值（如 500），参数学习过程停止。

10.1.1 BP 神经网络相关函数的操作和使用

1. 创建函数

要构建 BP 神经网络，首先需要进行网络创建，通常采用创建函数在 MATLAB 中创建网络。BP 神经网络创建函数包括 newcf 函数和 newff 函数。

（1）newcf 函数。

newcf 函数通过级联前向创建 BP 神经网络，其格式如下：

```
net = newcf ( inputRange, [lay1, lay2,...,layN], {layTran1,layTran2,...,
layTranN }, BPTrain, BPLearn, util)
```

其中，inputRange 是矩阵，代表每组输入的最大值和最小值；[lay1, lay2,…,layN]代表每个隐含层的长度，一共有 N 个隐含层；{layTran1,layTran2,…, layTranN }代表各层的传递函数，默认为 tansig；BPTrain 代表 BP 神经网络的训练函数，默认为 trainlm；BPLearn 是权值的学习算法，默认为 learngdm；util 是性能函数，默认为 mse。

【注意】调用时不需要全部调用，有默认值的参数可以省略，如可以省略 util。

（2）newff 函数。

newff 函数用来创建前向非级联的 BP 神经网络，其格式如下：

```
net = newff ( in, target, hiddenLay, tranFun, trainFun, learnFun, util, inProcess,
outProcess,DDF)
```

其中，in 代表输入矩阵，target 代表目标输出矩阵，hiddenLay 是隐含层节点数，tranFun 代表节点传递函数，trainFun 是训练函数，learnFun 是学习函数，util 是性能分析函数，inProcess 是输入处理函数，outProcess 是输出处理函数，DDF 是验证数据划分函数。一般来说，后面 4 个参数可以省略，使用系统默认参数。

2．传递函数

传递函数是 BP 神经网络的重要组成部分，又称激活函数。激活函数必须是连续可微的。BP 神经网络常常采用 S 型对数或正切函数作为激活函数。

（1）logsig 函数。

logsig 函数也称为 S 型对数函数，其调用格式如下：

```
A=logsig(N,FP)
info=logsig(code)
```

其中，N 为 Q 个 S 维的输入列向量；FP 为功能结构参数；A 为函数返回值，位于区间[0,1]中，即 logsig 函数的值域为[0,1]。

logsig 函数的公式如下：

```
logsig(n) = 1 / (1 + exp(-n))
```

【例 10-1】绘制 logsig 函数曲线，观察其曲线特征。

```
n = -10:0.2:10;
a = logsig(n);
plot(n,a)
grid on
```

二维码 10-1

运行结果如图 10-1 所示。

logsig 函数可以将范围是整个实数集的神经元输入映射到区间[0,1]中。根据 logsig 函数的曲线可以知道为何它被称为 S 型函数。logsig 函数的使用语法如下：

```
net.layers{i}.transferFcn = 'logsig';
```

（2）tansig 函数。

tansig 函数也称为双曲正切 S 型传递函数，其调用格式如下：

```
A=tansig(N,FP)
info=logsig(code)
```

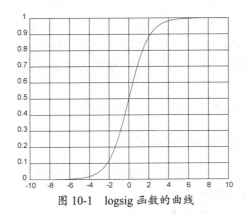

图 10-1　logsig 函数的曲线

其中，N 为 Q 个 S 维的输入列向量；FP 为功能结构参数；A 为函数返回值，位于区间 [-1,1] 中，即 tansig 函数的值域为 [-1,1]。

tansig 函数的函数公式如下：

```
a = tansig(n) = 2/(1+exp(-2*n))-1
```

3．学习函数

训练 BP 神经网络需要选择合适的学习函数。MATLAB 的学习函数主要包括 learngd 函数和 learngdm 函数。

（1）learngd 函数。

learngd 函数是梯度下降权值/阈值学习函数，通过神经元的输入和误差，以及权值和阈值的学习速率来计算权值或阈值的变化率。

（2）learngdm 函数。

learngdm 函数是梯度下降动量学习函数，利用神经元的输入和误差、权值和阈值的学习速率与动量常数来计算权值或阈值的变化率。

4．训练函数

（1）trainbfg 函数。

trainbfg 函数为 BFGS 准牛顿 BP 算法函数。除 BP 神经网络外，该函数还可以训练任意形式的神经网络，只要它的传递函数对权值和输入存在导函数即可。

（2）traingd 函数。

traingd 函数是梯度下降 BP 算法函数。

（3）traingdm 函数。

traingdm 函数是梯度下降动量 BP 算法函数。

（4）traingdx 函数。

traingdx 函数是利用快速 BP 算法训练前向神经网络的函数。

5．显示函数

（1）plotes 函数。

plotes 函数用于绘制误差曲面，其调用格式如下：

```
plotes( WV, BV, ES, V)
```

其中，WV 为权值的 N 维矩阵，BV 为 M 维的阈值行向量，ES 为误差向量组成的 $M×N$ 阶矩阵，V 为视角。

（2）errsurf 函数。

errsurf 函数用于计算单输入神经元的误差的平方和，其调用格式如下：

```
errsurf( P, T, WV, BV, F)
```

其中，P 为输入行向量，T 为目标行向量，WV 为权值列向量，BV 为阈值列向量，F 为传递函数。

神经元的误差曲面是由权值和阈值的行向量确定的。

10.1.2 BP 神经网络性能评价指标

对于一个好不容易训练出来的模型，需要用数学工具直观地了解它的性能好坏，这里给出 BP 神经网络性能部分评价指标。

R 系数：回归值，代表预测输出和目标输出之间的相关性，R 值越接近 1 表示预测输出和目标输出之间的关系越密切，R 值越接近 0 表示预测输出和目标输出之间的关系的随机性越大。

预测值（输出）$\hat{Y}$：$\hat{Y} = \{\hat{y}_1, \hat{y}_2, \cdots, \hat{y}_n\}$。

真实值（输入）Y：$Y = \{y_1, y_2, \cdots, y_n\}$。

均方误差（Mean Square Error，MSE）：预测值和真实值之差的期望值，是反映估计量与被估计量之间差异程度的一种度量。均方误差的计算公式如下：

$$\text{MSE} = \frac{1}{n}\sum_{i=1}^{n}(\hat{y}_i - y_i)^2$$

式中，MSE 的范围为 $[0, +\infty)$，当预测值和真实值完全吻合时等于 0。MSE 值越小，模型越准确；相反，则越不准确。

均方根误差（Root Mean Square Error，RMSE）：预测值与真实值偏差的平方与观测次数 n 比值的平方根。在实际测量中，观测次数 n 总是有限的，真实值只能用最佳值来代替。均方根误差的计算公式如下：

$$\text{RMSE} = \sqrt{\frac{1}{n}\sum_{i=1}^{n}(\hat{y}_i - y_i)^2}$$

均方根误差用来衡量预测值与真实值之间的偏差。当预测值与真实值之间的偏差越小时，模型精度越高；相反，则越低。

平均绝对误差（Mean Absolute Error，MAE）：绝对偏差平均值，即平均偏差，指各次测量值的绝对偏差绝对值的平均值。使用平均绝对误差可以避免误差相互抵消的问题，因而可以准确反映实际预测误差的大小。平均绝对误差的计算公式如下：

$$\text{MAE} = \frac{1}{n}\sum_{i=1}^{n}|\hat{y}_i - y_i|$$

式中，MAE 的范围为 $[0, +\infty)$。当预测值与真实值之间的偏差越小时，模型越好；相反，则越差。

平均绝对百分比误差（Mean Absolute Percentage Error，MAPE）。平均绝对百分比误差之所以可以描述准确度，是因为其本身常用于衡量预测准确性的统计指标。平均绝对百分比误差的计算公式如下：

$$\text{MAPE} = \frac{100\%}{n}\sum_{i=1}^{n}\left|\frac{\hat{y}_i - y_i}{y_i}\right|$$

式中，MAPE 的范围为 $[0,+\infty)$ 。MAPE 为 0%表示完美模型，MAPE 大于 100%表示劣质模型。当真实值有数据等于 0 时，分母为 0，该公式不可用。

对称平均绝对百分比误差（Symmetric Mean Absolute Percentage Error，SMAPE）：相比平均绝对百分比误差，将分母变为真实值和预测值的中值。对称平均绝对百分比误差的计算公式如下：

$$\text{SMAPE} = \frac{100\%}{n} \sum_{i=1}^{n} \frac{|\hat{y}_i - y_i|}{(|\hat{y}_i| + |y_i|)/2}$$

当真实值有数据等于 0 时，分母为 0，该公式不可用。

10.1.3 实现 BP 神经网络预测的步骤

BP 神经网络能够实现数据的预测。BP 神经网络预测步骤如下所述，共 10 步。

（1）读取数据。

（2）设置训练数据和预测数据。

（3）训练样本数据归一化。

（4）构建 BP 神经网络。

（5）网络参数配置（训练次数、学习速率、训练目标最小误差等）。

（6）BP 神经网络训练。

（7）测试样本归一化。

（8）BP 神经网络预测。

（9）预测结果反归一化与误差计算。

（10）验证集的真实值与预测值误差比较。

10.2 神经网络工具箱介绍

神经网络工具箱包含了 4 个模块库，分别是聚类工具箱、拟合工具箱、模式识别工具箱和针对时间序列处理的神经网络工具箱。

10.2.1 神经网络工具箱

MATLAB 菜单栏有"主页""绘图"和"APP"共 3 个选项卡，选择"APP"选项卡，可看到 App 的缩略图，如图 10-2 所示。单击右侧的"显示更多"按钮，打开 App 窗口，如图 10-3 所示。

在 App 窗口中，可见机器学习和深度学习子模块库，如图 10-4 所示。其中包含了神经网络拟合模块"Neural Net Fitting"。

双击神经网络拟合模块的图标，打开如图 10-5 所示的神经网络拟合工具箱窗口。

图 10-2 "APP"选项卡

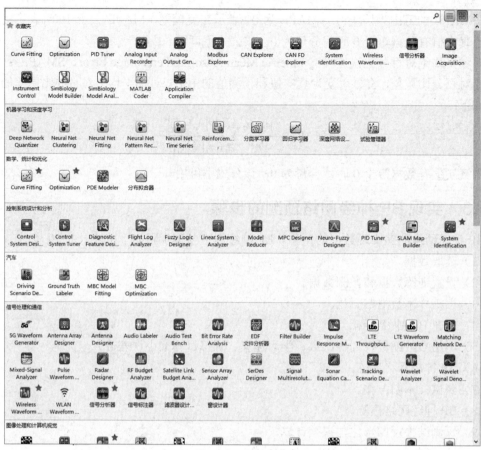

图 10-3　App 窗口

图 10-4　机器学习和深度学习子模块库

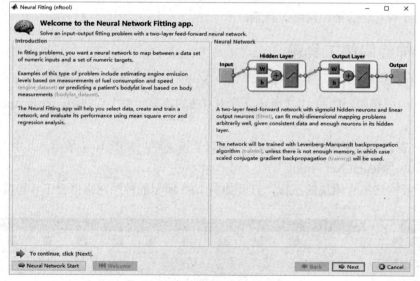

图 10-5　神经网络拟合工具箱窗口

单击"Next"按钮，进入导入数据窗口，如图 10-6 所示。从 MATLAB 的工作区中导入的数据分为输入数据和目标数据两类。

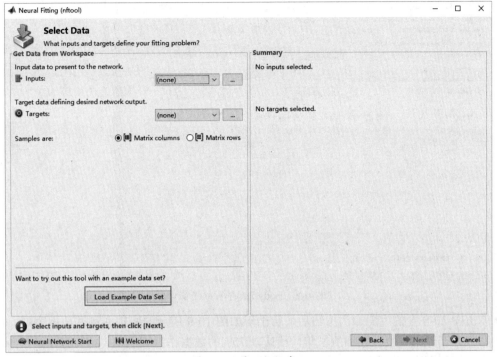

图 10-6　导入数据窗口

也可以利用图 10-6 中的"Load Example Data Set"按钮加载 MATLAB 软件自带的数据和案例。MATLAB 软件自带的案例包括最简单的拟合、房价预测等。单击"Load Example Data Set"按钮，进入实例选择窗口，可查看 MATLAB 提供的 6 个案例数据集（这里以加载 Body Fat 拟合案例为例），如图 10-7 所示。

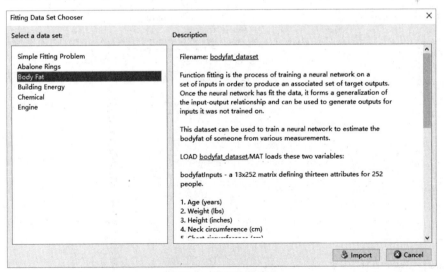

图 10-7　实例选择窗口

选择图 10-7 中的"Body Fat"选项，实例选择窗口右侧出现对 Body Fat 拟合案例的说明。单击图 10-7 中的"Import"按钮，出现 Body Fat 导入数据窗口，如图 10-8 所示。其中，输入变量为 bodyfatInputs，是 13×252 矩阵；输出变量为 bodyfatTargets，是 1×252 矩阵。

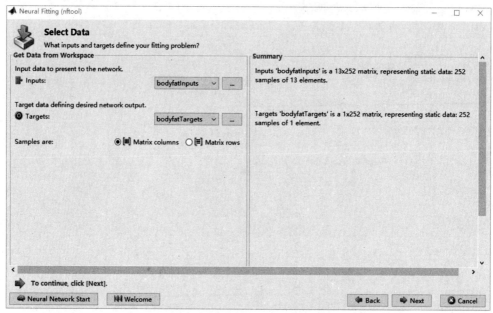

图 10-8　Body Fat 导入数据窗口

单击图 10-8 中的 "Next" 按钮后，会出现如图 10-9 所示的验证和测试数据窗口，整体的数据分为训练集、验证集和测试集，默认以 70%的数据作为训练集、15%的数据作为验证集、15%的数据作为测试集。在数据量比较少的情况下，按照 6∶2∶2 的比例进行划分即可；在数据量多的情况下，可以加大训练量，使模型得到更充足的训练，此时可以调整为 8∶1∶1 的比例，甚至可以给验证集和测试集更小的比例。

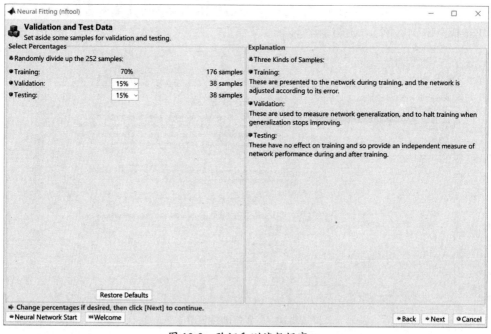

图 10-9　验证和测试数据窗口

单击图 10-9 中的 "Next" 按钮，进入如图 10-10 所示的神经网络结构窗口。由于用来拟合的是一个两层前向型神经网络，所以输入/输出数据确定后，只有隐含层神经元的个数可以调整，系统默认隐含层神经元的个数为 10。后期运行模型几次后，根据模型的精度与运行时间，可通过调整该窗口隐含层的神经元的个数来改变拟合效果。

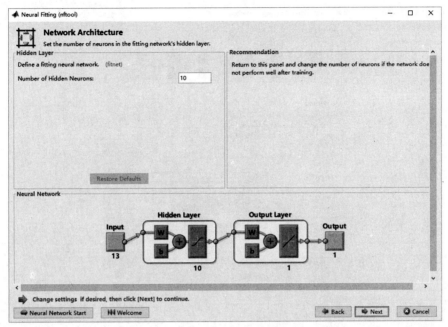

图 10-10　神经网络结构窗口

单击图 10-10 中的 "Next" 按钮，出现神经网络训练窗口，如图 10-11 所示。在 "Choose a training algorithm" 下拉列表中，有 3 种训练神经网络的具体算法可供用户选择，分别是 Levenberg-Marquardt（列文伯格-马夸尔特）算法、Bayesian Regularization（贝叶斯正则化）算法和 Scaled Conjugate Gradient（比例共轭梯度）算法。

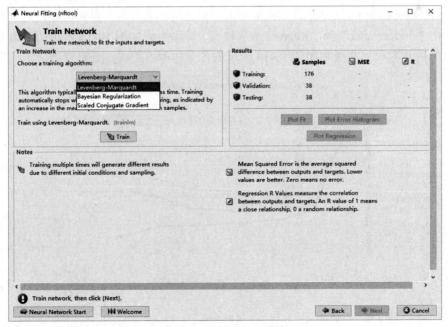

图 10-11　神经网络训练窗口

依据数据实际情况选择相应的算法。一般选择 Levenberg-Marquardt 算法。选择好算法后，单击"Train"按钮，根据输入数据和目标数据开始训练网络。由此得到神经网络训练结果窗口，如图 10-12 所示。

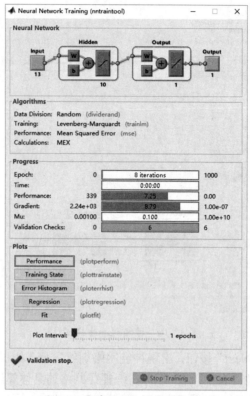

图 10-12　神经网络训练结果窗口

在如图 10-12 所示的神经网络训练窗口中，用户可以通过"Fit"按钮来查看预测值和真实值；通过"Regression"按钮查看预测值与真实值之间的回归性，真实值越接近预测值，越准确。单击"Performance"及"Regression"按钮，分别生成如图 10-13 所示的训练集、验证集、测试集的均方误差曲线和如图 10-14 所示的各个样本集相关性分析曲线。

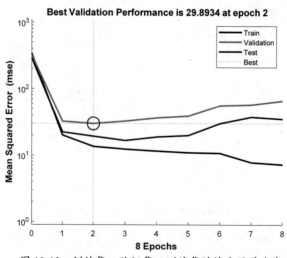

图 10-13　训练集、验证集、测试集的均方误差曲线

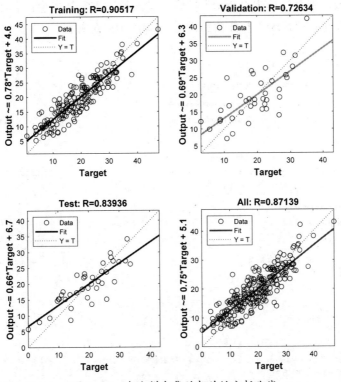

图 10-14　各个样本集的相关性分析曲线

如果对这个模型非常不满意，那么可以进行多次重复训练，更改隐含层神经元的个数、训练算法等，重新建模。在如图 10-15 所示的神经网络修正窗口中，可以更方便地进行重复训练、修改隐含层神经元的个数、扩大或更换数据集等，从而完善模型。

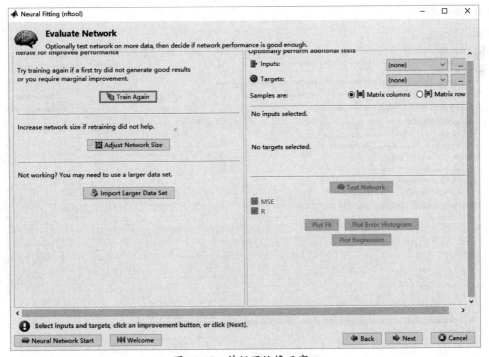

图 10-15　神经网络修正窗口

若不需要修改，则直接单击"Next"按钮，进入解决方案部署窗口。在这里可以查看相关的代码，也可以单击"Next"按钮直接跳过，如图 10-16 所示。

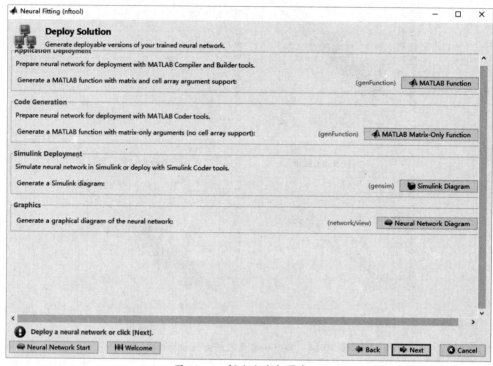

图 10-16　解决方案部署窗口

单击"Next"按钮，进入数据结果保存窗口，如图 10-17 所示。单击"Save Results"按钮，以上操作的神经网络信息就被储存到了工作区中。单击"Finish"按钮即可退出神经网络拟合工具箱。

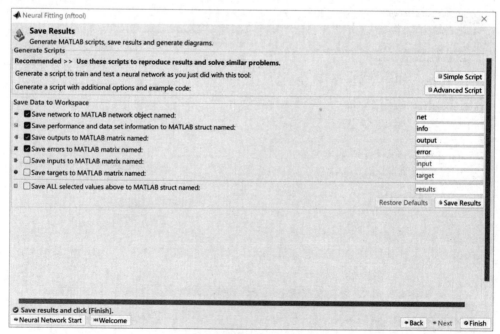

图 10-17　数据结果保存窗口

【例 10-2】对如表 10-1 所示的线性网络数据进行预测。试构造合适的神经网络模型拟合其中的数据点，并预测 x_1=3.5，x_2=3.1 时 y 的值。

表 10-1　线性网络数据

x_1	3.918752	0.961158	0.455793	3.699707	0.443114	2.972333	1.188093	4.00846	0.65865	3.809115
x_2	3.146687	1.502544	0.787185	3.398526	1.2271	0.535769	4.296587	2.882519	0.317061	4.294238
y	70.654	24.637	12.43	70.982	16.702	35.081	54.847	68.91	70.654	24.637
x_1	4.2084	3.176272	4.048128	4.425394	1.177096	2.969469	1.476217	3.003917	1.380994	0.056913
x_2	4.92138	1.143312	3.305435	1.51196	4.665047	1.490328	1.023135	3.503148	0.203518	1.729372
y	91.298	43.196	73.536	59.374	58.421	44.598	24.994	65.071	15.845	17.863

【解】假设表 10-1 中的数据以文件名"神经网络数据 1"保存，其路径为 E:\matlab2021a\work\神经网络数据 1。先读入表 10-1 中的数据，将 x_1 和 x_2 组合成 2×20 的矩阵 A，作为神经网络的输入；将 y 组合成 1×20 的矩阵 B，作为输出：

二维码 10-2

```
data=xlsread('E:\matlab2021a\work\神经网络数据1');
A1=data(1,:);
A2=data(2,:);
A=[A1;A2];
B=data(3,:);
```

下面开始训练网络。

（1）双击 App 窗口中的神经网络拟合模块的图标，打开如图 10-5 所示的神经网络拟合工具箱窗口，单击"Next"按钮进入下一步。

（2）在导入数据窗口中导入变量 A 和 B，如图 10-18 所示。单击"Next"按钮进入下一步。

（3）设置训练集、验证集及测试集的比例，单击"Next"按钮，出现神经网络结构窗口。

（4）在神经网络结构窗口中设置隐含层神经元的个数，默认值为 10，单击"Next"按钮，出现训练神经网络窗口。

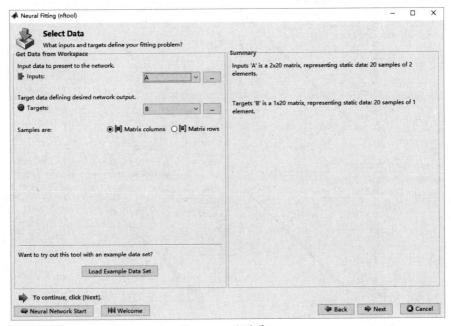

图 10-18　变量导入

（5）在神经网络训练窗口中选择 Levenberg-Marquardt 算法，单击"Train"按钮训练网络，稍后弹出"Neural Network Training"窗口，如图 10-19 所示。可通过单击"Performance"按钮来查看各样本集的均方误差。各样本集的均方误差曲线如图 10-20 所示。若数据预测结果误差较大，则可设置相关参数，重复进行训练，直至误差满足要求。单击"Regression"按钮可以查看各样本集和总体的 R 相关系数分析，如图 10-21 所示。

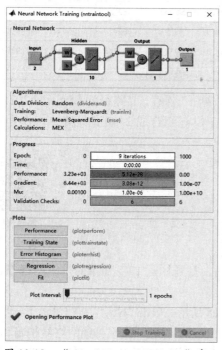

图 10-19　"Neural Network Training"窗口

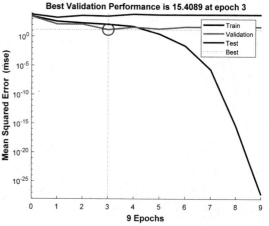

图 10-20　各样本集的均方误差曲线

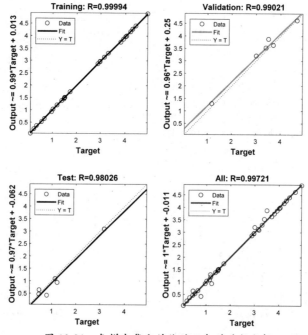

图 10-21　各样本集和总体的 R 相关系数分析

（6）训练完成后，单击 "Next" 按钮进入下一步，直到进入数据结果保存窗口，如图 10-22 所示。在此可以查看相关的代码。单击 "Save Results" 按钮保存变量，单击 "Finish" 按钮完成设置。

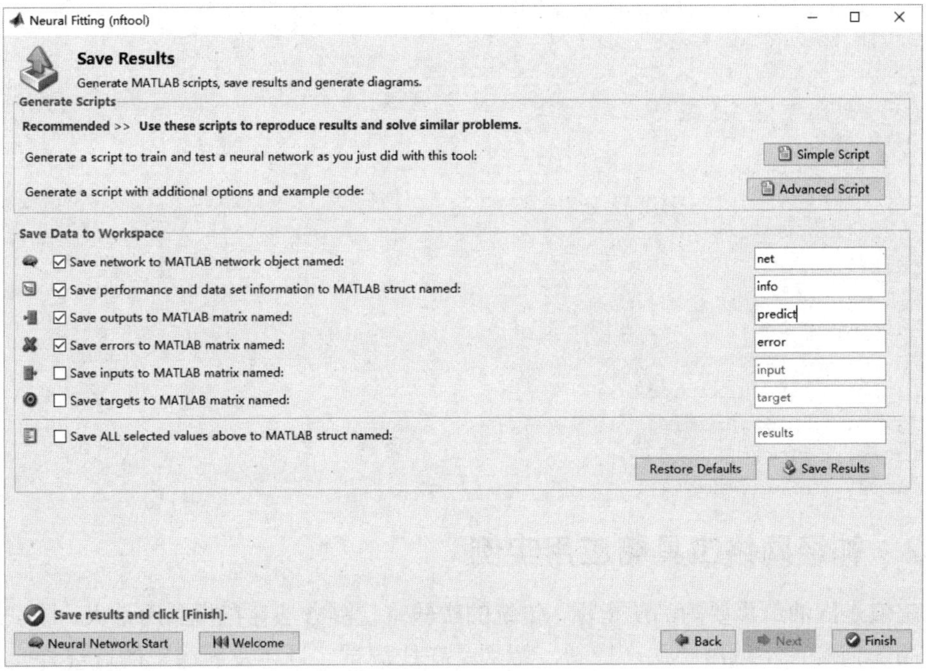

图 10-22　数据结果保存窗口

在文本编辑器中编辑脚本文件，并保存为 "predict_1"：

```
A1=[3.5;3.1];
predict1=sim(net,A1)
```

运行后，得到的预测结果如下：

```
>> predict_1
predict1 =
  62.8354
```

在上述第（6）步中，单击 [Simple Script] 按钮生成的代码如下：

```
% Solve an Input-Output Fitting problem with a Neural Network
% Script generated by Neural Fitting app
% Created 16-Apr-2022 14:36:13
% This script assumes these variables are defined:
%   A - input data.
%   B - target data.
x = A;
t = B;
% Choose a Training Function
% For a list of all training functions type: help nntrain
% 'trainlm' is usually fastest.
% 'trainbr' takes longer but may be better for challenging problems.
% 'trainscg' uses less memory. Suitable in low memory situations.
trainFcn = 'trainlm';  % Levenberg-Marquardt backpropagation.
% Create a Fitting Network
hiddenLayerSize = 3;
```

```
net = fitnet(hiddenLayerSize,trainFcn);
% Setup Division of Data for Training, Validation, Testing
net.divideParam.trainRatio = 70/100;
net.divideParam.valRatio = 15/100;
net.divideParam.testRatio = 15/100;
% Train the Network
[net,tr] = train(net,x,t);
% Test the Network
y = net(x);
e = gsubtract(t,y);
performance = perform(net,t,y)
% View the Network
view(net)
% Plots
% Uncomment these lines to enable various plots.
%figure, plotperform(tr)
%figure, plottrainstate(tr)
%figure, ploterrhist(e)
%figure, plotregression(t,y)
%figure, plotfit(net,x,t)
```

10.2.2 神经网络工具箱应用实例

辛烷值是汽油最重要的品质指标，传统的实验室检测方法存在样品用量大、测试周期长和费用高等问题，不适用于生产控制，特别是在线测试。近年发展起来的近红外光谱分析（NIR）方法作为一种快速分析方法已广泛应用于农业、制药、生物化工、石油产品等领域，其优越性是无损检测、低成本、无污染，能在线分析，更适应于生产和控制的需要。

实验采集得到 50 组汽油样品（辛烷值已通过其他方法测量，如图 10-23 所示），并利用傅里叶近红外变换光谱仪对其进行扫描，扫描范围为 900～1700nm，扫描间隔为 2nm，即每个样品的光谱曲线共含有 401 个波长点，每个波长点对应一个吸光度。

请利用这 50 组汽油样品的数据建立这 401 个吸光度和辛烷值之间的模型。

现有 10 组新样本（见图 10-23），这 10 组新样本均已经过傅里叶近红外变换光谱仪的扫描，请预测这 10 组新样本的辛烷值。

	A	B	C	D	E	F	G	H	I	J	K	L	M	N	O	P
1	样本ID	辛烷值	吸光度1	吸光度2	吸光度3	吸光度4	吸光度5	吸光度6	吸光度7	吸光度8	吸光度9	吸光度10	吸光度11	吸光度12	吸光度13	吸光度1
2	1	85.3	-0.0502	-0.0459	-0.0422	-0.0372	-0.0333	-0.0312	-0.03	-0.0313	-0.0342	-0.036	-0.0398	-0.043	-0.0473	-0.0481
3	2	85.25	-0.0442	-0.0396	-0.0357	-0.0309	-0.0267	-0.0239	-0.0226	-0.0254	-0.029	-0.0327	-0.0367	-0.0402	-0.0449	-0.0463
4	3	88.45	-0.0469	-0.0413	-0.037	-0.0315	-0.0265	-0.0233	-0.0214	-0.025	-0.0293	-0.0339	-0.0385	-0.0426	-0.0475	-0.0485
5	4	83.4	-0.0467	-0.0422	-0.0386	-0.0345	-0.0302	-0.0277	-0.026	-0.0283	-0.0309	-0.034	-0.0371	-0.0404	-0.0449	-0.0465
6	5	87.9	-0.0509	-0.0451	-0.041	-0.0364	-0.0327	-0.0315	-0.0314	-0.0346	-0.0378	-0.0408	-0.0441	-0.0473	-0.0515	-0.0521
7	6	85.5	-0.0481	-0.0427	-0.0388	-0.034	-0.0301	-0.0277	-0.0264	-0.0288	-0.0315	-0.0341	-0.0375	-0.0408	-0.0452	-0.0465
8	7	88.9	-0.0499	-0.0446	-0.0405	-0.0357	-0.0318	-0.0296	-0.0279	-0.0303	-0.0336	-0.0372	-0.0415	-0.0455	-0.0499	-0.0509
9	8	88.3	-0.0493	-0.0438	-0.0394	-0.0342	-0.0296	-0.0265	-0.0251	-0.0281	-0.0318	-0.0362	-0.0406	-0.0448	-0.0493	-0.0506
10	9	88.7	-0.0499	-0.0443	-0.0402	-0.035	-0.0311	-0.0284	-0.027	-0.0296	-0.0329	-0.0369	-0.0411	-0.0449	-0.0495	-0.0506
11	10	88.45	-0.0511	-0.0457	-0.0417	-0.0368	-0.0331	-0.0305	-0.0293	-0.0317	-0.0348	-0.0384	-0.0425	-0.0463	-0.0507	-0.052
12	11	88.75	-0.0527	-0.0477	-0.044	-0.0393	-0.0356	-0.0338	-0.0327	-0.0351	-0.0375	-0.0405	-0.044	-0.0475	-0.0518	-0.0531
13	12	88.25	-0.0504	-0.0449	-0.0414	-0.0362	-0.0324	-0.0305	-0.0286	-0.0317	-0.0344	-0.0365	-0.042	-0.0451	-0.0497	-0.0511
14	13	87.3	-0.0479	-0.0436	-0.0392	-0.0338	-0.0297	-0.0269	-0.0255	-0.0281	-0.0316	-0.0352	-0.0401	-0.044	-0.0486	-0.0501
15	14	88	-0.0466	-0.0411	-0.0369	-0.0311	-0.0267	-0.0237	-0.0218	-0.0249	-0.0292	-0.0335	-0.0381	-0.0421	-0.0469	-0.0481
16	15	88.7	-0.0425	-0.0366	-0.0324	-0.0268	-0.0213	-0.0184	-0.0161	-0.0197	-0.0246	-0.0295	-0.0348	-0.0391	-0.0435	-0.0452
17	16	85.5	-0.0485	-0.0439	-0.0401	-0.0356	-0.0317	-0.0294	-0.028	-0.0306	-0.0329	-0.0355	-0.0388	-0.0418	-0.0463	-0.0475
18	17	88.65	-0.052	-0.0464	-0.0427	-0.0378	-0.0337	-0.0314	-0.03	-0.0328	-0.0356	-0.0393	-0.0433	-0.047	-0.0516	-0.0528
19	18	88.75	-0.0551	-0.0495	-0.0456	-0.0407	-0.036	-0.0339	-0.0324	-0.0352	-0.0382	-0.0421	-0.0464	-0.0497	-0.0543	-0.0556
20	19	85.4	-0.055	-0.0494	-0.0457	-0.0409	-0.0366	-0.0345	-0.0329	-0.0357	-0.0384	-0.0411	-0.0445	-0.0478	-0.0521	-0.0532
21	20	88.6	-0.054	-0.0485	-0.0445	-0.0397	-0.035	-0.032	-0.0306	-0.0328	-0.0368	-0.0407	-0.0455	-0.0493	-0.0539	-0.0551

图 10-23 样本数据的辛烷值

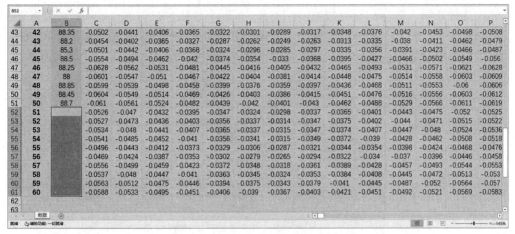

图 10-23　样本数据的辛烷值（续）

（1）打开神经网络拟合工具箱窗口，如图 10-24 所示。

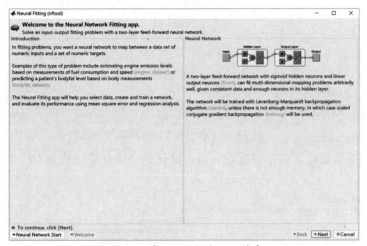

图 10-24　神经网络拟合工具箱窗口

（2）利用如图 10-25 所示的导入数据窗口，从工作区中导入输入数据 A 和目标数据 B。其中，A 为 60 组样品吸光度数据，维度为 60×401；B 为 60 组样品辛烷值数据，维度为 60×1。

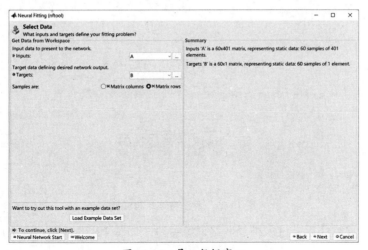

图 10-25　导入数据窗口

（3）选择好输入数据和目标数据后，单击"Next"按钮。在训练之前，要对数据进行分组，一部分用来训练，一部分用来验证，还有一部分用来测试。在如图 10-26 所示的验证和测试数据窗口中设置验证集和测试集所占的比例。

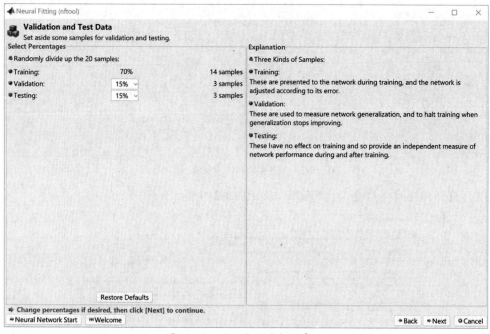

图 10-26　验证和测试数据窗口

（4）在神经网络结构窗口中设置隐含层神经元的个数，默认值为 10，如图 10-27 所示。

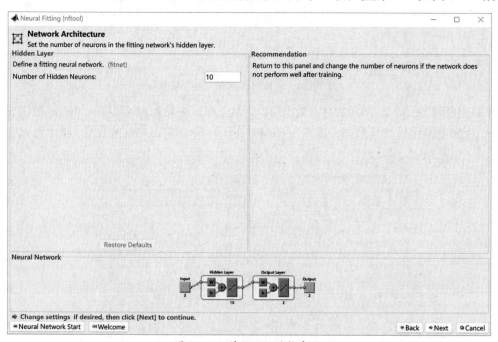

图 10-27　神经网络结构窗口

（5）上述设置完成后，进入神经网络训练窗口，如图 10-28 所示。这里选择 Levenberg-Marquardt 算法。

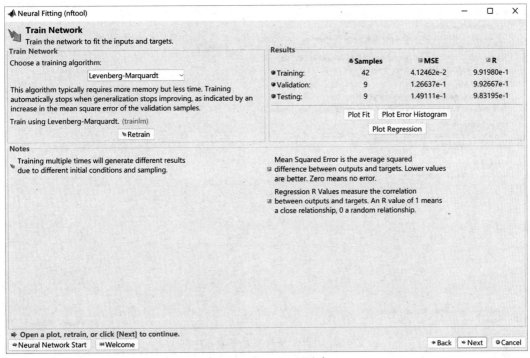

图 10-28　神经网络训练窗口

（6）利用神经网络评价指标 MSE（均方误差）及 R 相关系数，在神经网络修正窗口重新修改神经网络隐含层神经元的个数，并重新训练，如图 10-29 所示。

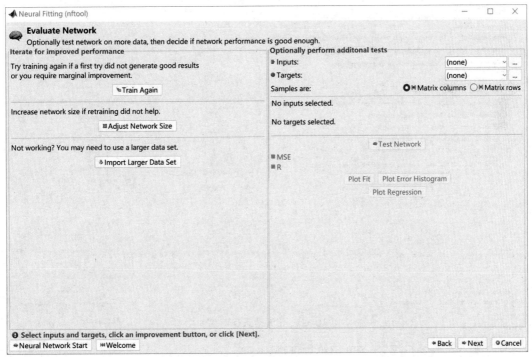

图 10-29　神经网络修正窗口

（7）将训练好的神经网络导出，在如图 10-30 所示的解决方案部署窗口中可以查看相关的代码。MATLAB 提供了不同的格式：M-Function、Simulink 模块及代码生成。

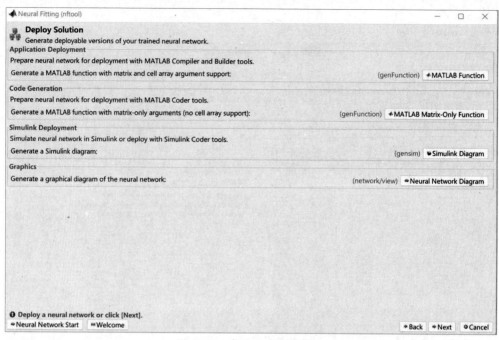

图 10-30　解决方案部署窗口

　　（8）保存已训练的神经网络，如图 10-31 所示，以便后续进行指定数据时的调用（已有数据集无须勾选），单击"Finish"按钮完成设置。

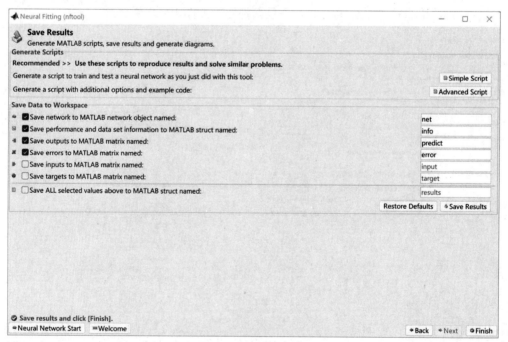

图 10-31　数据结果保存窗口

　　导入输入矩阵 A1，利用 sim 函数进行预测：

```
predict1=sim(net,A1)
```

　　训练集、验证集、测试集的 MSE 随训练次数的变化曲线与各个样本集和总体的 R 相关系数分析曲线分别如图 10-32 和图 10-33 所示。

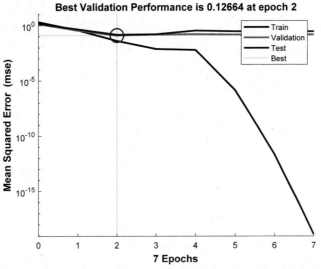

图 10-32　训练集、验证集、测试集的 MSE 随训练次数的变化曲线

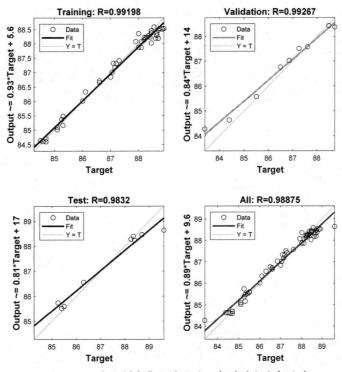

图 10-33　各个样本集和总体的 R 相关系数分析曲线

预测结果如下：

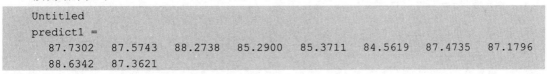

```
Untitled
predict1 =
   87.7302   87.5743   88.2738   85.2900   85.3711   84.5619   87.4735   87.1796
   88.6342   87.3621
```

10.2.3　神经网络预测应用实例

公路运量主要包括公路客运量和公路货运量两方面。某个地区的公路运量主要与该地区

的人数、机动车数量和公路面积有关，已知该地区 20 年（2002—2021 年）的公路运量相关数据（样本数据）如表 10-2 所示。因为已知影响数据的因素（三大因素：该地区的人数、机动车数量和公路面积），所以可考虑将其作为 BP 神经网络的训练集，首先对该神经网络进行训练，然后对训练好的神经网络进行测试，最后使用测试合格的神经网络进行预测工作。

二维码
Table10-2

表 10-2　样本数据

年　　份	人数/ 万人	机动车辆/ 万辆	公路面积/ 万平方千米	公路客运量/ 万人	公路货运量/ 万吨
2002	20.55	0.6	0.09	5126	1237
2003	22.44	0.75	0.11	6217	1379
2004	25.37	0.85	0.11	7730	1385
2005	27.13	0.9	0.14	9145	1399
2006	29.45	1.05	0.20	10460	1663
2007	30.10	1.35	0.23	11387	1714
2008	30.96	1.45	0.23	12353	1834
2009	34.06	1.6	0.32	15750	4322
2010	36.42	1.7	0.32	18304	8132
2011	38.09	1.85	0.34	19836	8936
2012	39.13	2.15	0.36	21024	11099
2013	39.99	2.2	0.36	19490	11203
2014	41.93	2.25	0.38	20433	10524
2015	44.59	2.35	0.49	22598	11115
2016	47.30	2.5	0.56	25107	13320
2017	52.89	2.6	0.59	33442	16762
2018	55.73	2.7	0.59	36836	18673
2019	56.76	2.85	0.67	40548	20724
2020	59.17	2.95	0.69	42927	20803
2021	60.63	3.1	0.79	43462	21804

注：1t（吨）=1000kg。

构建 BP 神经网络进行预测，编程如下：

二维码
Real example

```
numberOfSample = 20; %输入样本数量
%测试样本数量等于输入样本（训练集）数量
%这是因为输入样本容量较小，否则一般必须用新鲜数据进行测试
numberOfTestSample = 20;
numberOfForcastSample = 2;
numberOfHiddenNeure = 8;
inputDimension = 3;
outputDimension = 2;

%准备好输入样本

%人数
numberOfPeople=[20.55 22.44 25.37 27.13 29.45 30.10 30.96 34.06 36.42 38.09
39.13 39.99 41.93 44.59 47.30 52.89 55.73 56.76 59.17 60.63];
```

```
%机动车辆
numberOfAutomobile=[0.6 0.75 0.85 0.9 1.05 1.35 1.45 1.6 1.7 1.85 2.15 2.2
2.25 2.35 2.5 2.6 2.7 2.85 2.95 3.1];
%公路面积
roadArea=[0.09 0.11 0.11 0.14 0.20 0.23 0.23 0.32 0.32 0.34 0.36 0.36 0.38
0.49 0.56 0.59 0.59 0.67 0.69 0.79];
%公路客运量
passengerVolume = [5126 6217 7730 9145 10460 11387 12353 15750 18304 19836
21024 19490 20433 22598 25107 33442 36836 40548 42927 43462];
%公路货运量
freightVolume = [1237 1379 1385 1399 1663 1714 1834 4322 8132 8936 11099
11203 10524 11115 13320 16762 18673 20724 20803 21804];

%由系统时钟种子产生随机数
rand('state', sum(100*clock));

%输入数据矩阵
input = [numberOfPeople; numberOfAutomobile; roadArea];
%目标（输出）数据矩阵
output = [passengerVolume; freightVolume];

%对训练集中的输入数据矩阵和目标数据矩阵进行归一化处理
[sampleInput, minp, maxp, tmp, mint, maxt] = premnmx(input, output);

%噪声强度
noiseIntensity = 0.01;
%利用正态分布产生噪声
noise = noiseIntensity * randn(outputDimension, numberOfSample);
%给样本输出矩阵 tmp 添加噪声，防止网络过度拟合
sampleOutput = tmp + noise;

%取测试样本输入（输出）与输入样本相同
testSampleInput = sampleInput;
testSampleOutput = sampleOutput;

%最大训练次数
maxEpochs = 50000;

%网络的学习速率
learningRate = 0.035;

%训练网络所要达到的目标误差
error0 = 0.65*10^(-3);

%初始化输入层与隐含层之间的权值
W1 = 0.5 * rand(numberOfHiddenNeure, inputDimension) - 0.1;
%初始化输入层与隐含层之间的阈值
B1 = 0.5 * rand(numberOfHiddenNeure, 1) - 0.1;
%初始化输出层与隐含层之间的权值
W2 = 0.5 * rand(outputDimension, numberOfHiddenNeure) - 0.1;
%初始化输出层与隐含层之间的阈值
B2 = 0.5 * rand(outputDimension, 1) - 0.1;
```

```matlab
%保存能量函数（误差平方和）的历史记录
errorHistory = [];

for i = 1:maxEpochs
    %隐含层输出
    hiddenOutput = logsig(W1 * sampleInput + repmat(B1, 1, numberOfSample));
    %输出层输出
    networkOutput = W2 * hiddenOutput + repmat(B2, 1, numberOfSample);
    %实际输出与网络输出之差
    error = sampleOutput - networkOutput;
    %计算能量函数
    E = sumsqr(error);
    errorHistory = [errorHistory E];

    if E < error0
        break;
    end

    %以下依据能量函数的负梯度下降原理对权值和阈值进行调整
    delta2 = error;
    delta1 = W2' * delta2.*hiddenOutput.*(1 - hiddenOutput);

    dW2 = delta2 * hiddenOutput';
    dB2 = delta2 * ones(numberOfSample, 1);

    dW1 = delta1 * sampleInput';
    dB1 = delta1 * ones(numberOfSample, 1);

    W2 = W2 + learningRate * dW2;
    B2 = B2 + learningRate * dB2;

    W1 = W1 + learningRate * dW1;
    B1 = B1 + learningRate * dB1;
end

%下面对已经训练好的网络进行（仿真）测试

%对测试样本进行处理
testHiddenOutput = logsig(W1 * testSampleInput + repmat(B1, 1,
numberOfTestSample));
testNetworkOutput = W2 * testHiddenOutput + repmat(B2, 1,
numberOfTestSample);
%还原网络输出层的结果（反归一化）
a = postmnmx(testNetworkOutput, mint, maxt);

%绘制测试样本神经网络输出和实际样本输出的对比图[figure(1)]-----------------------------
-----------
t = 2002:2021;

%测试样本网络输出客运量
a1 = a(1,:);
```

```
%测试样本网络输出货运量
a2 = a(2,:);

figure(1);
subplot(2, 1, 1); plot(t, a1, 'ro', t, passengerVolume, 'b+');
legend('网络输出客运量', '实际客运量');
xlabel('年份'); ylabel('客运量/万人');
title('神经网络客运量学习与测试对比图');
grid on;

subplot(2, 1, 2); plot(t, a2, 'ro', t, freightVolume, 'b+');
legend('网络输出货运量', '实际货运量');
xlabel('年份'); ylabel('货运量/万吨');
title('神经网络货运量学习与测试对比图');
grid on;

%使用训练好的神经网络对新输入数据进行预测

%新输入数据（2022 年和 2023 年的相关数据）
newInput = [73.39 75.55; 3.9635 4.0975; 0.9880 1.0268];

%利用原始输入数据（训练集的输入数据）的归一化参数对新输入数据进行归一化
newInput = tramnmx(newInput, minp, maxp);

newHiddenOutput = logsig(W1 * newInput + repmat(B1, 1, numberOfForcastSample));
newOutput = W2 * newHiddenOutput + repmat(B2, 1, numberOfForcastSample);
newOutput = postmnmx(newOutput, mint, maxt);

disp('预测 2022 年和 2023 年的公路客运量分别为（单位：万人）: ');
newOutput(1,:)
disp('预测 2022 年和 2023 年的公路货运量分别为（单位：万吨）: ');
newOutput(2,:)

%在 figure(1) 的基础上绘制 2022 年和 2023 年的预测情况---------------------------------
----------------
figure(2);
t1 = 2002:2021;

subplot(2, 1, 1); plot(t1, [a1 newOutput(1,:)], 'ro', t, passengerVolume, 'b+');
legend('网络输出客运量', '实际客运量');
xlabel('年份'); ylabel('客运量/万人');
title('神经网络客运量学习与测试对比图（添加了预测数据）');
grid on;

subplot(2, 1, 2); plot(t1, [a2 newOutput(2,:)], 'ro', t, freightVolume, 'b+');
legend('网络输出货运量', '实际货运量');
xlabel('年份'); ylabel('货运量/万吨');
title('神经网络货运量学习与测试对比图（添加了预测数据）');
grid on;

%观察能量函数在训练神经网络过程中的变化情况------------------------------------------
figure(3);
```

```
n = length(errorHistory);
t3 = 1:n;
plot(t3, errorHistory, 'r-');

%为了更加清楚地观察能量函数值的变化情况，这里只绘制前100次的训练情况
xlim([1 100]);
xlabel('训练过程');
ylabel('能量函数值');
title('能量函数(误差平方和)在训练神经网络过程中的变化图');
grid on;
```

命令行窗口的运行结果如下：

```
预测2022年和2023年的公路客运量分别为（单位：万人）：
ans =
   1.0e+04 *
   4.8237    4.8937
预测2022年和2023年的公路货运量分别为（单位：万吨）：
ans =
   1.0e+04 *
   2.1411    2.1380
```

图形窗口的运行结果如图 10-34～图 10-36 所示。

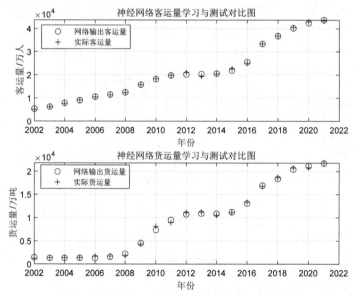

图 10-34   原数据客运量和货运量学习与测试对比图

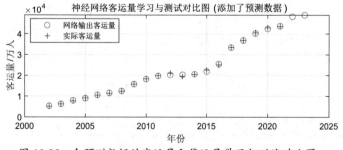

图 10-35   含预测数据的客运量和货运量学习与测试对比图

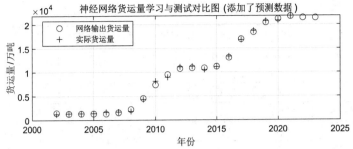

图 10-35　含预测数据的客运量和货运量学习与测试对比图（续）

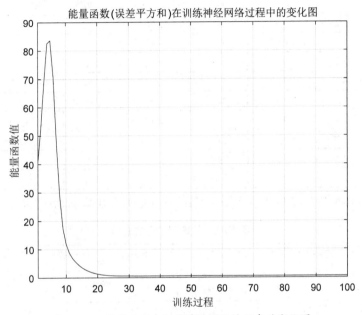

图 10-36　能量函数在训练神经网络过程中的变化图

本章小结

　　本章首先介绍了 BP 神经网络的基本概念及神经网络工具箱的基本应用，然后详细介绍了神经网络工具箱实现数据预测的基本方法及步骤，通过举例，使读者理解 BP 神经网络算法及其常见的评价指标。

　　神经网络的智慧程度接近生物的学习过程，通过多次训练，实现误差极小化。本章以案例教学为主，从案例中引发读者思考，通过引入真实案例，让读者认识到学习是一个循序渐进的过程，以知行合一的态度对待各项工作，树立诚实守信的人生观、价值观。

习题 10

10-1. 什么是 BP 神经网络？如何利用神经网络工具箱进行数据预测？利用神经网络工具箱进行数据预测的评价指标有哪些？如何理解这些评价指标？

10-2. 根据表 10-3 中的数据预测序号 15 的跳高成绩。

表 10-3 国内男子跳高运动员各项素质指标

序号	跳高成绩/m	30 行进跑/s	立定三级跳远/m	助跑摸高/m	助跑 4~6 步跳高/m	负重深蹲杠铃/kg	杠铃半蹲系数	100m/s	抓举/kg
1	2.24	3.2	9.6	3.45	2.15	140	2.8	11.0	50
2	2.33	3.2	10.3	3.75	2.2	120	3.4	10.9	70
3	2.24	3.0	9.0	3.5	2.2	140	3.5	11.4	50
4	2.32	3.2	10.3	3.65	2.2	150	2.8	10.8	80
5	2.20	3.2	10.1	3.5	2.0	80	1.5	11.3	50
6	2.27	3.4	10.0	3.4	2.15	130	3.2	11.5	60
7	2.20	3.2	9.6	3.55	2.1	130	3.5	11.8	65
8	2.26	3.0	9.0	3.5	2.1	100	1.8	11.3	40
9	2.20	3.2	9.6	3.55	2.1	130	3.5	11.8	65
10	2.24	3.2	9.2	3.5	2.1	140	2.5	11.0	50
11	2.24	3.2	9.5	3.4	2.15	115	2.8	11.9	50
12	2.2	3.9	9.0	3.1	2.0	80	2.2	13.0	50
13	2.2	3.1	9.5	3.6	2.1	90	2.7	11.1	70
14	2.35	3.2	9.7	3.45	2.15	130	4.6	10.85	70
15		3.0	9.3	3.3	2.05	100	2.8	11.2	50

10-3. 根据表 10-4 中的数据预计序号 35 的思想道德修养与法律基础科目的成绩。

表 10-4 某班期末考试成绩

序号	思想道德修养与法律基础	综合英语(1)	英语视听说(1)	高等数学 A(1)	线性代数 B	中国近现代史纲要	综合英语(2)	英语视听说(2)	国防教育	高等数学 A(2)	大学物理(1)	C 语言程序设计	计算机应用技术	平均分
1	74	68	84	74	86	81	76	91	66	79	81	85	82	79.00
2	71	78	80	95	96	80	93	88	64	94	90	95	82	85.08
3	77	71	80	90	90	68	86	85	63	78	86	77	75	78.92
4	82	90	81	95	89	80	92	86	73	95	93	94	83	87.15
5	74	84	81	85	78	74	96	94	66	70	81	85	91	81.46
6	81	85	80	88	90	74	94	88	72	88	91	81	86	84.92
7	74	75	82	78	73	70	87	86	63	68	76	78	85	76.54
8	81	82	81	92	83	77	85	86	58	89	85	70	86	81.15
9	77	76	76	85	81	87	93	68	70	79	71	87	79.85
10	75	93	90	88	91	75	87	94	67	85	90	84	83	84.77
11	70	89	79	87	83	72	87	90	58	81	83	74	71	78.77
12	72	74	92	63	63	72	64	87	65	56	72	63	85	71.38
13	72	81	86	98	94	76	89	85	66	98	90	74	83	84.00
14	81	49	62	74	80	68	68	66	58	68	72	60	75	67.77
15	80	75	77	80	91	74	67	81	67	73	81	80	85	77.77
16	74	60	77	80	76	72	40	68	61	75	76	76	87	70.92
17	76	70	76	73	69	78	64	78	67	60	78	51	73	70.23
18	82	71	83	95	89	66	71	88	65	87	82	85	85	80.69
19	78	69	75	62	74	64	64	86	67	50	72	61	75	69.00

续表

序号	思想道德修养与法律基础	综合英语(1)	英语视听说(1)	高等数学A(1)	线性代数B	中国近现代史纲要	综合英语(2)	英语视听说(2)	国防教育	高等数学A(2)	大学物理(1)	C语言程序设计	计算机应用技术	平均分
20	73	50	86	46	38	68	66	84	61	43	51	34	46	57.38
21	70	71	76	83	75	60	78	80	62	63	68	60	83	71.46
22	77	60	70	63	75	63	62	64	63	50	75	51	82	65.77
23	71	47	71	83	81	60	66	67	64	72	73	72	75	69.38
24	81	60	74	88	83	60	63	60	63	65	70	70	86	71.00
25	77	60	66	61	64	82	53	78	71	71	67	48	73	67.00
26	75	69	84	74	77	64	68	84	61	72	77	65	79	73.00
27	67	86	80	91	84	71	75	85	68	69	69	60	83	76.00
28	70	83	82	89	74	61	88	85	65	76	74	69	78	76.46
29	80	91	80	93	91	70	90	89	67	88	82	73	86	83.08
30	60	74	70	63	60	66	83	85	60	57	72	60	74	68.00
31	85	83	78	87	95	80	91	89	63	91	86	74	82	83.38
32	71	66	60	68	51	60	46	70	61	36	68	69	69	62.46
33	78	73	93	88	73	70	77	88	64	84	77	67	89	78.54
34	75	60	73	67	72	67	60	76	61	73	70	60	78	68.62
35		43	67	53	56	65	62	77	62	49	70	66	83	63.31

10-4. 现有数据如表 10-5 所示，其中，x_1、x_2 为输入，y 为对应的输出，用 x_1、x_2 预测序号 17 对应的 y 值。

表 10-5　习题 10-3 的数据

序　号	x_1	x_2	y
1	−3	−2	0.6589
2	−2.7	−1.8	0.2206
3	−2.4	−1.6	−0.1635
4	−2.1	−1.4	−0.4712
5	−1.8	−1.2	−0.6858
6	−1.5	−1	−0.7975
7	−1.2	−0.8	−0.804
8	−0.9	−0.6	−0.7113
9	−0.6	−0.4	−0.5326
10	−0.3	−0.2	−0.2875
11	0	−2.22	0
12	0.3	0.2	0.3035
13	0.6	0.4	0.5966
14	0.9	0.6	0.8553
15	1.2	0.8	1.06
16	1.5	1	1.1975
17	1.8	1.2	

第 11 章

MATLAB 在自动驾驶中的应用*

　　自动驾驶汽车（Autonomous Vehicles，Self-Driving Automobile ）又称无人驾驶汽车、计算机驾驶汽车或轮式移动机器人，是一种通过计算机系统实现无人驾驶的智能汽车。在 20世纪已有数十年的历史，21 世纪初呈现出接近实用化的趋势。例如，谷歌自动驾驶汽车于 2012 年 5 月获得了美国首个自动驾驶车辆许可证。如今，自动驾驶作为一项新技术，已经成为汽车行业的研究热点。

　　MATLAB 提供了自动驾驶工具箱（Automated Driving Toolbox），用于设计、模拟和测试 ADAS（先进驾驶辅助系统）与自动驾驶系统；也提供了大量的函数，用于让用户进行自动驾驶仿真和测试；同时，MATLAB 支持与第三方仿真系统的接口，能够与第三方仿真系统进行集车辆动力学模型、控制系统建模和动画演示功能为一体的联合仿真平台的搭建。

11.1 二次规划问题

　　在自动驾驶技术中，关于路径规划存在大量的规划问题。二次规划问题是其中最常见、最简单的非线性规划问题。

11.1.1 二次规划及其基本思想

　　二次规划为非线性规划的一种，是指约束为线性、目标函数为二次函数的优化问题。这类优化问题在非线性规划中最早被关注，其中的二次规划迭代法是最成熟的研究方法。二次规划迭代法的基本思想是把一般的非线性规划问题转化为一系列二次规划问题进行求解，并使得迭代点能逐渐向最优点逼近，最后得到最优解。

11.1.2 二次规划问题的数学模型

　　如果某非线性规划的目标函数为自变量的二次函数，约束条件全是线性函数，就称此类规划为二次规划，其数学模型为

$$\min_{x} \frac{1}{2} x^{\mathrm{T}} Hx + f^{\mathrm{T}} x \, , \quad \text{s.t.} \begin{cases} Ax \leqslant b \\ A_{\mathrm{eq}} x = b_{\mathrm{eq}} \\ l_{\mathrm{b}} \leqslant x \leqslant u_{\mathrm{b}} \end{cases} \tag{11-1}$$

式中，$\boldsymbol{H}$、$\boldsymbol{A}$ 和 $\boldsymbol{A}_{\mathrm{eq}}$ 为矩阵；$\boldsymbol{f}$、$\boldsymbol{b}$、$\boldsymbol{b}_{\mathrm{eq}}$、$\boldsymbol{l}_{\mathrm{b}}$ 和 $\boldsymbol{u}_{\mathrm{b}}$ 为列向量；$\boldsymbol{x}$ 为行向量。$\boldsymbol{H}$ 为二次规划中二次项的矩阵，是实对称矩阵；$\boldsymbol{f}$ 为二次规划中一次项的列向量；$\boldsymbol{A}$ 为线性约束不等式的系数矩阵；$\boldsymbol{b}$ 为线性约束不等式的右边列向量；$\boldsymbol{A}_{\mathrm{eq}}$ 为线性约束等式的系数矩阵；$\boldsymbol{b}_{\mathrm{eq}}$ 为线性约束等式的右边列向量；$\boldsymbol{u}_{\mathrm{b}}$ 和 $\boldsymbol{l}_{\mathrm{b}}$ 为 $\boldsymbol{x}$ 的上、下限。

若 $\boldsymbol{x}=[x_1 \quad x_2]$，$f(\boldsymbol{x})=h_{11}x_1^2+h_{12}x_1x_2+h_{22}x_2^2+f_1x_1+f_2x_2$，则

$$H=\begin{bmatrix} 2h_{11} & h_{12} \\ h_{21} & 2h_{22} \end{bmatrix}$$

式中，$h_{12}=h_{21}$。

$\boldsymbol{f}$ 如下：

$$f=\begin{bmatrix} f_1 \\ f_2 \end{bmatrix}$$

11.1.3　quadprog 函数

quadprog 函数可以求解二次规划问题，是具有线性约束的二次目标函数的求解器。在 MATLAB 中，可以使用 quadprog 函数求解式（11-1）指定问题的最小值。quadprog 函数的几种调用格式如下。

（1）x=quadprog(H,f,A,b)：在 $\boldsymbol{A}\boldsymbol{x}\leqslant\boldsymbol{b}$ 的条件下求 $\dfrac{1}{2}\boldsymbol{x}^{\mathrm{T}}\boldsymbol{H}\boldsymbol{x}+\boldsymbol{f}^{\mathrm{T}}\boldsymbol{x}$ 的最小值。

（2）x=quadprog(H,f,A,b,Aeq,beq)：在满足 $\boldsymbol{A}_{\mathrm{eq}}\boldsymbol{x}=\boldsymbol{b}_{\mathrm{eq}}$ 的约束条件下求解（1）中的二次规划问题。如果不存在不等式 $\boldsymbol{A}\boldsymbol{x}\leqslant\boldsymbol{b}$，则设置 $\boldsymbol{A}=[\ ]$ 和 $\boldsymbol{b}=[\ ]$。

（3）x=quadprog(H,f,A,b,Aeq,beq,lb,ub)：在满足 $\boldsymbol{l}_{\mathrm{b}}\leqslant\boldsymbol{x}\leqslant\boldsymbol{u}_{\mathrm{b}}$ 的约束条件下求解（2）中的二次规划问题。如果不存在等式，则设置 $\boldsymbol{A}_{\mathrm{eq}}=[\ ]$ 和 $\boldsymbol{b}_{\mathrm{eq}}=[\ ]$。

【例 11-1】找到下式的最小值：

$$f(x)=-2x_1-6x_2+x_1^2-2x_1x_2+2x_2^2$$

需要满足以下约束：

$$\begin{cases} x_1+x_2\leqslant 2 \\ -x_1+2x_2\leqslant 2 \\ x_1\geqslant 0 \\ x_2\geqslant 0 \end{cases}$$

【解】根据已知条件可得

$$H=\begin{bmatrix} 2 & -2 \\ -2 & 4 \end{bmatrix},\quad f=\begin{bmatrix} -2 \\ -6 \end{bmatrix},\quad A=\begin{bmatrix} 1 & 1 \\ -1 & 2 \end{bmatrix},\quad b=\begin{bmatrix} 2 \\ 2 \end{bmatrix},\quad l_b=\begin{bmatrix} 0 \\ 0 \end{bmatrix}$$

在 quadprog 语法中，此问题可表示为最小化下式：

$$\frac{1}{2}\boldsymbol{x}^{\mathrm{T}}\boldsymbol{H}\boldsymbol{x}+\boldsymbol{f}^{\mathrm{T}}\boldsymbol{x}$$

式中，$H=\begin{bmatrix} 2 & -2 \\ -2 & 4 \end{bmatrix}$；$f=\begin{bmatrix} -2 \\ -6 \end{bmatrix}$，问题具有线性约束。

要求解此问题，首先输入系数矩阵：

```
H=[2 -2; -2 4];
```

二维码 11-1

```
f=[-2 -6];
A=[1 1; -1 2];
b=[2;2];
lb=[0;0];
```

再调用 quadprog 函数：

```
[x,fval]=quadprog(H,f,A,b,[],[],lb,[])
```

运行后，可得到以下结果：

```
x =
    0.8000
    1.2000
fval =
   -7.2000
```

根据运行结果可知，最小值为-7.2。

11.2 微分方程问题

微分方程是动态系统建模的基础。自动驾驶的动力学模型中存在着大量的微分方程求解问题。

关于 dsolve 函数的常微分方程求解，在之前的章节中已经做了介绍，本章不再赘述。为了帮助读者回顾和重新复习，下面以例题的形式呈现，同时绘制微分方程解的曲线。

【例 11-2】假设输入信号为

$$u(t) = e^{-5t}\cos(2t+1) + 5$$

试求出下面微分方程的通解：

$$y^{(4)}(t) + 10y^{(3)}(t) + 35y''(t) + 50y'(t) + 24y(t) = 5u''(t) + 4u'(t) + 2u(t)$$

【解】先定义符号变量 $u(t)$、t 和 $y(t)$；再利用 diff 函数求变量的微分，写出微分方程式；最后利用函数 dsolve 求解：

```
syms u(t) t y(t);
D4y=diff(y,t,4);
D3y=diff(y,t,3);
D2y=diff(y,t,2);
Dy=diff(y,t);
D2u=diff(u,t,2);
Du=diff(u,t);
eqn=D4y+10*D3y+35*D2y+50*Dy+24*y==5*D2u+4*Du+2*u;
ySol(t)=dsolve(eqn)
```

二维码 11-2

求得微分方程的通解如下：

```
ySol =
 (exp(-5*t)*(445*cos(2*t + 1) - 65*exp(5*t) + 102*sin(2*t + 1)))/26 - (exp(-
5*t)*(537*cos(2*t + 1) - 40*exp(5*t) + 15*sin(2*t + 1)))/24 - (exp(-
5*t)*(25*exp(5*t) - 542*cos(2*t + 1) + 164*sin(2*t + 1)))/60 -exp(-t)*((133*exp(-
4*t)*cos(2*t + 1))/30 - (5*exp(t))/3 + (97*exp(-4*t)*sin(2*t + 1))/60) + C1*exp(-
4*t)+ C2*exp(-3*t) + C3*exp(-2*t) + C4*exp(-t)
```

若已知微分方程的初值条件，则可求得微分方程的唯一解，即特解。

【例 11-3】假定 $y(0) = 3$，$y'(0) = 2$，$y''(0) = 0$，$y^{(3)}(0) = 0$，求例 11-2 的特解。求解代码如下：

```
syms u(t) t y(t);
D4y=diff(y,t,4);
D3y=diff(y,t,3);
D2y=diff(y,t,2);
Dy=diff(y,t);
D2u=diff(u,t,2);
Du=diff(u,t);
eqn=D4y+10*D3y+35*D2y+50*Dy+24*y==5*D2u+4*Du+2*u;
cond=[y(0)==3,Dy(0)==2,D2y(0)==0,D3y(0)==0];
ySol(t)=dsolve(eqn,cond)
```

由此可得特解如下：

```
ySol(t) =
  (exp(-5*t)*(37960*exp(2*t) - 53820*exp(3*t) + 29640*exp(4*t) + 650*exp(5*t)
- 1029*cos(2*t + 1) - 1641*sin(2*t + 1) - 9750*exp(t) + 975*exp(2*t)*sin(1) -
6120*exp(3*t)*sin(1) + 2522*exp(4*t)*sin(1) - 14092*cos(1)*exp(t) +
4264*exp(t)*sin(1) + 34905*cos(1)*exp(2*t) - 26700*cos(1)*exp(3*t) +
  6916*cos(1)*exp(4*t)))/1560
```

绘制微分方程解的曲线图，如图 11-1 所示：

```
ezplot(ySol(t),[0,5])     % ezplot 绘制符号函数曲线
grid on
```

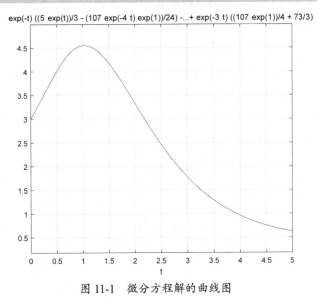

图 11-1　微分方程解的曲线图

11.3　非线性规划问题

非线性规划问题是目标函数或约束条件中包含非线性函数的规划问题。在 MATLAB 中，fmincon 函数可以求解带约束的非线性多变量函数的最小值，即可以用来求解非线性规划问题；fminbnd 函数可以用来求解一维优化问题；fminsearch 函数可以求解非线性目标函数最小值及其位置。

11.3.1 fmincon 函数

在 MATLAB 中，非线性规划为求以下问题的最小值：

$$\min_{x} f(x) \quad \text{s.t.} \begin{cases} c(x) \leqslant 0 \\ c_{eq}(x) = 0 \\ Ax \leqslant b \\ A_{eq}x = b_{eq} \\ l_b \leqslant x \leqslant u_b \end{cases}$$

式中，b 和 b_{eq} 为线性约束对应的列向量；A 和 A_{eq} 为线性约束对应的矩阵；$c(x)$ 和 $c_{eq}(x)$ 为非线性约束，是返回向量的函数；$f(x)$ 为目标函数，是返回标量的函数。$f(x)$、$c(x)$ 和 $c_{eq}(x)$ 可以是非线性函数。

fmincon 函数的语法如下：

```
[x,fval]=fmincon(fun,x0,A,b,Aeq,beq,lb,ub,nonlcon,options)
```

其中，x 的返回值是决策向量 x 的取值；fval 的返回值是目标函数 f(x) 的取值；fun 是用 M 文件定义的函数 f(x)，代表了（非）线性目标函数；x0 是 x 的初始值；A、b、Aeq、beq 定义了线性约束，如果没有线性约束，则 A=[ ]、b=[ ]、Aeq=[ ]、beq=[ ]；lb 和 ub 是变量 x 的下限与上限，如果下限与上限没有约束，则 lb=[ ]、ub=[ ]，也可以写成 lb 的各分量都为-inf、ub 的各分量都为 inf；nonlcon 是用 M 文件定义的非线性向量函数约束；options 定义了优化参数，如果省略，则表示使用默认的参数设置。

【例 11-4】求非线性规划：

$$\min_{x} f(x) = x_1^2 + x_2^2 + x_3^2 + 8 \quad \text{s.t.} \begin{cases} x_1^2 + x_2 + x_3^2 \geqslant 0 \\ x_1 + x_2^2 + x_3^3 \leqslant 20 \\ -x_1^2 - x_2^2 + 2 = 0 \\ x_2 + 2x_3^2 = 3 \\ x_1, x_2, x_3 \geqslant 0 \end{cases}$$

【解】先分别定义函数 f(x) 和 nonlcon(x)，再调用[x,fval]=fmincon(fun,x0,A,b,Aeq,beq,lb,ub,nonlcon, options)求解。

定义函数 f(x)：

```
function f = f(x)
f = x(1).^2 + x(2).^2 + x(3).^2 + 8;
end
```

二维码 11-4

定义函数 nonlcon(x)：

```
function [g,h] = nonlcon(x)
g(1) = - x(1).^2 - x(2) - x(3).^2;
g(2) = x(1) + x(2).^2 + x(3).^3 - 20;
% g 代表不等式约束，MATLAB 中默认 g≤0，因此这里取相反数
h(1) = - x(1).^2 - x(2).^2 + 2;
h(2) = x(2) + 2 * x(3).^2 - 3;
% h 代表等式约束
end
```

调用[x,fval]=fmincon(fun,x0,A,b,Aeq,beq,lb,ub,nonlcon, options)：

```
[x, y] = fmincon('fun1', rand(3, 1), [], [], [], [], zeros(3, 1), [], 'fun2',
options);
% 'fun1'代表目标函数, rand(3, 1)随机给了 x 初值
% zeros(3, 1)代表下限为 0, 即 x1, x2, x3≥0; 'fun2'即由函数 fun2 定义的约束条件
```

运行结果如下：

```
x =
    0.6312
    1.2656
    0.9312
y =
    10.8672
```

其中，x 为最优解，y 为最优值。

11.3.2　fminbnd 函数

fminbnd 函数可以用来求解一维优化问题。用于求由以下条件约束的问题的最小值：

$$\min_{x} f(x) \quad \text{s.t.} \quad x_1 < x < x_2$$

它只能求连续单变量函数的极值，如果单变量函数的连续性不好，则可以用黄金分割法来求极值。如果在给定区间上单变量函数存在多个极值点，那么 fminbnd 函数只可能求出其中的一个极值点，但这个极值点不一定是区间上的最小点。

fminbnd 函数的语法如下：

```
x = fminbnd(fun,x1,x2)
```

该函数返回一个值 x，该值是 fun 中描述的单变量函数在区间[x1,x2]中的局部最小值。

【例 11-5】用 fminbnd 求函数 $f(x) = \mathrm{e}^{-x^2}(x + \sin x)$ 在区间[-10,10]上的极小值。绘制函数曲线，观察其极值点。

【解】编程实现如下：

```
[x,fval,exitflag] = fminbnd('exp(-x^2)*(x+sin(x))',-10,10)
t = -10:0.01:10;
ft = exp(-t.^2).*(t + sin(t));
figure(1)
plot(t,ft);
grid on
xlabel('t');
ylabel('f(t)');
```

二维码 11-5

运行结果如下：

```
x =
   -0.6796
fval =
   -0.8242
exitflag =
    1
```

运行结果表明，当 $x = -0.6796$ 时，函数取得极小值-0.8242。函数曲线如图 11-2 所示。

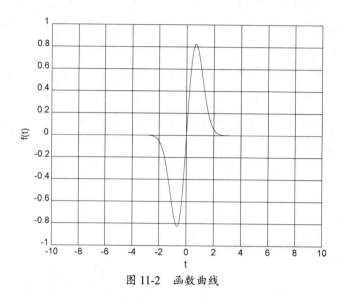

图 11-2   函数曲线

11.3.3   fminsearch 函数

fminsearch 函数是 MATLAB 中用于查找函数最小值的重要函数之一，可以求解非线性最小化问题。它使用无导数法计算无约束多变量函数的最小值，返回一个标量值，输入可以采用矩阵或向量的形式。

fminsearch 函数是非线性规划求解器，通常搜索由以下公式指定的问题的最小值：

$$\min_{x} f(x)$$

fminsearch 函数的调用语法如下。

（1）x = fminsearch(fun,x0)：从起始点 x0 处开始，并尝试求 fun 函数的局部最小值所在处的 x。fun 是要计算最小值的函数，指定为函数句柄或函数名称；x0 是起始点，可以是标量、向量、矩阵或数组。可以将 fun 指定为文件的函数句柄，如 x = fminsearch(@myfun,x0)；也可以为匿名函数指定 fun 作为函数句柄，如 x = fminsearch(@(x)norm(x)^2,x0)。

（2）x = fminsearch(fun,x0,options)：以优化选项指定的结构执行最小化函数，可以用 optimset 函数定义这些选项。

（3）[x,fval] = fminsearch()：对任何上述输入语法，在 fval 中返回目标函数 fun 在解 x 处的值，即可以使用 fminsearch 函数求目标函数最小值及其位置。

【例 11-6】已知 Rosenbrock 函数 $f(x) = 100(x_2 - x_1^2)^2 + (1 - x_1)^2$，请计算其最小值。

【解】将起始点设置为 x0 = [-1.2,1]，并使用 fminsearch 函数计算 Rosenbrock 函数的最小值。

计算 Rosenbrock 函数的最小值，即计算其最小值处的函数值，因此应采用语法（3）：

```
fun = @(x)100*(x(2) - x(1)^2)^2 + (1 - x(1))^2; % 匿名函数创建句柄函数 fun
x0 = [-1.2,1];
[x,fval] = fminsearch(fun,x0)
```

运行结果如下：

```
x =
    1.0000    1.0000
fval =
    8.1777e-10
```

二维码 11-6

由此可知，最小值为 8.1777×10^{-10}，约等于 0。

【例 11-7】已知 Rosenbrock 函数 $f(x) = 100(x_2 - x_1^2)^2 + (1 - x_1)^2$，请设置选项，以监视 fminsearch 函数尝试定位最小值的过程。

【解】设置选项，以期在每次迭代时绘制目标函数图：

```
options = optimset('PlotFcns',@optimplotfval);
fun = @(x)100*(x(2) - x(1)^2)^2 + (1 - x(1))^2;
x0 = [-1.2,1];
[x,fval] = fminsearch(fun,x0,options);
grid on
```

二维码 11-7

运行程序，可得目标函数图，如图 11-3 所示。

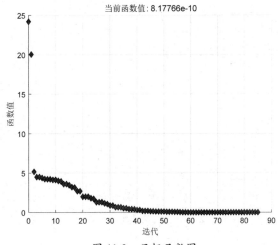

图 11-3　目标函数图

11.3.4　工程实例之轨迹跟踪

轨迹跟踪是自动驾驶的重要问题，在 MATLAB 环境下可以对无人驾驶车辆的直线轨迹跟踪过程进行仿真，基本设定为：车辆从坐标原点出发，以期望的速度 r=1m/s 跟踪一条直线轨迹 y=2。采样时间为 50ms，仿真总时间设定为 20s。具体程序如下：

二维码
RealExample_1

```
clc;
clear all;
%% 参考轨迹生成
N=100;                    %目标轨迹点的数目，首先设定目标轨迹上有 100 个预瞄点
T=0.05;                   %采样周期为 0.05s
%Xout 用于存储目标轨迹点上的车辆状态；车辆有 3 个状态量：横坐标、纵坐标、横摆角
Xout=zeros(N,3);
Tout=zeros(N,1);          %Tout 用于存储离散的时间序列，每行代表一个离散的时间点
for k=1:1:N               %生成期望的轨迹及时间序列
    Xout(k,1)=k*T;
    Xout(k,2)=2;
    Xout(k,3)=0;
    Tout(k,1)=(k-1)*T;
end
%% Tracking a constant reference trajectory
Nx=3;                     %状态量 3 个
```

```
Nu =2;                              %控制量 2 个
Tsim =20;                           %仿真时间 20s，预测时域和控制时域都取 20s
X0 = [0 0 pi/3];                    %初始位置
%参考状态量的行数和列数给了 Nr 和 Nc，即 Nr=100、Nc=3。Nr 是 Xout 的行数
[Nr,Nc] = size(Xout);
% Mobile Robot Parameters
c = [1 0 0 0;0 1 0 0;0 0 1 0;0 0 0 1];      %输出矩阵，输出 3 个状态量
L = 1;                              %车辆轴距
%Rr = 1;
%w = 1;
% Mobile Robot variable Model
vd1=1;
vd2=0;
%矩阵定义
x_real=zeros(Nr,Nc);                %存储车辆的实际位置，100×3
x_piao=zeros(Nr,Nc);                %状态量误差，100×3
u_real=zeros(Nr,2);                 %真正的控制量，100×2
u_piao=zeros(Nr,2);                 %控制量误差，100×2
x_real(1,:)=X0;                     %将初始位置放到实际位置的第 1 行
x_piao(1,:)=x_real(1,:)-Xout(1,:);         %状态量误差的第 1 行为实际状态量-参考状态量
X_PIAO=zeros(Nr,Nx*Tsim);%X_PIAO 的每行代表一个仿真时刻（对应一个轨迹点）
%需要对未来 20 个时刻的状态量进行预测，因此 X_PIAO 的每行数据可以分成 20（Tsim）个
XXX=zeros(Nr,Nx*Tsim);              %用于保持每个时刻预测的所有状态值
q=[1 0 0;0 1 0;0 0 0.5];
Q_cell=cell(Tsim,Tsim);
for i=1:1:Tsim                      %构造状态量权重矩阵
    for j=1:1:Tsim
        if i==j
            Q_cell{i,j}=q;
        else
            Q_cell{i,j}=zeros(Nx,Nx);
        end
    end
end
Q=cell2mat(Q_cell);         %状态量权重矩阵
R=0.1*eye(Nu*Tsim,Nu*Tsim);                 %控制量权重矩阵
%mpc 主体
for i=1:1:Nr
    t_d =Xout(i,3);
    a=[1    0    -vd1*sin(t_d)*T;
       0    1    vd1*cos(t_d)*T;
       0    0    1;];
    b=[cos(t_d)*T    0;
       sin(t_d)*T    0;
       0             T;];
    A_cell=cell(Tsim,1);
    B_cell=cell(Tsim,Tsim);
     for j=1:1:Tsim
        A_cell{j,1}=a^j;
        for k=1:1:Tsim
            if k<=j
                B_cell{j,k}=(a^(j-k))*b;
```

```
                else
                    B_cell{j,k}=zeros(Nx,Nu);
                end
            end
        end
    A=cell2mat(A_cell);
    B=cell2mat(B_cell);
    H=2*(B'*Q*B+R);
    f=2*B'*Q*A*x_piao(i,:)';
    A_cons=[];
    b_cons=[];
    lb=[-1;-1];
    ub=[1;1];
    tic
[X,fval(i,1),exitflag(i,1),output(i,1)]=quadprog(H,f,A_cons,b_cons,[],[],lb,ub);
    toc
    X_PIAO(i,:)=(A*x_piao(i,:)'+B*X)';
    if i+j<Nr
        for j=1:1:Tsim
            XXX(i,1+3*(j-1))=X_PIAO(i,1+3*(j-1))+Xout(i+j,1);
            XXX(i,2+3*(j-1))=X_PIAO(i,2+3*(j-1))+Xout(i+j,2);
            XXX(i,3+3*(j-1))=X_PIAO(i,3+3*(j-1))+Xout(i+j,3);
        end
    else
        for j=1:1:Tsim
            XXX(i,1+3*(j-1))=X_PIAO(i,1+3*(j-1))+Xout(Nr,1);
            XXX(i,2+3*(j-1))=X_PIAO(i,2+3*(j-1))+Xout(Nr,2);
            XXX(i,3+3*(j-1))=X_PIAO(i,3+3*(j-1))+Xout(Nr,3);
        end
    end
    u_piao(i,1)=X(1,1);
    u_piao(i,2)=X(2,1);
    Tvec=[0:0.05:4];
    X00=x_real(i,:);
    vd11=vd1+u_piao(i,1);
    vd22=vd2+u_piao(i,2); XOUT=dsolve('Dx-vd11*cos(z)=0','Dy-vd11*sin(z)=0',
'Dz-vd22=0','x(0)=X00(1)','y(0)=X00(2)','z(0)=X00(3)');
    t=T;
    x_real(i+1,1)=eval(XOUT.x);
    x_real(i+1,2)=eval(XOUT.y);
    x_real(i+1,3)=eval(XOUT.z);
    if(i<Nr)
        x_piao(i+1,:)=x_real(i+1,:)-Xout(i+1,:);
    end
    u_real(i,1)=vd1+u_piao(i,1);
    u_real(i,2)=vd2+u_piao(i,2);
    figure(1);
    grid on
    plot(Xout(1:Nr,1),Xout(1:Nr,2),'b--');
    hold on;
    plot(x_real(i,1),x_real(i,2),'r*');
    title('跟踪结果对比');
```

```
    xlabel('横向位置X');
    axis([-1 5 -1 3]);
    ylabel('纵向位置Y');
    hold on;
    for k=1:1:Tsim
        X(i,k+1)=XXX(i,1+3*(k-1));
        Y(i,k+1)=XXX(i,2+3*(k-1));
    end
    X(i,1)=x_real(i,1);
    Y(i,1)=x_real(i,2);
    plot(X(i,:),Y(i,:),'y')
    hold on;
end
```

仿真结果如图 11-4 所示。

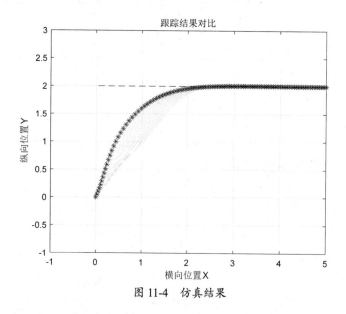

图 11-4　仿真结果

11.4 线性时变模型预测控制算法

线性时变模型预测控制算法以线性时变模型作为预测模型。这也是目前在模型预测控制领域中应用最广泛的一种形式。

11.4.1　非线性系统线性化方法

将一个非线性系统近似为线性时变系统有很多种方法，大体可以分为近似线性化与精度线性化两类。近似线性化方法简单、适用性较强，缺点为在控制精度要求非常高的场合中难以适用；精度线性化一般不具有普遍性，往往需要针对单个系统进行具体分析。在模型预测控制中，一般采用近似线性化方法。下面介绍两种常用的线性化方法。

（1）存在参考系统的线性化方法。

存在参考系统的线性化方法的主要思想是假设参考系统已经在期望路径上完全通过，得到了路径上每个时刻的状态量和控制量，通过对参考系统和当前系统之间的偏差进行处理设计来使模型预测控制器跟踪期望路径。

（2）针对状态轨迹的线性化方法。

针对状态轨迹的线性化方法的主要思想是通过对系统施加持续不变的控制量来得到一条状态轨迹，根据该状态轨迹和系统实际状态量的偏差设计线性模型预测控制算法。这种方法的主要优势是不需要预先得到期望路径的状态量和控制量。

在 11.3.4 节的工程实例中，为了实现应用线性时变模型预测控制算法，对一个非线性车辆运动学模型进行线性化。相对于非线性模型预测控制，线性时变模型预测控制是一次优化的选择。随着研究的深入与硬件水平的提高，非线性模型预测控制的应用范围也将越来越广阔。

11.4.2　工程实例

针对 11.3.4 节中的工程实例，应用非线性模型预测控制算法实现轨迹跟踪：

```
clc;
clear all;
%% 参考轨迹生成
tic
Nx=3;%状态量个数
Np=25;%预测时域
Nc=2;%控制时域
l=1;
N=100;%参考轨迹点数量
T=0.05;%采样周期
Xref=zeros(Np,1);
Yref=zeros(Np,1);
PHIref=zeros(Np,1);
%% 对性能函数各参数进行初始化
State_Initial=zeros(Nx,1);%State_Initial=[y_dot,x_dot,phi,Y,X], 此处为给定初始值
State_Initial(1,1)=0;%x
State_Initial(2,1)=0;%y
State_Initial(3,1)=pi/6;%phi
Q=100*eye(Np+1,Np+1);
R=100*eye(Np+1,Np+1);
%% 开始求解
for j=1:1:N
    lb=[0.8;-0.44;0.8;-0.44];
    ub=[1.2;0.44;1.2;0.44];
    A=[];
    b=[];
    Aeq=[];
    beq=[];
    for Nref=1:1:Np
        Xref(Nref,1)=(j+Nref-1)*T;
        Yref(Nref,1)=2;
        PHIref(Nref,1)=0;
    end
    options=optimset('Algorithm','active-set');
    [A,fval,exitflag]=fmincon(@(x)MY_costfunction(x,State_Initial,Np,Nc,T,Xref,Yr
ef,PHIref,Q,R),...
```

二维码
NL_Control

```
        [0;0;0;0;],A,b,Aeq,beq,lb,ub,[],options);%有约束求解，速度慢
    %[A,fval,exitflag]=fminbnd(@(x)MY_costfunction(x,State_Initial,Np,Nc,T,Yref,Q
,R,S),lb,ub);
    %只有上、下限约束，容易陷入局部最小
    %[A,fval,exitflag]=fminsearch(@(x)MY_costfunction(x,State_Initial,Np,Nc,T,Xre
f,Yref,PHIref,Q,R)
    %[0;0;0;0]);%无约束求解，速度最快
        v_actual=A(1);
        deltaf_actual=A(2);
        fval
        exitflag
        X00(1)=State_Initial(1,1);
        X00(2)=State_Initial(2,1);
        X00(3)=State_Initial(3,1);
    XOUT=dsolve('Dx-v_actual*cos(z)=0','Dy-v_actual*sin(z)=0','Dz-v_actual*tan
(deltaf_actual)=0',...
    'x(0)=X00(1)','y(0)=X00(2)','z(0)=X00(3)');
        t=T;
        State_Initial(1,1)=eval(XOUT.x);
        State_Initial(2,1)=eval(XOUT.y);
        State_Initial(3,1)=eval(XOUT.z);
    figure(1)
    grid on
        plot(State_Initial(1,1),State_Initial(2,1),'b*');
        axis([0 5 0 3]);
        hold on;
        plot([0,5],[2,2],'r--');
    hold on;
    title('非线性模型预测控制算法轨迹跟踪仿真')
        xlabel('横向位置X');
        ylabel('纵向位置Y');
    end
     toc
    %子程序：
    function cost = MY_costfunction(x,State_Initial,Np,Nc,T,Xref,Yref,PHIref,Q,R)
    cost=0;                          %初始化目标函数值
    l=1;                             %轴距
    %矩阵初始化，包含当前状态、预测状态、状态偏差和控制量
    X=State_Initial(1,1);            %X、Y坐标及车身偏航角
    Y=State_Initial(2,1);
    PHI=State_Initial(3,1);
    X_predict=zeros(Np,1);           %定义预测值矩阵
    Y_predict=zeros(Np,1);
    PHI_predict=zeros(Np,1);
    X_error=zeros(Np+1,1);           %定义误差值矩阵
    Y_error=zeros(Np+1,1);
    PHI_error=zeros(Np+1,1);
    v=zeros(Np,1);                   %速度
    delta_f=zeros(Np,1);             %前轮转角
    for i=1:1:Np
        if i==1
            v(i,1)=x(1);
```

```
        delta_f(i,1)=x(2);
        X_predict(i,1)=X+T*v(i,1)*cos(PHI);
        Y_predict(i,1)=Y+T*v(i,1)*sin(PHI);
        PHI_predict(i,1)=PHI+T*v(i,1)*tan(delta_f(i,1))/l;
    else
        v(i,1)=x(3);
        delta_f(i,1)=x(4);
        X_predict(i,1)=X_predict(i-1)+T*v(i,1)*cos(PHI_predict(i-1));
        Y_predict(i,1)=Y_predict(i-1)+T*v(i,1)*sin(PHI_predict(i-1));
        PHI_predict(i,1)=PHI_predict(i-1)+T*v(i,1)*tan(delta_f(i,1))/l;
    end
%计算预测时域内的轨迹偏差
    X_real=zeros(Np+1,1);
    Y_real=zeros(Np+1,1);
    X_real(1,1)=X;
    X_real(2:Np+1,1)=X_predict;
    Y_real(1,1)=Y;
    Y_real(2:Np+1,1)=Y_predict;
    X_error(i,1)=X_real(i,1)-Xref(i,1);
    Y_error(i,1)=Y_real(i,1)-Yref(i,1);
    PHI_error(i,1)=PHI_predict(i,1)-PHIref(i,1);
end
%计算目标函数值
cost=cost+Y_error'*R*Y_error+X_error'*Q*X_error;
end
```

非线性模型预测控制算法轨迹跟踪仿真结果如图 11-5 所示。

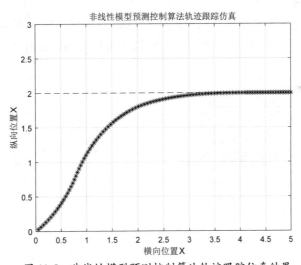

图 11-5　非线性模型预测控制算法轨迹跟踪仿真结果

11.5　CarSim 与 Simulink 联合仿真

目前，控制系统的建模与开发大多是在 MATLAB 或 Simulink 环境中完成的。在该环境中，开发人员可以利用图形建模功能编写复杂的控制逻辑；同时，世界上主流的动力学仿真与分析都提供了与 Simulink 仿真的接口。因此，选择 Simulink 环境进行控制系统建模，搭建 CarSim 与 Simulink 联合仿真平台，该平台集成了车辆动力学模型、控制系统建模和动画演示功能，是车辆自动驾驶联合仿真平台。

CarSim 是由美国 MSC 公司开发的车辆动力学仿真软件，目前较受欢迎。该软件具有功能强大、操作便捷、功能实用等特点。CarSim 可以方便、灵活地定义实验环境和实验过程，准确预测和仿真整车的操作稳定性、动力性、平顺性等，适用于轿车、轻型多用途运输车及 SUV 等车型的建模仿真。如今，很多车辆在出厂前都要使用此类软件进行相关性能的测试，即该软件的使用率非常高。

11.5.1　CarSim 软件主界面及功能模块

CarSim 软件主界面如图 11-6 所示，主要包含三大功能模块，分别为模型和工况参数设定、数学模型求解、输出和后处理。

（1）模型和工况参数设定。

模型和工况参数设定功能模块主要包括车辆参数设定与车辆测试工况设定两部分。其中，车辆参数设定需要从已有的整车模型数据库中选择合适的车型，并对动力传动系统、悬架系统等进行设置；车辆测试工况设定主要是对车辆行驶环境及相关因素进行设置，包括路面信息、风阻等外部环境信息。

（2）数学模型求解。

数学模型求解功能模块是整个软件求解运算的内核，需要设置求解器类型、仿真步长和仿真时间等；同时，该模块是与其他所有外部环境的接口，包括 Simulink、LabVIEW 和 dSPACE 等。

（3）输出和后处理。

输出和后处理功能模块包括仿真结果的 3D 动画显示和数据绘图两部分。用户可以通过仿真动画窗口直观地观察车辆动力学响应，还可以在数据绘图部分有选择地输出指定参数的曲线，进行定量分析。

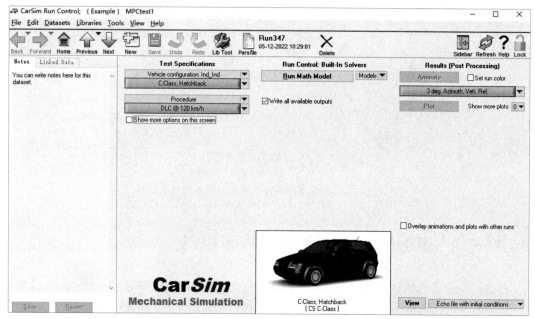

图 11-6　CarSim 软件主界面

11.5.2　搭建 CarSim 与 Simulink 联合仿真平台

搭建仿真平台的第 1 步是在 CarSim 中搭建整车模型。CarSim 采用多体动力学建模方法对车辆进行适当的抽象简化，在搭建模型时，只需依据目标车型参数依次配置车辆各子系统的参数，如传动系统、制动系统等。CarSim 整车模型包括七大子系统，如图 11-7 所示。

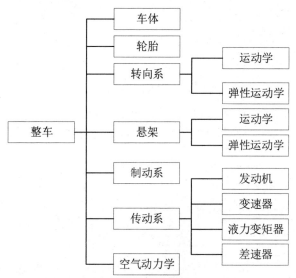

图 11-7　CarSim 整车模型框图

第 2 步，进行仿真工况的设定。仿真工况的设定主要包括初始速度、驾驶员制动模式、转向模式、挡位输入和路面参数等。由于所设计的轨迹跟踪控制器实时向车辆提供车轮转角信息和速度信息，并且加入了速度控制模块，因此驾驶员制动模式和转向模式均选择为"无"，即不需要模型自身施加制动力和转向力；挡位控制选择"自动升挡"；路面参数需要道路曲线、宽度、摩擦系数等信息。

第 3 步，进行外部接口的设定。外部接口的设定主要包括连接器选择、解算器选择和输入/输出接口选择 3 部分内容。需要在 Simulink 环境中进行仿真，因此，基于 Simulink 模型进行选择：输入端口包括车辆纵向速度和车轮转角；输出端口包括车辆位置信息、纵/横向速度等运动学信息，以及横摆角、质心侧偏角等动力学信息。

第 4 步，完成上述设定后，通过外部接口将车辆模型发送至指定路径下的 Simulink 仿真文件中。CarSim 模块即以 S 函数的形式增加到 Simulink 模型库中。通过调用该 S 函数，并加入控制器模块和外部输入信息，即完成联合仿真环境的搭建。

11.5.3　仿真实例

搭建 CarSim 与 Simulink 联合仿真平台，设计基于 MPC 的给定轨迹的轨迹跟踪控制器，并对该轨迹跟踪控制器进行 CarSim 与 Simulink 联合仿真验证。

首先，选用 CarSim 作为车辆动力学仿真软件，版本为 8.02。需要注意的是，选用的控制系统仿真软件 MATLAB/Simulink 版本不能过高，否则 CarSim 模块无法通过外部接口增加到 Simulink 模块库中。对轨迹跟踪控制器进行联合仿真的步骤如下。

（1）双击 CarSim 桌面快捷方式或从程序列表中运行 CarSim。出现"Select Recent Database"（选择数据库）对话框，如图 11-8 所示。

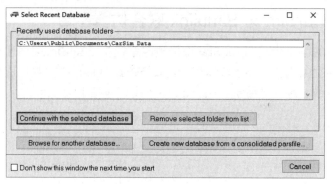

图 11-8　"Select Recent Database" 对话框

（2）选择数据库，并单击"Continue with the selected database"按钮，出现如图 11-9 所示的"License Settings"（许可设置）对话框，单击"Select"按钮，进入如图 11-6 所示的 CarSim 软件主界面。

Check out?	Product name	Feature code	Host ID	Key ID	Version	Days to expiration	Trial license?
✓	CarSim Simulation Graphic User Interface (SGUI)	carsimsguiCN	Team SolidSQUAD 2010	K000001	9.00	32768	
✓	CarSim Solver for Windows	carsimCN	Team SolidSQUAD 2010	K000001	9.00	32768	
✓	CarSim Trailer for Windows	carsimtCN	Team SolidSQUAD 2010	K000001	9.00	32768	
✓	CarSim Sensors	carsimsmoCN	Team SolidSQUAD 2010	K000001	9.00	32768	
✓	CarSim RT with Sensors	carsimsmortCN	Team SolidSQUAD 2010	K000001	9.00	32768	
✓	CarSim Solver for Opal-RT	carsimopalCN	Team SolidSQUAD 2010	K000001	9.00	32768	
✓	CarSim Trailer for Opal-RT	carsimopaltCN	Team SolidSQUAD 2010	K000001	9.00	32768	
✓	CarSim Solver for Linux-RT	carsimlinuxCN	Team SolidSQUAD 2010	K000001	9.00	32768	
✓	CarSim Trailer for Linux-RT	carsimlinuxtCN	Team SolidSQUAD 2010	K000001	9.00	32768	
✓	CarSim Solver for dSPACE-RT	carsimdspaceC	Team SolidSQUAD 2010	K000001	9.00	32768	
✓	CarSim Trailer for dSPACE-RT	carsimdspacett	Team SolidSQUAD 2010	K000001	9.00	32768	
✓	CarSim Solver for ADI-RT	carsimadiCN	Team SolidSQUAD 2010	K000001	9.00	32768	
✓	CarSim Trailer for ADI-RT	carsimaditCN	Team SolidSQUAD 2010	K000001	9.00	32768	
✓	CarSim Solver for Labview-RT	carsimlabviewC	Team SolidSQUAD 2010	K000001	9.00	32768	
✓	CarSim Trailer for Labview-RT	carsimlabviewt	Team SolidSQUAD 2010	K000001	9.00	32768	
✓	CarSim Windows Driving Simulator	carsimwdsCN	Team SolidSQUAD 2010	K000001	9.00	32768	
✓	CarSim Windows Driving Simulator Trailer	carsimwdstCN	Team SolidSQUAD 2010	K000001	9.00	32768	
✓	K000001	carsimfCN	32768	K000001	9.00	32768	
✓	CarSim RT with Frame Twist	carsimfrtCN	Team SolidSQUAD 2010	K000001	9.00	32768	
✓	CarSim Solver for ETAS LabCar RT	carsimlabcarCN	Team SolidSQUAD 2010	K000001	9.00	32768	

图 11-9　"License Settings" 对话框

（3）在主界面中选择"File"→"New Dataset"命令，如图 11-10 所示。

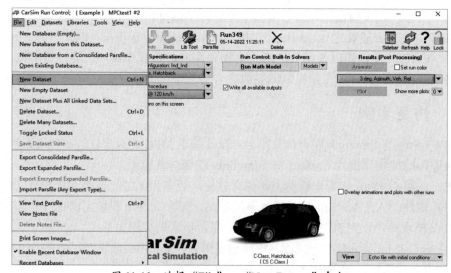

图 11-10　选择"File"→"New Dataset"命令

（4）选择"New Dataset"命令后，进入如图 11-11 所示的新建 Dataset 界面。在其中的两个文本框中分别输入"Example"和"MPCtestl"，单击"Set"按钮，完成新建 Dataset。

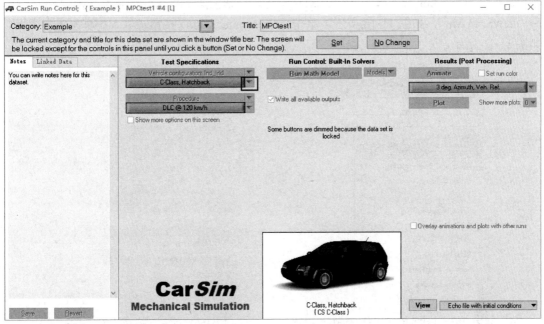

图 11-11　新建 Dataset 界面

（5）新建 Dataset 后，选择主菜单的"Datasets"下拉菜单中的"Example"命令，会发现多出了"MPCtestl"命令，如图 11-12 所示。

（6）单击图 11-11 中的下三角按钮（方框处），选择相应的车型。这里选择 CS B-Class 中的 Hatchback 车型，如图 11-13 所示。

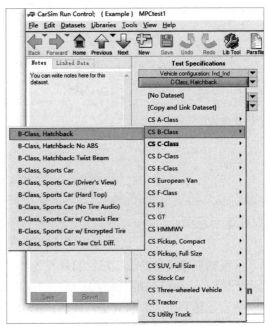

图 11-12　"MPCtestl"命令　　　　　图 11-13　选择相应的车型

（7）新建满足要求的仿真工况。

①在主界面的"Procedure"下拉列表中选择"[Link to New Dataset]"选项，如图 11-14 所示。在弹出的"Link to New Dataset"对话框中，分别在两个文本框中输入"MPC Example"和"newSplit Mu"，如图 11-15 所示。单击"Create and Link"按钮，进入仿真工况主界面，如图 11-16 所示。

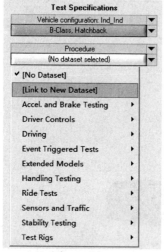

图 11-14　选择"[Link to New Dataset]"选项

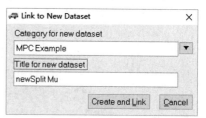

图 11-15　新建满足要求的仿真工况

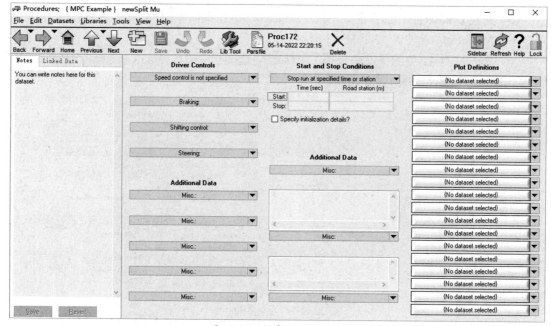

图 11-16　仿真工况主界面

②根据要求设置仿真工况：目标车速为 18km/h；无制动；挡位控制选用闭环 AT 6 挡模式；无转向；路面选择面积为 1km²、摩擦系数为 1.0 的方形路面，如图 11-17 所示。

③设置仿真时间和仿真道路距离：在仿真工况主界面的"Start and Stop Conditions"选区的 4 个数值框内输入内容，分别表示仿真初始时间和终止时间，以及道路初始数和终止数。例如，设置仿真时间为 30s、道路距离为 210m，如图 11-18 所示。

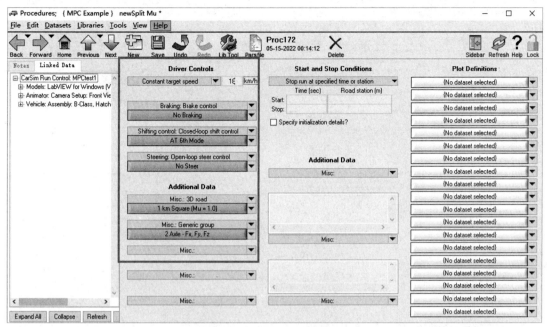

图 11-17　设置仿真工况

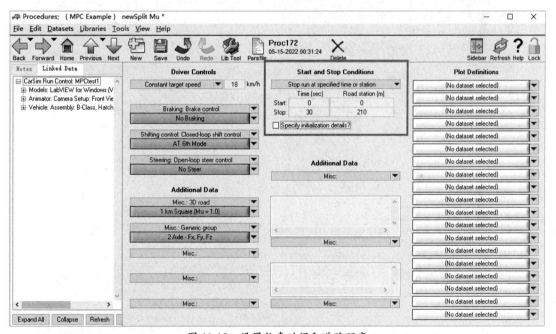

图 11-18　设置仿真时间和道路距离

④设置仿真步长：单击"Home"图标，返回 CarSim 软件主界面，选择"Tools"→"Preference"命令，出现如图 11-19 所示的界面，将仿真步长设置为 0.001s。

（8）建立 CarSim 与 Simulink 联合仿真的模型。

①单击"Home"图标，返回 CarSim 软件主界面。在"Models"下拉列表中选择"Models: Simulink"选项，设置联合仿真接口为 Simulink，如图 11-20 所示。

②如图 11-21 所示，选择"[Link to New Dataset]"选项。在弹出的对话框的两个文本框中依次输入"Example"和"MPCtestl "，如图 11-22 所示。

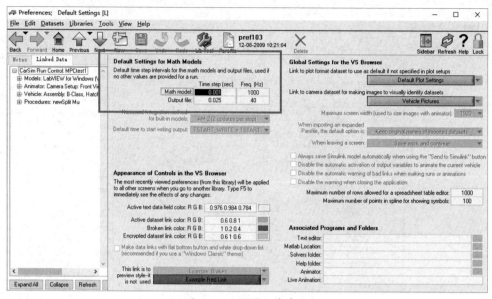

图 11-19　设置仿真步长

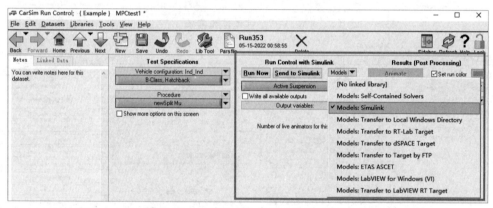

图 11-20　设置联合仿真接口为 Simulink

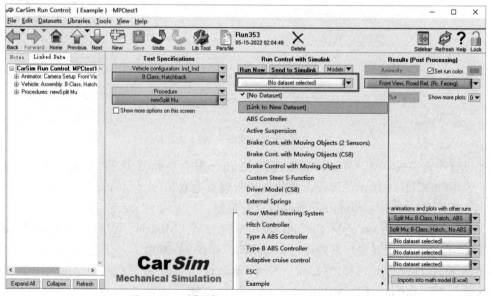

图 11-21　选择"[Link to New Dataset]"选项

③单击"Great and Link"按钮，完成新建 Dataset，设置结果如图 11-23 所示。

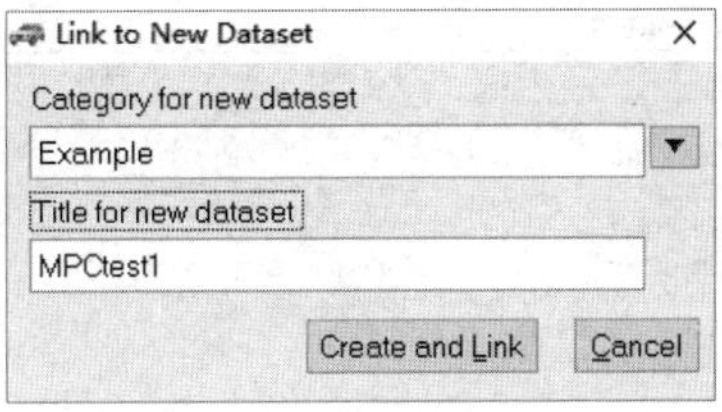

④选择"Example"→"MPCtestl"选项，将会弹出如图 11-24 所示的"Models:Simulink; {Example} MPCtestl"主界面。

⑤勾选主界面中的"Identify Simulink working directory"复选框，浏览工作路径"C:\Users\Public\Documents\CarSim_Data"，浏览 Simulink Model 的路径"C:\Users\Public\Documents\CarSim_Data\Extensions\ Simulink\MPCtest1.mdl"，如图 11-25 所示。

图 11-22　新建一个与 Simulink 联合的 Dataset

【注意】MPCtest1.mdl 文件需要提前在 Simulink 中新建：打开 MATLAB，单击"Simulink"按钮，新建一个空白文件，并将其命名为 MPCtestl.mdl。

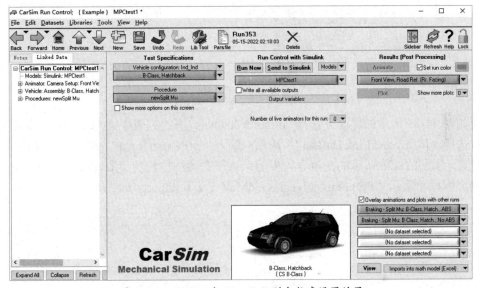

图 11-23　CarSim 与 Simulink 联合仿真设置结果

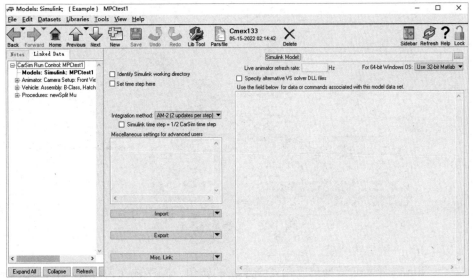

图 11-24　"Models:Simulink; {Example} MPCtestl"主界面

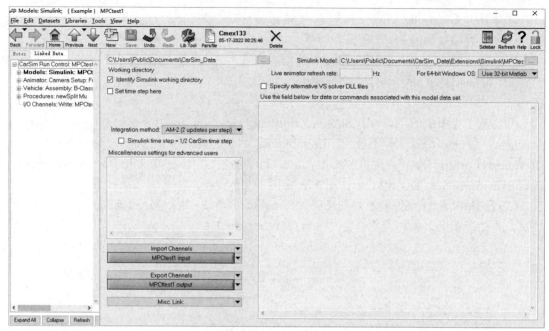

图 11-25　路径选择

在如图 11-25 所示的界面下选择"Import Channels"下拉列表中的"I/O Channels: Im-port"选项；选择"[Copy and Link Dataset]"选项；输入"MPCtestl input"。单击"MPCtestl input"图标，显示如图 11-26 所示的变量导入界面。这里需要浏览找到"Readme file for imports"，其后的文本框里显示"Programs\solvers\ReadMe\f_i_s_s_imports_tab.txt"。

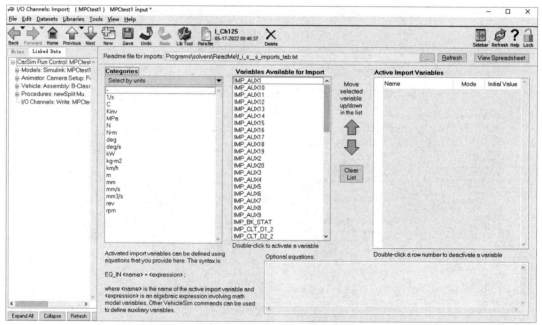

图 11-26　变量导入界面

⑥定义 CarSim 的导入变量。

定义 CarSim 的导入变量为车速和 4 个车轮的转角，顺序依次为 IMP_ SPEED（质心车速，单位为 km/h）、IMP_ STEER_ L1（左前轮转角，单位为°）、IMP_ STEER_ R1（右前轮转角，单位为°）、IMP_STEER_L2 （左后轮转角，单位为°）、IMP_STEER_R2（右后轮转角，单位为°），如图 11-27 所示。

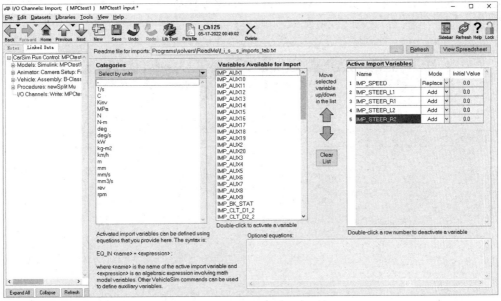

图 11-27　定义导入变量后的界面

⑦定义 CarSim 的导出变量。

本步骤与定义 CarSim 导入变量相同。首先新建名为"MPCtestl output"的 Dataset。单击"MPCtestl output"图标，在弹出的界面里浏览找到"Readme file for outputs"，在其后的文本框内显示"Programs\solvers\ReadMe\f_i_i_outputs_tab.txt"。定义 CarSim 的导出变量依次为 Xo（坐标系 X 轴的坐标值，单位为 m)、Yo（坐标系 Y 轴的坐标值，单位为 m）、Yaw（偏航角，单位为°)、Vx（质心处的纵向车速，单位为 km/h)、Steer_SW（方向盘转角，单位为°），如图 11-28 所示。

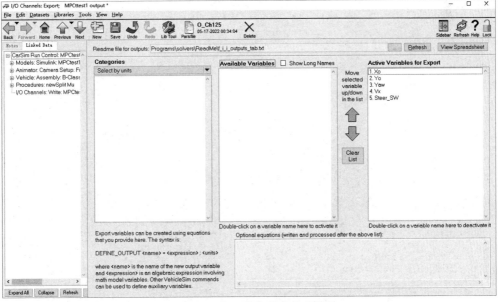

图 11-28　定义导出变量后的界面

⑧打开空白模型。

单击"Home"图标，返回 CarSim 软件主界面。单击"Send to Simulink"图标，此时，MATLAB 与之前新建的空白模型 MPCtestl. mdl 将被打开，如图 11-29 所示。同时，出现 MATLAB 命令行窗口，如图 11-30 所示。

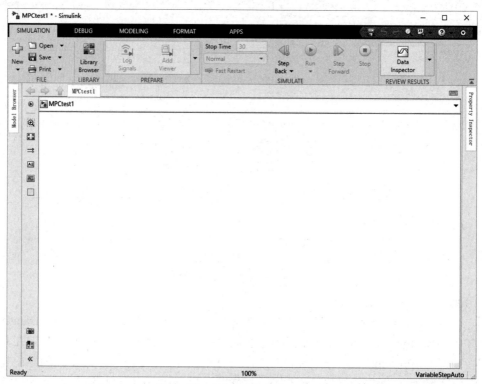

图 11-29　空白模型 MPCtest1.mdl

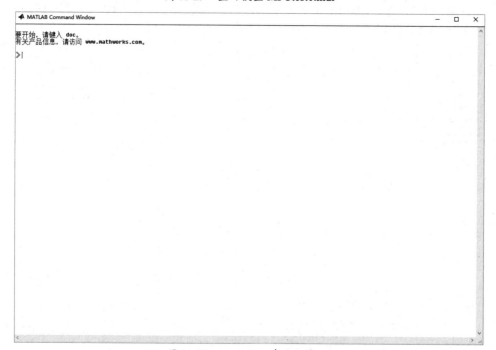

图 11-30　MATLAB 命令行窗口

⑨在命令行提示符后键入 simulink，按 Enter 键后执行，打开 "Simulink Start Page" 窗口，可以发现左侧的 "Recent" 栏下存在 MPCtest1.mdl 文件，如图 11-31 所示。

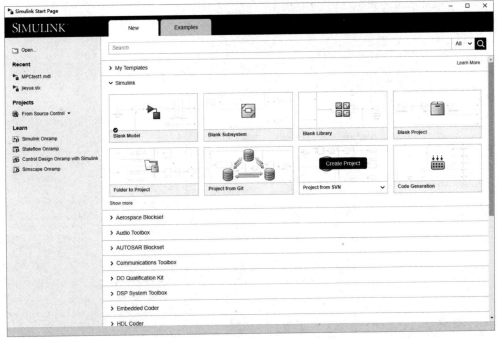

图 11-31　"Simulink Start Page" 窗口

⑩单击 MPCtest1.mdl 文件，打开 Simulink 模型窗口，如图 11-32 所示。

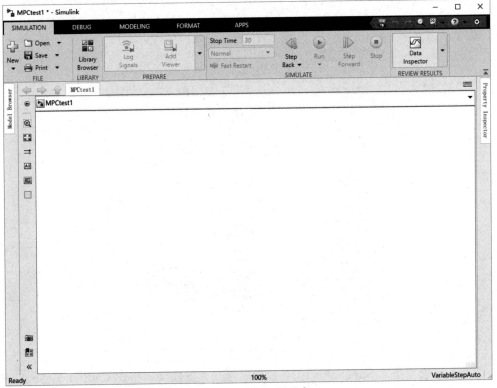

图 11-32　Simulink 模型窗口

⑪单击"Library Browser"按钮，打开模块库工具箱窗口，如图 11-33 所示。对于高版本的 MATLAB，点击警告提示中的"Fix"超链接，弹出如图 11-34 所示的对话框，选择"Generate repositories in memory"单选按钮。

图 11-33　模块库工具箱窗口

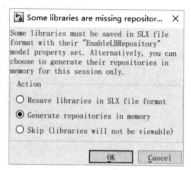

图 11-34　产生模型库模型

⑫在搜索框中输入 S-function 后进行搜索，可看到汽车模型，如图 11-35 所示。

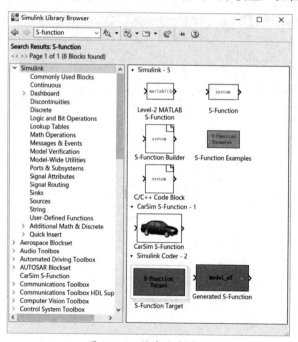

图 11-35　搜索汽车模型

⑬将汽车模型拖入 Simulink 模型窗口中，连接其他模块，搭建 CarSim 与 Simulink 联合仿真平台，如图 11-36 所示。

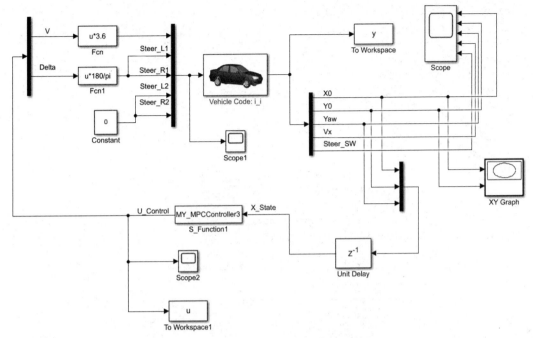

图 11-36　CarSim 与 Simulink 联合仿真平台

11.6　基于 MPC 的轨迹跟踪控制器的设计

本节主要介绍如何通过 Simulink 设计基于 MPC 的轨迹跟踪控制器。S 函数为 Simulink 中的一个模块，其运算过程符合 Simulink 模块的仿真过程。S 函数格式非常严格，在 Simulink 中有一个模板 M 文件，使用时可以在此模板上进行简单修改。此模板 M 文件由主函数及子函数（不同 flag 值调用的函数）组成。该模板 M 文件可直接调用生成 MY_MPCController3 控制器的 S 函数：

```
function [sys,x0,str,ts] = MY_MPCController3(t,x,u,flag)
switch flag
 case 0
  [sys,x0,str,ts] = mdlInitializeSizes; % Initialization
 case 2
  sys = mdlUpdates(t,x,u); % Update discrete states
 case 3
  sys = mdlOutputs(t,x,u); % Calculate outputs
 case {1,4,9} % Unused flags
  sys = [];
 otherwise
  error(['unhandled flag = ',num2str(flag)]); % Error handling
end
% End of dsfunc.
%===============================================================
% Initialization
%===============================================================

function [sys,x0,str,ts] = mdlInitializeSizes
```

```
sizes = simsizes;
sizes.NumContStates  = 0;
sizes.NumDiscStates  = 3;
sizes.NumOutputs     = 2;
sizes.NumInputs      = 3;
sizes.DirFeedthrough = 1; % Matrix D is non-empty.
sizes.NumSampleTimes = 1;
sys = simsizes(sizes);
x0 =[0;0;0];
global U;
U=[0;0];
% Initialize the discrete states.
str = [];              % Set str to an empty matrix.
ts  = [0.1 0];         % sample time: [period, offset]
%End of mdlInitializeSizes

%==============================================================
% Update the discrete states
%==============================================================
function sys = mdlUpdates(t,x,u)

sys = x;
%End of mdlUpdate.

%==============================================================
% Calculate outputs
%==============================================================
function sys = mdlOutputs(t,x,u)
    global a b u_piao;
    global U;
    global kesi;
    tic
    Nx=3;%状态量的个数
    Nu =2;%控制量的个数
    Np =40;%预测步长
    Nc=30;%控制步长
    Row=10;%松弛因子
    fprintf('Update start,t=%6.3f\n',t)
    t_d =u(3)*3.1415926/180;%CarSim输出的是角度，将角度转换为弧度
    %直线路径
      r(1)=5*t;
      r(2)=5;
      r(3)=0;
      vd1=5;
      vd2=0;
    %半径为25m的圆形轨迹，速度为5m/s
    %r(1)=25*sin(0.2*t);
    %r(2)=25+10-25*cos(0.2*t);
    %r(3)=0.2*t;
    %vd1=5;
    % vd2=0.104;
%    半径为25m的圆形轨迹，速度为3m/s
```

```
%      r(1)=25*sin(0.12*t);
%      r(2)=25+10-25*cos(0.12*t);
%      r(3)=0.12*t;
%      vd1=3;
%      vd2=0.104;
     %半径为25m 的圆形轨迹，速度为10m/s
%       r(1)=25*sin(0.4*t);
%       r(2)=25+10-25*cos(0.4*t);
%       r(3)=0.4*t;
%       vd1=10;
%       vd2=0.104;
      %半径为25m 的圆形轨迹，速度为4m/s
%       r(1)=25*sin(0.16*t);
%       r(2)=25+10-25*cos(0.16*t);
%       r(3)=0.16*t;
%       vd1=4;
%       vd2=0.104;
    kesi=zeros(Nx+Nu,1);
    kesi(1)=u(1)-r(1);%u(1)==X(1)
    kesi(2)=u(2)-r(2);%u(2)==X(2)
    kesi(3)=t_d-r(3); %u(3)==X(3)
    kesi(4)=U(1);
    kesi(5)=U(2);
    fprintf('Update start, u(1)=%4.2f\n',U(1))
    fprintf('Update start, u(2)=%4.2f\n',U(2))
    T=0.1;
    T_all=40;%临时设定，总的仿真时间，主要功能是防止计算期望轨迹越界
    % Mobile Robot Parameters
    L = 2.6;
    % Mobile Robot variable

    %矩阵初始化
    u_piao=zeros(Nx,Nu);
    Q=100*eye(Nx*Np,Nx*Np);
    R=5*eye(Nu*Nc);
    a=[1    0   -vd1*sin(t_d)*T;
       0    1   vd1*cos(t_d)*T;
       0    0   1;];
    b=[cos(t_d)*T   0;
       sin(t_d)*T   0;
       tan(vd2)*T/L       vd1*T/((cos(vd2)^2)*L);];
    A_cell=cell(2,2);
    B_cell=cell(2,1);
    A_cell{1,1}=a;
    A_cell{1,2}=b;
    A_cell{2,1}=zeros(Nu,Nx);
    A_cell{2,2}=eye(Nu);
    B_cell{1,1}=b;
    B_cell{2,1}=eye(Nu);
    A=cell2mat(A_cell);
    B=cell2mat(B_cell);
    C=[1 0 0 0 0;0 1 0 0 0;0 0 1 0 0;];
```

```matlab
    PHI_cell=cell(Np,1);
    THETA_cell=cell(Np,Nc);
    for j=1:1:Np
        PHI_cell{j,1}=C*A^j;
        for k=1:1:Nc
            if k<=j
                THETA_cell{j,k}=C*A^(j-k)*B;
            else
                THETA_cell{j,k}=zeros(Nx,Nu);
            end
        end
    end
    PHI=cell2mat(PHI_cell);%size(PHI)=[Nx*Np Nx+Nu]
    THETA=cell2mat(THETA_cell);%size(THETA)=[Nx*Np Nu*(Nc+1)]
    H_cell=cell(2,2);
    H_cell{1,1}=THETA'*Q*THETA+R;
    H_cell{1,2}=zeros(Nu*Nc,1);
    H_cell{2,1}=zeros(1,Nu*Nc);
    H_cell{2,2}=Row;
    H=cell2mat(H_cell);

    error=PHI*kesi;
    f_cell=cell(1,2);
    f_cell{1,1}=2*error'*Q*THETA;
    f_cell{1,2}=0;
%f=(cell2mat(f_cell))';
    f=cell2mat(f_cell);

%% 以下为约束生成区域
%不等式约束
    A_t=zeros(Nc,Nc);
    for p=1:1:Nc
        for q=1:1:Nc
            if q<=p
                A_t(p,q)=1;
            else
                A_t(p,q)=0;
            end
        end
    end
A_I=kron(A_t,eye(Nu));%对应于Falcone的论文约束处理的矩阵A，求克罗内克积
Ut=kron(ones(Nc,1),U);%此处感觉论文里的克罗内克积有问题，暂时交换顺序
umin=[-0.2;-0.54;];%维数与控制变量的个数相同
umax=[0.2;0.332];
delta_umin=[-0.05;-0.0082;];
delta_umax=[0.05;0.0082];
Umin=kron(ones(Nc,1),umin);
Umax=kron(ones(Nc,1),umax);
A_cons_cell={A_I zeros(Nu*Nc,1);-A_I zeros(Nu*Nc,1)};
b_cons_cell={Umax-Ut;-Umin+Ut};
% (求解方程)状态量不等式约束增益矩阵，转换为绝对值的取值范围
A_cons=cell2mat(A_cons_cell);
```

```
  b_cons=cell2mat(b_cons_cell);%（求解方程）状态量不等式约束的取值
% 状态量约束
  M=10;
  delta_Umin=kron(ones(Nc,1),delta_umin);
  delta_Umax=kron(ones(Nc,1),delta_umax);
  lb=[delta_Umin;0];%（求解方程）状态量下界，包含控制时域内控制增量和松弛因子
  ub=[delta_Umax;M];%（求解方程）状态量上界，包含控制时域内控制增量和松弛因子

  %% 开始求解
  %options = optimset('Algorithm','active-set');
  %新版 quadprog 不能用有效集法，这里选用内点法
  options = optimset('Algorithm','interior-point-convex');
  [X,fval,exitflag]=quadprog(H,f,A_cons,b_cons,[],[],lb,ub,[],options);
  %% 计算输出
  u_piao(1)=X(1);
  u_piao(2)=X(2);
  U(1)=kesi(4)+u_piao(1);%用于存储上一时刻的控制量
  U(2)=kesi(5)+u_piao(2);
  u_real(1)=U(1)+vd1;
  u_real(2)=U(2)+vd2;
  sys= u_real;
  toc
% End of mdlOutputs.
```

本章小结

本章介绍了 MATLAB 在自动驾驶中的应用，首先对自动驾驶中涉及的二次规划问题、微分方程问题和非线性规划问题进行讲解与应用；然后采用工程实例对线性时变模型预测控制算法进行编程实现；最后拓展性地利用 CarSim 与 Simulink 进行自动驾驶的联合仿真，并基于搭建的联合仿真平台，应用仿真实例完成自动驾驶轨迹跟踪控制器的设计和系统的联合仿真。

通过本章的学习，可以帮助读者在学习、思考、实践中习得知识、提升综合应用能力，帮助其获得正确的思想观念、价值观点和道德规范，建立其勇攀科研高峰的信念，并培养其科研基本素养。

习题 11

11-1. 找到函数 $f(x)=-2x_1^2-4x_1x_2+4x_2^2-6x_1-3x_2$ 的最小值。需要满足以下约束：

$$\begin{cases} x_1+x_2 \leqslant 3 \\ 4x_1+x_2 \leqslant 9 \\ x_1 \geqslant 0 \\ x_2 \geqslant 0 \end{cases}$$

11-2. 求解以下二次规划问题：

$$\min_{x} f(x) = x_1 - 3x_2 + 3x_1^2 + 4x_2^2 - 2x_1x_2 \quad \text{s.t.} \begin{cases} 2x_1 + x_2 \leqslant 2 \\ -x_1 + 4x_2 \leqslant 3 \end{cases}$$

11-3. 在区间$(0,2\pi)$上求函数 $\sin x$ 的最小值。

11-4. 请安装 CarSim 软件，搭建 CarSim 与 Simulink 联合仿真平台，设计轨迹跟踪控制器，并基于联合仿真平台进行轨迹跟踪仿真设计。